B.I.-Hochschultaschenbücher
Band 288

11,80

W0179083

Einführung
in die Meteorologie II

von
Fritz Möller
o. Prof. an der Universität München

Bibliographisches Institut Mannheim/Wien/Zürich
B.I.-Wissenschaftsverlag

© Bibliographisches Institut AG, Mannheim 1973
Druck und Bindearbeit: Hain-Druck KG, Meisenheim/Glan
Printed in Germany
ISBN 3-411-00288-3

INHALTSVERZEICHNIS

BAND 1

10. Die solare Strahlung

10.1. Strahlungsmaße und allgemeine Gesetze

In der Meteorologie der unteren Atmosphäre spielt die Partikelstrahlung der Sonne, die in der Thermosphäre bzw. Ionosphäre große physikalische Wirkungen besitzt, nur eine untergeordnete Rolle. Die *elektromagnetische Strahlung*, die entweder von der Sonne stammend die Erde erreicht oder von der Erde als Planet ausgesandt wird, bestimmt vollkommen den Energiehaushalt der Erde und der unteren Atmosphäre. Sie ist eine wichtige Komponente des Energieaustausches innerhalb der unteren Atmosphäre und zwischen Erdboden und Lufthülle.

Im vorstehenden wurde schon verschiedentlich von der Wirkung der Strahlung Gebrauch gemacht, z.B. bei den Strahlungsfehlern von Thermometern (Abschn. 3.5), bei der Theorie des Psychrometers (Abschn. 6.2) und bei der Verdunstung (Abschn. 6.5), ohne daß dort eine genauere Erläuterung der Strahlung gegeben wurde.

Die *Wellenlänge* λ der am Erdboden meßbaren Strahlung reicht vom langwelligen Ultraviolett (UV) ($\lambda \approx 0.3$ μm) bis in den cm- und m-Wellenbereich. Von Raketen und Satelliten aus können — außerhalb der Erdatmosphäre — noch erheblich kürzere und längere Wellenlängen gemessen werden. Gebräuchlich als Wellenlängenangabe sind die Ångström-Einheit ($1\,\text{Å} = 10^{-8}\,$cm $= 100$ pm, picometer), das Nanometer, früher auch Millimikron genannt (1 nm $= 10^{-7}$cm), das Mikrometer oder Mikron, auch einfach μ genannt, ($1\,\mu$m $= 10^{-4}$cm) und schließlich im Bereich der Radiostrahlung das Millimeter, Dezimeter, Meter usw. Viel verwendet wird auch die reziproke Einheit, Schwingungszahl je Längeneinheit, $\nu = \lambda^{-1}$ in cm^{-1}, die vor allem in der Spektroskopie eingeführt ist, und die Frequenz $\nu' = c/\lambda$ in s^{-1} oder Hertz (Hz) mit c = Lichtgeschwindigkeit; dazu die im Radiowellengebiet üblichen vielfachen Einheiten davon: Kilohertz (1 kHz $= 10^3$ Hz), Megahertz (1 MHz $= 10^6$ Hz), Gigahertz (1 GHz $= 10^9$ Hz). Eine Übersicht über die Benennung der einzelnen Spektralbereiche gibt **Tab.** 10.1, wobei sich die Bereiche, wie z.B. Röntgenstrahlung und kurzwelliges UV, je nach dem Ursprung der Strahlung überschneiden können.

Tabelle 10.1

Einteilung des elektromagnetischen Spektrums

versch. Einheiten	cm^{-1}	Hz	Strahlenart
1 pm (= 0.01 Å)			γ - Strahlen
10 pm (= 0,1 Å)			Röntgen-
100 pm (= 1 Å)			strahlen
1 nm (= 10 Å)			
5 nm			
10 nm			Vakuum -
100 nm	10^5		UV
200 nm	5.10^4		
400 nm	2.5·10^4		UV
700 nm	1.4·10^4		Licht
1 μm	10^4		solares IR
3 μm	3.2·10^3		Infra-
10 μm	10^3		rot terrestri-
100 μm (= 0.1mm)	10^2		sches IR
500 μm	20		sub-mm- Wellen
1000 μm (= 1mm)	10		
3 mm	3.2	100 GHz	mm-Wellen
1 cm	1		Mikro- wellen
3 cm		10 GHz	cm-Wellen
10 cm			Hoch-
30 cm		1 GHz	frequenz-
1 m			strahlung
3 m		100 MHz	

10	m		UKW
30	m	10 MHz	
100	m		KW
300	m	1 MHz	
1	km		MW
3	km	100 kHz	
10	km		LW

Die meistverwendete *Einheit* ist die Energiestromdichte oder Energie-strom je Flächen- und Zeiteinheit mit der Maßangabe in cal cm^{-2}min^{-1} (die Verwendung der Minute ist historisch-meßtechnisch bedingt) oder W cm^{-2}. Statt der Zahlenangabe 1 cal cm^{-2} ist auch die Benen-nung Langley (Ly) in Gebrauch. Es ist 1 cal cm^{-2} min^{-1} = 0.06978 W cm^{-2} = 0.6978 kW m^{-2}.

Auch für die meteorologische Strahlungsforschung sind die aus der Physik bekannten Strahlungsgesetze von Bedeutung. Es sind dies

a) KIRCHHOFFs *Gesetz*. Wenn ein Körper die auf ihn einfallende Strahlungsenergie vollständig absorbiert, bezeichnen wir ihn als schwarz. Diese aus dem sichtbaren Spektrum entnommene Bezeich-nung wird gleichwohl für alle Wellenlängen gebraucht. Ein Körper kann deshalb sowohl im UV wie in Radiowellegebiet schwarz ab-sorbieren. Absorbiert er nur einen Bruchteil der auffallenden Strah-lungsenergie, dann schreiben wir ihm ein *Absorptionsvermögen* k_λ<1 zu, das mit der Wellenlänge veränderlich sein kann. KIRCH-HOFFs Gesetz besagt, daß ein Körper bei bestimmter Wellenlänge ebensoviel Energie E_λ emittiert oder ausstrahlt, wie er von einem schwarzen Körper der gleichen Temperatur erhält oder von dessen Emission B_λ absorbiert:

$$E_\lambda = k_\lambda \cdot B_\lambda. \tag{10.1}$$

Dieses Gesetz gilt für feste und flüssige Körper in gleicher Weise wie für Gase. Das Absorptionsvermögen ist bei ersteren meist wenig von der Wellenlänge abhängig oder kontinuierlich, während Gase nur in bestimmten, sehr schmalen Wellenbereichen oder -Linien oder auch in dicht nebeneinanderliegenden Ansammlungen von Linien, den Banden, absorbieren. Die Linien und Banden sind für jedes Gas charakteristisch und von der Atom- oder Molekülstruktur bedingt. Liegt eine isotherme Gasschicht über einem schwarzen Strahler gleicher Temperatur, dann folgt aus (10.1), daß das Gas ebensoviel absorbiert wie emittiert und deshalb am Oberrand der Gasschicht wieder schwarze Strahlung der Temperatur der Unterfläche austritt, als ob kein Gas vorhanden wäre.

b) *Das PLANCKsche Strahlungsgesetz*. Es gibt an, wieviel Strahlungsenergie je Wellenlängeneinheit von der Flächeneinheit eines schwarzen Körpers in der Zeiteinheit in den Einheitsraumwinkel übergeht:

$$B(\lambda, T) \, df \, dt \, d\lambda \, d\omega \ = \ c_1 \, \lambda^{-5} \, (\exp(c_2/\lambda T)-1)^{-1} \, df \, dt \, d\lambda \, d\omega. \quad (10.2)$$

Der Raumwinkel wird in steradian (sr) angegeben, wo 1 sr der räumliche Winkel ist, unter dem die Flächeneinheit auf der Oberfläche der Einheitskugel 4π vom Mittelpunkt aus gesehen erscheint. Die Konstanten haben die Größe $c_1 = 1.1906 \cdot 10^{-5} \, \mathrm{erg \, cm^2 \, s^{-1} \, sr^{-1}}$, $c_2 = 1.438 \, \mathrm{cm \, grd}$. Die Strahlung eines nichtschwarzen Körpers folgt aus (10.2) durch Multiplikation mit k_λ.

c) Das *Gesetz von* STEFAN *und* BOLTZMANN. Es gibt an, welche Strahlungsenergie von der Flächeneinheit eines schwarzen Körpers in der Zeiteinheit, integriert über alle Wellenlängen und über die Halbkugel, abgestrahlt wird. Es ist

$$B(T) \ = \ \sigma \, T^4. \quad\quad\quad (10.3)$$

Als Maßeinheit wird hier meist $\mathrm{cal \, cm^{-2} \, min^{-1}}$ gewählt. Dann ist $\sigma = 0.826 \cdot 10^{-10} \mathrm{cal \, cm^{-2} \, min^{-1} \, grd^{-4}}$. Die Strahlung eines nichtschwarzen Körpers würde sich durch Multiplikation mit einem mittleren Absorptions- oder Emissionskoeffizienten $\overline{k}$ ergeben, der aus k_λ durch eine Mittelung mit dem Gewicht der PLANCKschen Strahlung (10.2) gewonnen werden kann.

d) Das WIEN*sche Verschiebungsgesetz*. Es gibt die Wellenlänge des Maximums der PLANCKschen Kurve in Abhängigkeit von T an. Wie aus 10.2 abgeleitet werden kann, liegt das Maximum der Kurve für höhere Temperaturen bei niedrigeren Wellenlängen. Dies wird durch das Gesetz ausgedrückt

$$\lambda_{max} T = \text{const.} \qquad (10.4)$$

Die Konstante hat bei Angabe der Wellenlänge in μm den Wert 2884 μm · grd.

Man unterscheidet begriffsmäßig zwischen s o l a r e r und t e r - r e s t r i s c h e r Strahlung. Unter der ersteren versteht man die von der Sonne kommende Strahlung, die direkt und auch diffus als Himmelsstrahlung den Erdboden erreicht. Als terrestrische Strahlung bezeichnet man alle von irdischen Objekten, nicht nur vom Erdboden, sondern auch von der Atmosphäre ausgehende thermische Strahlung. Die beiden Begriffe sind annähernd identisch mit kurzwelliger (0.3 - 5 μm) und langwelliger (4 - etwa 100 μm) Strahlung, jedoch nicht genau, weil schwache Sonnenstrahlung am Erdboden auch noch um 10 μm und bei längeren Wellenlängen nachgewiesen werden kann. Die Tatsache, daß sich solare und terrestrische Strahlung fast nicht überlappen, ist für meßtechnische Zwecke angenehm. Sie rührt zum Teil von der Absorption der atmosphärischen Gase her und gilt deshalb nicht mehr so streng für Messungen außerhalb der Atmosphäre.

10.2. Die solare Strahlung außerhalb der Erdatmosphäre

Die Hauptenergiemenge der direkten Sonnenstrahlung stammt aus der Photosphäre der Sonne. Die Strahlung ist kontinuierlich über die Wellenlängen verteilt. Man bezeichnet die außerhalb der Erdatmosphäre gemessene Strahldichte aller Wellenlängen bei mittlerer Entfernung Erde − Sonne als *Solarkonstante I_0*. Diese Größe kann mit genügender Genauigkeit nur von sehr hochfliegenden Flugzeugen, Raketen oder Satelliten gemessen werden. Als bester Zahlenwert der Solarkonstante, der mit sorgfältig kontrollierten Instrumenten aus über 80 km Höhe gemessen worden ist, gilt heute $I_0 = 1.95 \pm 0.02$ cal cm^{-2}min^{-1}= 0.1361 $\pm$ 0.0007 W cm^{-2}.

Tabelle 10.2

Solare spektrale Einstrahlung für ruhige Sonne außerhalb der Erdatmosphäre bei mittlerer Entfernung Sonne – Erde; $I_0 = 1390$ W m^{-2}

Wellenlänge	$I_{0\lambda}$ (W m^{-2} μm^{-1})	Wellenlänge	$I_{0\lambda}$ (W m^{-2} μm^{-1})
(Å)		(μm)	
1 - 8	10^{-9} *	0.5 - 0.6	193
8 - 31	10^{-7} **	0.6 - 0.7	162
31 - 165	0.70×10^{-3} +	0.7 - 0.8	128
165 - 303	1.18×10^{-3}	0.8 - 0.9	101
304	0.25×10^{-3}	0.9 - 1.0	81
305 - 460	3.15×10^{-3}	1.0 - 1.1	66
460 - 1215	1.74×10^{-3}	1.1 - 1.2	55
1216	4.40×10^{-3}	1.2 - 1.3	45
1216 - 1800	3.30×10^{-2}	1.3 - 1.5	66
1800 - 2250	0,9	1.5 - 2.0	84
		2.0 - 3.0	54
(μm)		3.0 - 11.0	27
0.225 - 0.3	17	11.0 - 30.0	0.7
0.3 - 0.4	110	1 cm - 30 m	10^{-11} ++
0.4 - 0.5	200		

*   wächst um 10^3 für gestörte Sonne.
**   wächst um den Faktor von wenigstens 50 für gestörte Sonne.
+   wächst um den Faktor 7 für gestörte Sonne.
++   wächst um den Faktor 10^3 für gestörte Sonne.

Man kann aus diesem Zahlenwert die Sonnentemperatur berechnen.
Unter der Annahme, daß die Sonne wie ein schwarzer Körper der
Temperatur T_s strahlt, ist Strahlung in den gesamten Raum nach
(10.3)

$$\sigma T_s^4 \cdot 4\pi r_s^2,$$

wo r_s der Radius der Sonne ist. Dies ist gleichzusetzen der Bestrahlung einer Kugel mit dem Abstand Erde — Sonne R_{S-E} als Radius
mit der Solarkonstante oder $I_0 \cdot 4\pi(R_{S-E})^2$. Nach Einsetzen der bekannten Zahlen für die beiden Radien ergibt sich die Temperatur der
Sonne zu $T_S = 5747\,°$K. Insbesondere im UV der Sonne häufen sich
aber (FRAUNHOFERsche) Absorptionslinien höherer kühlerer
Schichten der Sonnenatmosphäre, der Chromosphäre, so stark, daß
die Spektralkurve der Sonne große und unregelmäßige Abweichungen von einer PLANCKschen schwarzen Strahlungskurve zeigt. Die
Temperatur der Photosphäre ist deshalb höher als die angegebene
Zahl. Eine Übersicht über das Spektrum der Sonnenstrahlung außerhalb der Atmosphäre gibt Tabelle 10.2.

Auf der Sonnenoberfläche sind mehr oder weniger zahlreiche *Sonnenflecken* zu sehen, deren Häufigkeit sich in einem etwa 11 1/4jäh-
rigen Zyklus verändert. Die Sonnenfleckenrelativzahl N ist ein Maß
für die Häufigkeit der Flecken und definiert als $N = n_1 + 10 \cdot n_2$,
wo n_1 die Zahl der Einzel-Flecken, n_2 die Zahl der Fleckengruppen
ist. N schwankt in dem 11 1/4jährigen Zyklus zwischen 0 und 100 -
200.

Mittels spektroskopischer Messungen fand man die Flecken um etwa
1000°K kälter als die ungestörte Sonnenoberfläche. Astrophysiker
haben deshalb jahrzehntelang nach Schwankungen der Solarkonstante gesucht, die für Wetter- und Klimaentwicklungen auf der Erde von
großer Bedeutung sein könnten. Es sind aber nur Schwankungen von
weniger als 0.5 % gefunden worden, die mit dem 11jährigen Zyklus
keinen erkennbaren Zusammenhang zeigen. Andere Erscheinungen
der Sonnenaktivität, die parallel mit den Sonnenflecken schwanken
und eine Verstärkung der Strahlung bewirken (Fackeln, Eruptionen,
Korona) sind offenbar gleich bedeutsam, so daß die Gesamtstrahlung
fast keine Variation zeigt. Das gilt nur für den energiereichsten Be-

reich der Sonnenstrahlung zwischen 0.3 und 5 μm. In fernen UV bei $\lambda < 1500$ Å treten Emissionslinien der heißen Koronagase auf, deren Intensität erhebliche Schwankungen aufweist. Auch im mittelwelligen UV um 2500 Å hat man vom meteorologischen Satelliten Nimbus III Schwankungen der Sonnenstrahlung gemessen, die vorerst noch nicht erklärbar sind. Ebenso sind die Schwankungen der Strahlung im Zentimeterwellengebiet so ausgeprägt, daß man den Energiefluß bei 10.7 cm Wellenlänge neben der Sonnenfleckenrelativzahl gern als Aktivitätsmaß der Sonne verwendet.

Wegen der elliptischen Bahn der Erde um die Sonne ist die extraterrestrische Bestrahlungsstärke im Perihel zu Anfang Januar um 3.3 % höher, im Aphel Anfang Juli um ebensoviel niedriger als die Solarkonstante I_0. Diese Schwankung, insgesamt fast 7 %, macht sich in der Mitteltemperatur an der Erdoberfläche nicht bemerkbar. Umso weniger kann man dann von den zu 0.5 % gemessenen Schwankungen, bei deren Bestimmung natürlich auf gleiche Entfernung reduziert worden ist, einen merkbaren Einfluß auf das Klima erwarten. Ob die gesamte Ausstrahlung des Planeten Erde in den Weltraum, die nicht nur von der Erdoberfläche, sondern auch von der Atmosphäre und den in ihr enthaltenen Wolken ausgeht, die gleiche ganzjährige Schwankung zeigt, können erst langjährige Messungen von Satelliten aus nachweisen.

10.3. Die Schwächung der direkten Sonnenstrahlung in der Atmosphäre

Bevor die Sonnenstrahlung zum Boden gelangt, unterliegt sie der Schwächung durch verschiedene Einflüsse in der zunächst als wolkenlos angenommenen Erdatmosphäre. Es sind dies die Streuung (Ablenkung ohne Energieumwandlung oder Wellenlängenänderung) an den Luftmolekülen, die Streuung an gröberen Partikeln und die Absorption an den atmosphärischen Gasen.

Eine jede Schwächung oder E x t i n k t i o n monochromatischer Strahlung erfolgt nach dem Gesetz von BOUGUER und LAMBERT

$$d I_\lambda = -I_\lambda a_\lambda \, dm, \qquad (10.5)$$

wo I_λ die Strahldichte der Sonnenstrahlung bei der Wellenlänge λ, a_λ der *Extinktionskoeffizient*, angegeben in cm^{-1}, und m die reduzierte Weglänge des Strahles in einer Atmosphäre mit Normaldichte ist. Gleichung (10.5) gilt nicht nur für Sonnenstrahlung I, sondern für jede Strahlung i. Im Falle, daß das extingierende Medium die Luft ist, kann man zunächst $dm = (\rho_L/\rho_{Ln})\, dl$ setzen, wo ρ_L die Luftdichte, ρ_{Ln} die Normaldichte bei 760 Torr und $0°C$ und l die wirkliche Weglänge in der Atmosphäre ist. Da m und l in der Richtung der einfallenden Strahlung positiv gerechnet werden, gilt

$$dl = -\cos^{-1} z \, dh = -\sec z \, dh$$

mit z = Zenitdistanzwinkel und h = Höhe. Daraus ergibt sich

$$dm = -(\rho_L/\rho_{Ln}) \sec z \, dh = \sec z \, (\rho_{Ln}\, g_n)^{-1}\, dp$$

und

$$m = \int_0^p \sec z \, (\rho_{Ln}\, g_n)^{-1}\, dp. \tag{10.6}$$

Dabei ist p der Luftdruck. In einer homogenen planparallelen Atmosphäre ist die Zenitdistanz z von der Höhe unabhängig. Die Erdatmosphäre ist jedoch einer Kugelschale vergleichbar; außerdem tritt wegen der Dichteabnahme mit der Höhe eine gewisse Strahlenkrümmung konvex nach oben ein. Aus beiden Gründen ist z mit der Höhe über dem Boden veränderlich. Man führt deshalb ein

$$m_r = p^{-1} \int_0^p \sec z \, dp \tag{10.7}$$

und nennt m_r die relative Luftmasse. Sie ist eine reine Zahl und unterscheidet sich von $\sec z$ nur bei großen Zenitdistanzen. Für $z = 0$ ist $m_r = 1$, bis $z = 80°$ sind die Abweichungen von $\sec z$ kleiner als 3 %; für $z = 90°$ würde $\sec z = \infty$ sein, die exakte Rechnung ergibt $m_r = 40$. Entsprechend nennt man

$$m = m_r \, (\rho_{Ln}\, g_n)^{-1}\, p$$

die absolute (optische) Luftmasse. Wenn $p = p_n$ der Normaldruck von 1013 mb ist, dann wird $m_0 = m_r H_0$, wobei H_0 die Höhe der homogenen Atmosphäre nach (4.2) ist. Im allgemeinen Falle wird

$$m = m_r \, p \, H_0/p_n. \tag{10.8}$$

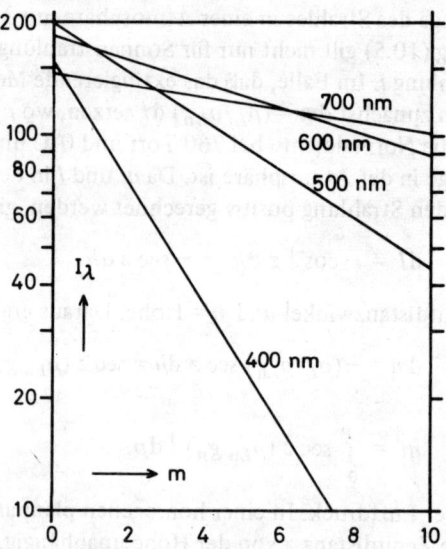

10.1   log I/I_0 in Abhängigkeit von der Luftmasse m für verschiedene Wellenlängen im Sonnenspektrum.

Den *Transmissionsfaktor* q_λ erhält man aus (10.5) durch Integration (Abb. 10.1). Es ist

$$I_\lambda = I_{0\lambda} \exp{(-a_\lambda m)} = I_{0\lambda} \, q_\lambda^m. \qquad (10.9)$$

Hierbei ist $I_{0\lambda}$ die extraterrestrische Sonnenstrahlung bei der Wellenlänge λ und bei der Luftmasse $m = 0$.

Eine Bestimmung von a_λ aus gemessenen Werten der Strahlung I_λ ergibt sich folgendermaßen. Das BOUGUER-LAMBERTsche Gesetz in der Form (10.9) gilt für monochromatische Strahlung streng. Mit einem Spektrograph hoher Auflösung sei eine Serie von Messungen der direkten Sonnenstrahlung I_λ bei verschiedenen optischen Luftmassen m, also wenn p = const bei verschiedenen Zenitdistanzen z, gemessen. Durch Logarithmieren von (10.9) ergibt sich

$$\ln I_\lambda = \ln I_{0\lambda} - a_\lambda \, m$$

oder mit $y = \ln I_\lambda$, $x = m$

$$y = y_0 - bx.$$

Durch Auftragen der Meßwerte in einem Diagramm mit einer logarithmischen Skala erhält man also eine gerade Linie im x, y-Netz. Der Abschnitt auf der y-Achse für $x = 0$ liefert den Betrag $I_{0\lambda}$ für $m = 0$ oder die extraterrestrische Sonnenstrahlung bei der Wellenlänge λ. Die Steigung der Geraden liefert den Extinktionskoeffizienten a_λ. Da das Gesetz (10.9) für alle unten erwähnten Arten von Extinktion gilt, ist es universell anwendbar, sofern sich der Extinktionskoeffizient a_λ nicht während der Zeit, die die Messung bei verschiedenen m in Anspruch nimmt, ändert. Eine Integration von $I_{0\lambda}$ über alle Wellenlängen ergibt dann die Solarkonstante.

Dem Astrophysikalischen Institut der Smithsonian Institution gebührt das Verdienst, über Jahrzehnte hinweg sorgfältige Messungen von $I_\lambda(m)$ durchgeführt zu haben, um die Solarkonstante und deren vermutete zeitliche Änderungen zu bestimmen. Um auch geringere Einflüsse atmosphärischer Veränderungen auszuschalten, wurde von Bergobservatorien aus in den meist wolkenlosen und trockenen Subtropen beobachtet. Nennenswerte Veränderungen von I_0 wurden, wie oben erwähnt, nicht gefunden. Die spektrale Verteilung der extraterrestrischen Sonnenstrahlung ist nach neuesten Messungen in Tab. 10.2 angegeben. Die Daten für $\lambda < 3000$ Å sind durch Messungen von Raketen gewonnen.

a) *Streuung an Luftmolekülen*

Die erste Art der Extinktion in der Atmosphäre, die wir betrachten, ist die nur an den Luftmolekülen allein verursachte Streuung, die zuerst von LORD RAYLEIGH theoretisch begründet wurde. Es handelt sich dabei lediglich um eine Ablenkung der Strahlung, wobei keine Änderung der Wellenlänge oder Umwandlung in eine andere Energieform erfolgt. Die Summe der von einem Streuvolumen nach allen Richtungen gestreuten Strahlungen ist dann gleich der Schwächung des geradeaus weitergehenden Strahles, so daß man den Streuungskoeffizienten nach RAYLEIGH entsprechend (10.5) oder (10.9) als $a_{R\lambda}$ bezeichnen kann. RAYLEIGHs Theorie gibt

$$a_{R\lambda} = c H_0 N^{-1}(n_\lambda^2 - 1)^2 \lambda^{-4}, \tag{10.10}$$

wo c eine Konstante, N die LOSCHMIDTsche Zahl der Anzahl der Moleküle im cm^3, H_0 die Höhe der homogenen Atmosphäre ist. $a_{R\lambda}$ ist also zum Unterschied von dem in (10.9) als a_λ[cm^{-1}] definierten Koeffizienten bezogen auf die gesamte Atmosphäre mit Normaldruck p_n. Dann gilt anstatt (10.9) nunmehr

$$I_\lambda = I_{0\lambda} \exp\left(-a_{R\lambda}(p/p_n) m_r\right) \tag{10.9a}$$

und ebenfalls mit (10.10) der RAYLEIGH-Transmissionsfaktor

$$q_{R\lambda} = \exp(-a_{R\lambda}).$$

n_λ ist der von der Wellenlänge abhängige Brechungsindex der Luft. Diese Abhängigkeit ist nur geringfügig. Deshalb gilt nach Einsetzen von Zahlenwerten in (10.10) angenähert $a_{R\lambda} = 8.79 \cdot 10^{-3} \lambda^{-4.09}$ und mit guter Annäherung $a_{R\lambda} \sim \lambda^{-4}$. Die starke Abhängigkeit der RAYLEIGHstreuung von der Wellenlänge ist aus Tabelle 10.3 zu ersehen, in der auch der Transmissionsfaktor $q_{R\lambda}$ für die senkrecht durchstrahlte Normatmosphäre angegeben ist.

Tabelle 10.3

Extinktionskoeffizient $a_{R\lambda}$ und Transmissionsfaktor $q_{R\lambda}$ für molekulare Streuung, $q_{D\lambda}$ für Dunststreuung

λ	0.3	0.4	0.5	0.6	0.8	1.0	μm
$a_{R\lambda}$	1.23	0.366	0.146	0.069	0.022	0.0088	
$q_{R\lambda}$	0.29	0.69	0.86	0.93	0.98	0.99	
$q_{D\lambda}$	0.72	0.78	0.82	0.85	0.88	0.90	

Dieser zeigt besonders deutlich, daß bei senkrechter Einstrahlung von violettem Licht ($\lambda = 0.4\ \mu$m) nur 69 %, von rotem (0.7 μm) noch 96 %

die Atmosphäre durchdringen, die Sonne also eine rötlichere Färbung gegenüber der extraterrestrischen Sonne annimmt. Bei der relativen Luftmasse 10, etwa Sonnenhöhe 5° über dem Horizont, müssen die Transmissionsfaktoren mit 10 potenziert werden. Dadurch ergibt sich eine noch stärkere Wellenlängenabhängigkeit. Die gelbrote Färbung der Sonne bei geringer Höhe wird immer stärker, weil nicht nur Violett und Blau, sondern auch Grün mehr und mehr ausgelöscht werden. Daß die Sonne tief über dem Horizont rot aussieht, ist eine allbekannte Tatsache. Das nach allen Richtungen gestreute Sonnenlicht ist umgekehrt im Blau stärker als im Rot, weshalb der *Himmel* uns *blau* erscheint. Bisher wurde nur die Gesamtwirkung der Streuung der Luftmoleküle betrachtet. Die Streuung erfolgt jedoch nicht nach allen Richtungen gleichmäßig. Die von einem Streuvolumen in einer bestimmten Richtung φ gegen den einfallenden Strahl der Strahldichte I_λ gestreute Strahldichte i_λ besitzt vielmehr die Größe

$$i_\lambda = I_\lambda(a_{R\lambda}/H_0)(3/16\ \pi)(1 + \cos^2\varphi). \qquad (10.11)$$

Sie ist also proportional $a_{R\lambda}/H_0$, besitzt auch die gleiche Abhängigkeit von der Wellenlänge, ist jedoch nach vorn ($\varphi = 0°$) und hinten ($\varphi = 180°$) doppelt so groß wie nach der Seite ($\varphi = 90°$). In einem Schnitt, der den einfallenden und den gestreuten Strahl enthält, ergibt sich die lemniskatenähnliche Streu-Indikatrix der Abb.10.2. Diese Streufunktion wird bei der Behandlung der Himmelsstrahlung von Wichtigkeit sein. Der Faktor $3/16\ \pi$ ist zur Normierung erforderlich, damit die über die gesamte Kugel integrierte Streustrahlung gleich der Schwächung der direkten Strahlung wird.

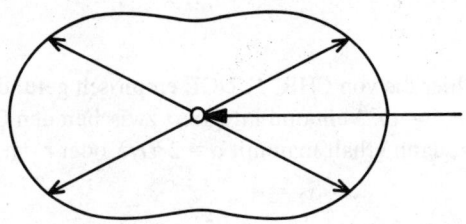

b) *Dunststreuung*

Auch die in der Luft schwebenden größeren Teilchen, auch Dunst genannt (Abschn. 2.5), streuen das Sonnenlicht im wesentlichen ohne Umwandlung in eine andere Energieform wie etwa Wärme. Nur, wenn die Teilchen auch absorbieren können, treten Umwandlungen in Wärme ein. Die Wellenlängenabhängigkeit des Streukoeffizienten unterscheidet sich deutlich von der der RAYLEIGH-Streuung. Sie ist im Mittel *gemessen* zu

$$a_{D\lambda} = \beta \lambda^{-1.3} . \tag{10.12}$$

Tabelle 10.3 gibt den entsprechenden Transmissionsfaktor $q_{D\lambda}$ nach (10.9). Dabei kann der Wellenlängenexponent ebenso von der Wettersituation abhängig sein wie die Schwächungs- oder Trübungsintensität β. Das Gesetz kann folgendermaßen erklärt werden: die Streuung durch ein einzelnes Dunsttröpfchen (großenteils aus Wasser bestehend) von der Größenordnung der Wellenlänge $r \approx \lambda$ ist gegeben durch $k_{r\lambda} = \pi r^2 \kappa (2 \pi r/\lambda)$, wobei der Faktor κ nur durch umständliche Rechnungen nach der von G. MIE aufgezeigten Theorie der Streuung an kleinen Teilchen gefunden wird (Abb. 10.3).

Die Größe der vorkommenden Dunstteilchen ist verschieden; es besteht ein ganzes Größenspektrum $n(r) dr$, wobei n die Anzahl der Teilchen im Radienbereich r bis $r + dr$ je cm^3 beschreibt. Der Streuungskoeffizient einer Schicht mit der äquivalenten Dicke H_D ist dann gegeben durch

$$a_{D\lambda} = H_D \int_{r_1}^{r_2} n(r) \ \pi r^2 \kappa (2 \pi r/\lambda) \ dr. \tag{10.13}$$

Setzt man hier die von CHR. JUNGE empirisch gefundene Größenverteilung $n(r) = c r^{-4}$ ein und integriert zwischen den Grenzen $r_1 = 0$ und $r_2 = \infty$, dann erhält man mit $\alpha = 2 \pi r/\lambda$ oder $r = \alpha \lambda (2\pi)^{-1}$ aus (10.13)

$$a_{D\lambda} = H_D \ 2 \pi^2 c \lambda^{-1} \int_{\alpha_1 = 0}^{\alpha_2 = \infty} \kappa(\alpha) \ \alpha^{-2} \ d\alpha = B \lambda^{-1}. \tag{10.14}$$

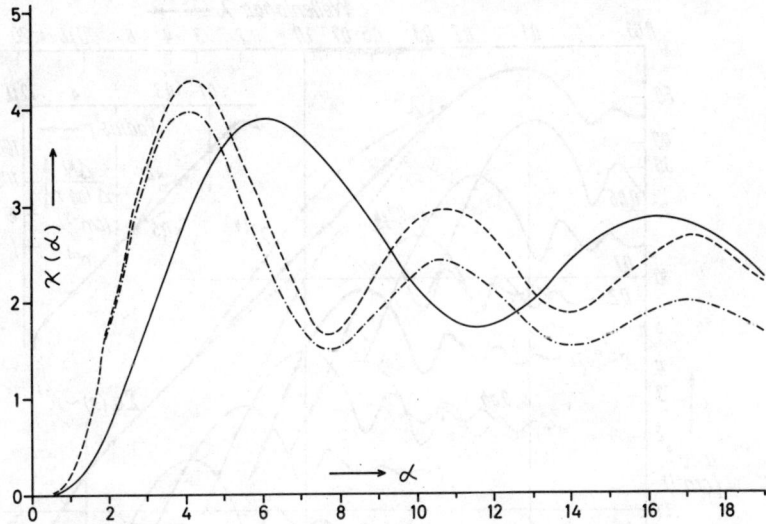

10.3 Streufaktor $\kappa(\alpha, n_\lambda)$ eines einzelnen Dunsttröpfchens mit der Brechzahl n_λ und $\alpha = 2\pi r/\lambda$. Ausgezogene Kurve $n_\lambda = 1.33$, gestrichelt $n_\lambda = 1.50$, strich-punktiert absorbierendes Tröpfchen mit $n_\lambda = 1.50 - 0.01\ i$.

Hierbei ist B eine Konstante, die über die Konstanten c und H_D von der Gesamtmenge der Teilchen in einer vertikalen Atmosphärensäule über dem cm^2 Grundfläche abhängig ist. Der Exponent -1 wird durch den Exponenten - 4 der JUNGEschen Verteilung bestimmt. Weicht die gegebene Verteilung von dem Exponenten - 4 ab und findet man für die Größenverteilung eine allgemeine Potenzfunktion

$$n(r) = c\ r^{-\nu^* - 1},$$

wo $\nu^* \neq 3$ ist, dann ergibt sich ein Wellenlängenexponent der Extinktion $\nu^* - 2$, der größer oder kleiner als 1 sein kann. Variationen dieser Art kommen vor. Auf jeden Fall liegt der empirisch im Mittel gefundene Exponent -1.3 nach (10.12) sehr nahe dem Koeffizienten -1, den man nach (10.14) aus dem ebenfalls empirischen Koeffizienten der Aerosolverteilung nach JUNGE ableitet (Abb. 10.4).

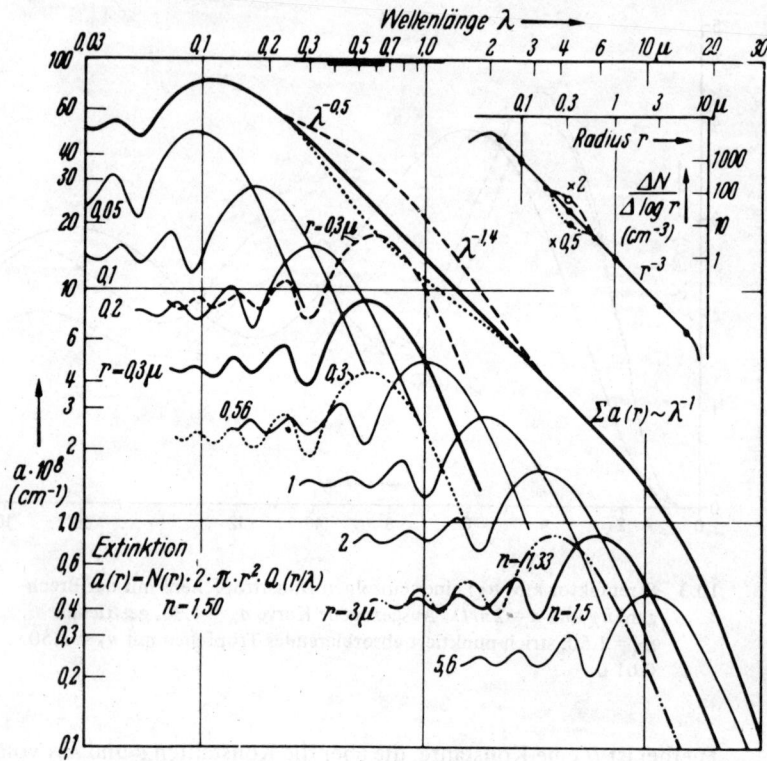

10.4   Entstehung der komplexen Streufunktion $a_\lambda \sim \lambda^{-1}$ durch Summierung über die einzelnen Partikelgrößen mit Teilchenzahlen $N(r)$ (rechts oben). In der Abbildung ist $Q(r/\lambda) = \kappa(2\pi r/\lambda)$. Nach F. VOLZ, Handbuch d. Geophysik, herausg. v. F. LINKE † u. F. MÖLLER, Berlin: Gebr. Borntraeger 1942 - 1961, S.846.

Die Abhängigkeit des Dunststreukoeffizienten $a_{D\lambda}$ von der Wellenlänge λ ist sehr viel geringer als die der RAYLEIGHstreuung, wie man auch aus den entsprechenden Transmissionsfaktoren $q_{D\lambda}$ der Tabelle 10.3 erkennt. Die Zahlenwerte gelten für $a_{D\lambda} = 0.1/\lambda$.

Der Dunstgehalt der Atmosphäre ist stark wetter- und jahreszeitenabhängig. Ein auffallendes Beispiel ist in Abb. 10.5 wiedergegeben.

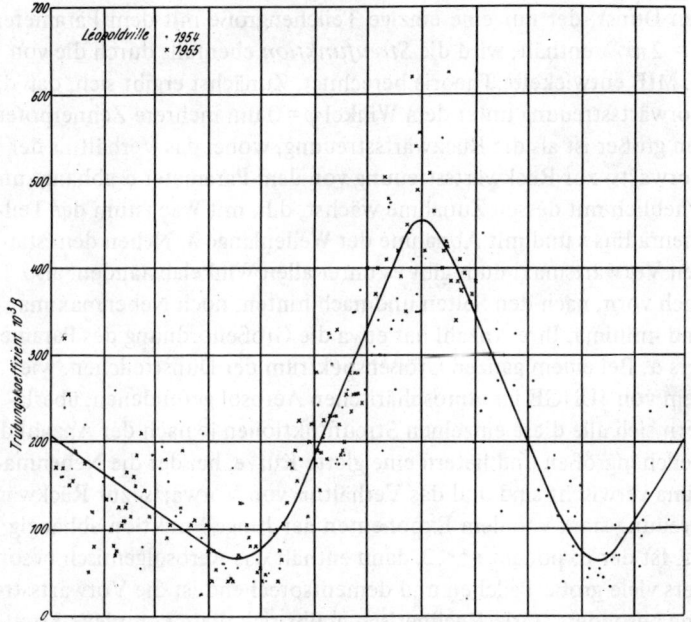

10.5 Jahresgang des Trübungskoeffizienten $10^3 \cdot B$ in Léopoldville. Hohe Werte während der Trockenzeiten (Staubaufwirbelung), niedere in den Regenzeiten. Nach P. VALKO, Archiv Meteor., Geoph., Bioklim. (B) 11, 143, 1962.

Die Größe der Dunstteilchen nimmt auch mit der relativen Feuchte der umgebenden Luft zu, wie bei Beschreibung ihrer Rolle als Kondensationskerne in Abschn. 8.1 dargelegt ist. Damit ändert sich auch ihre Extinktion, die durch die Gleichung

$$I_\lambda = I_{0\lambda} \exp\left(-a_{D\lambda}\, m_r\right) \tag{10.15}$$

beschrieben ist.

Die Winkelabhängigkeit der von einem Dunst- erfüllten Streuvolumen gestreuten Strahlung $f(\varphi)$ hat keinerlei Ähnlichkeit mit der nach vorn und hinten symmetrischen RAYLEIGHstreuung. Für einen Dunst, der nur eine einzige Teilchengröße mit dem Parameter $\alpha = 2\pi r/\lambda$ enthält, wird die *Streufunktion* ebenfalls durch die von G. MIE entwickelte Theorie berechnet. Zunächst ergibt sich, daß die Vorwärtsstreuung unter dem Winkel $\varphi = 0$ um mehrere Zehnerpotenzen größer ist als die Rückwärtsstreuung, wobei das Verhältnis der Vorwärts- zur Rückwärtsstreuung von dem Parameter α abhängt und erheblich mit dessen Zunahme wächst, d.h. mit Wachstum des Teilchenradius r und mit Abnahme der Wellenlänge λ. Neben dem starken Vorwärtsmaximum gibt es unter allen Winkelabständen, also nach vorn, nach den Seiten und nach hinten, noch Nebenmaxima und -minima. Ihre Anzahl hat etwa die Größenordnung des Parameters α. Bei einem ganzen Größenspektrum der Dunstteilchen, wie dem von JUNGE im atmosphärischen Aerosol gefundenen, überlagern sich alle diese einzelnen Streufunktionen je nach der Anzahl der Teilchengrößen und liefern eine glatte Kurve, bei der die Nebenmaxima verwischt sind und das Verhältnis von Vorwärts- zur Rückwärtsstreuung stark von dem Exponenten der Junge-Funktion abhängig ist. Ist der Exponent $\nu^* < 3$, dann enthält das Aerosolgemisch besonders viele große Teilchen und dementsprechend ist die Vorwärtsstreuung besonders stark. Rechnerisch ergibt sich diese komplexe Streufunktion $f_\lambda(\varphi)$, die auch *Indikatrix* genannt wird, durch Integration über alle Streufunktionen $f(\varphi, \alpha)$ der einzelnen Teilchen (Abb. 10.6).

Die von einem Streuvolumen, das nur Aerosolteilchen enthält, ausgehende Streustrahlung ist analog zu (10.11) gegeben durch

$$i_\lambda = I_\lambda \int_0^\infty \pi r^2 \, n(r) \, f(\varphi, \alpha) \, dr = I_\lambda \, a_{D\lambda} \, k \, f_\lambda(\varphi). \qquad (10.15a)$$

Hierin ist k ein Normierungsfaktor, der für die in den gesamten Raum gestreute Strahlung

$$k \int_{4\pi} f(\varphi) \, d\omega = 1$$

werden läßt.

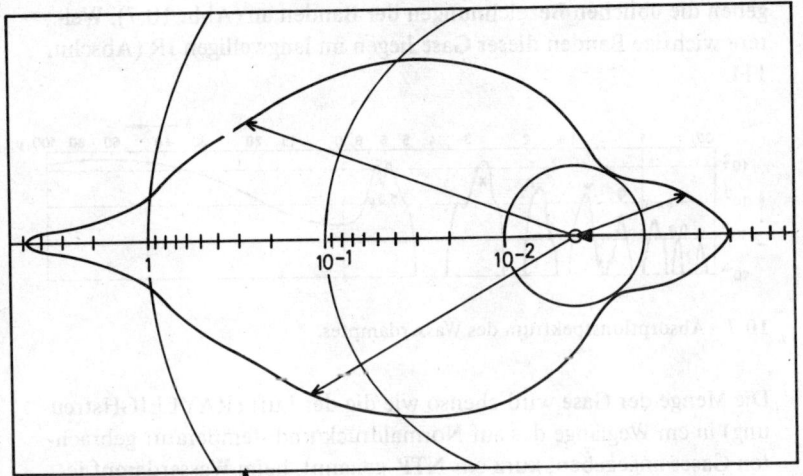

10.6 Streufunktion des Dunstes. Logarithmischer Maßstab der Polarkoordinaten.

c) *Die Absorption*

Die Absorption durch verschiedene atmosphärische Gase, unter denen vor allem H_2O, O_3, CO_2 von Wichtigkeit sind, ist insofern wesensverschieden von der Streuung, als mit ihr eine Umwandlung der Strahlungsenergie in andere Energieformen, Wärme, Dissoziationsenergie oder Ionisationsenergie verknüpft ist. Sie erfolgt in Absorptionslinien, z.B. den berühmten D-Linien des Na (5 890 Å), allermeist aber in Banden der mehratomigen Gase.

Im Ultraviolett findet sich die nach HARTLEY genannte Bande des *Ozons*, durch die das Abschneiden des Sonnenspektrums am ultravioletten Ende bei etwa 3000 Å bewirkt wird. Außerdem besitzt dieses Gas eine schwache, nach CHAPPUIS benannte Bande im Sichtbaren. Mit dieser einen Ausnahme absorbieren die atmosphärischen Gase im Sichtbaren nicht. Intensive Banden liegen dann wieder im Infraroten (IR), wo das *Kohlendioxid* um 1.46, 1.60, 2.0, 2.7, 4.2 μm, der *Wasserdampf* bei 0.72 (a), 0.81, 0.93 ($\rho\sigma\tau$), 1.13 (ϕ), 1.37 (Ψ), 1.85 (Ω) und 2.66 μm (X) und der *Sauerstoff* bei 0.69, 0.76 und 1.25 μm Absorptionsbanden besitzen. Die Buchstaben in Klammern geben die üblichen Bezeichnungen der Banden an (Abb. 10.7). Weitere wichtige Banden dieser Gase liegen im langwelligen IR (Abschn. 11).

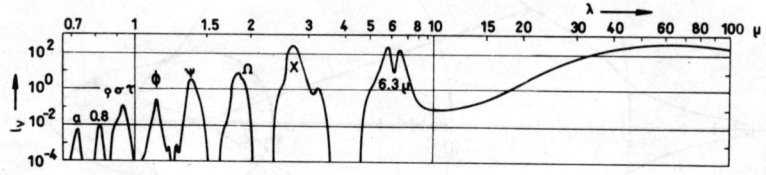

10.7   Absorptionsspektrum des Wasserdampfes.

Die Menge der Gase wird ebenso wie die der Luft (RAYLEIGHstreuung) in cm Weglänge des auf Normaldruck und -temperatur gebrachten Gases angegeben, kurz cm NTP genannt, beim Wasserdampf jedoch durch die äquivalente Menge des flüssigen Wassers (l.e. = liquid equivalent), wenn man sich den Dampf zu Niederschlagswasser kondensiert denkt (daher auch die Bezeichnung ppw = precipitable water). Es ist

$$ w = \int_0^\infty \rho_w \, dz, $$

wenn ρ_w die Dampfdichte ist; deshalb ist 1 cm l.e. zahlenmäßig gleich 1 g cm^{-2} Wasserdampf.

In gleicher Weise wie bei den Streuungsvorgängen gilt das BOUGUER-LAMBERTsche Gesetz mit

$$ I_\lambda = I_{0\lambda} \exp(-a_{w\lambda} \, m_r \, w), \tag{10.16} $$

wobei hier der Buchstabe w stellvertretend auch für die in anderen Wellenlängen absorbierenden anderen Gase gesetzt ist.

Die Extinktion der Sonnenstrahlung in der Atmosphäre ist in zweierlei Hinsicht für den Strahlungshaushalt von Bedeutung:

1.)   Alle Arten der Schwächung vermindern den direkten Strahlungsgenuß der Erdoberfläche, und ihre Kenntnis ist deshalb für den Strahlungs- und *Wärmehaushalt* des *Bodens* entscheidend.

2.) Die Absorption allein ist ein Maß für den Wärmegewinn der Atmosphäre direkt aus der Sonnenstrahlung (und auch aus der diffusen Himmelsstrahlung) und deshalb für den Wärmehaushalt der *Lufthülle* von Wichtigkeit.

10.4. Trübungsmaße

Die im vorigen Abschnitt beschriebenen Extinktionsvorgänge durch Streuung an Molekülen und am Dunst sowie durch Absorption in Gasen treten nicht getrennt, sondern gleichzeitig auf. Die Wellenlängenabhängigkeit ist jedoch sehr verschieden. Die gemeinsame Wirkung auf die Sonnenstrahlung aller Wellenlängen bezeichnet man als T r ü b u n g der Atmosphäre. Ihre genaue Kenntnis ist für die quantitative Bestimmung des Strahlungshaushaltes der Erdoberfläche nötig.

Die direkte Sonnenstrahlung, die mit einem auf die Sonne gerichteten Strahlungsmesser ohne spektrale Differenzierung gemessen wird, ist gegeben durch

$$I(m_r) = \int_0^\infty I_\lambda(m_r)\, d\lambda.$$

Daraus folgt nach Einsetzen von (10.9), (10.9a), (10.15) und (10.16)

$$I(m_r) = \int_0^\infty I_{0\lambda} \exp(-a_{R\lambda}\, m/H_0 - a_{D\lambda}\, m_r - a_{w\lambda}\, w m_r)d\lambda, \quad (10.17)$$

worin m durch (10.8), m_r durch (10.7) definiert ist. Die drei Extinktionen addieren sich also im Exponenten (Abb. 10.8). Jedoch liefert schon der Einfluß eines einzigen Vorganges im Integral über alle Wellenlängen, z.B.

$$I_R(m_r) = \int_0^\infty I_{0\lambda} \exp(-a_{R\lambda}\, p\, m_r/p_n),$$

wegen der Integration über große und geringe Extinktionen in den verschiedenen Wellenlängen keine exakte e-Funktion mehr, im log-

arithmischen Diagramm keine gerade Linie. Man kann aber die Form
beibehalten und schreiben

$$I_R(m_r) = I_0 \exp(-a_R(m)\,m/H_0) \qquad (10.17a)$$

mit einem von m abhängigen Extinktionskoeffizienten. Die Veränderung dieses mittleren $a_R(m)$ mit der Luftmasse m beträgt

m	0.5	1	2	3	4	6	8	10
$a_R(m)$	0.1050	0.0995	0.0894	0.0821	0.0762	0.0671	0.0604	0.0

Die entsprechenden Funktionen für I_D und I_W haben wegen der anderen spektralen Zusammensetzung der Extinktion andere Gestalt.

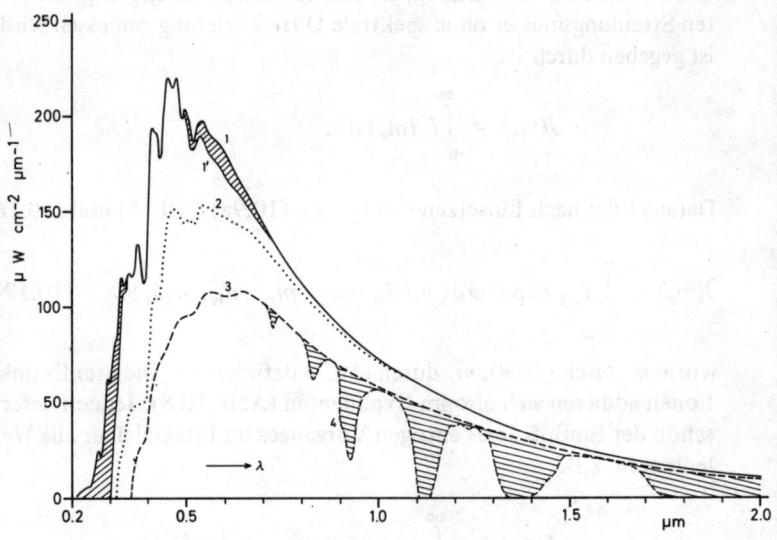

10.8   Sonnenspektrum: 1) extraterrestrisch, 1') unter der Ozonschicht, 2)
        nach RAYLEIGHextinktion bei $m = 2$, 3) nach O_3-, RAYLEIGH- und
        Dunstextinktion entsprechend Tab.10.2 für $m_r = 2$, 4) nach Absorption
        durch Wasserdampf.

LINKE hat jedoch (10.17) approximiert durch

$$I(m_r) = I_0 \exp(-a_R(m)\, Tm/H_0), \qquad (10.18)$$

wo er T den T r ü b u n g s f a k t o r nennt. Dieser Trübungsfaktor ist also eine den Dunst und Wasserdampf der Luft kennzeichnende Größe. Er gibt an, wie viele dunst- und absorptionsfreie „RAYLEIGH-Atmosphären" übereinandergeschichtet werden müßten, um die gleiche über λ integrierte Strahlungsintensität am Boden ankommen zu lassen, wie es die wirkliche Atmosphäre gestattet. Er kann daher nie kleiner sein als 1. Sein großer Wert liegt in folgendem: Gemessene I-Werte sind nur bei gleichen Luftmassen vergleichbar. Es kommen jedoch im Sommer und Winter, in polaren und tropischen Breiten nicht die gleichen Zenitdistanzen oder Luftmassen vor, so daß ein Vergleich Schwierigkeiten macht. Eine Deutung durch mittlere Extinktionskoeffizienten, etwa

$$I(m_r) = I_0 \exp(-a'm_r),$$

ist wegen der Veränderung von a' gemäß (10.17a) und der davon abweichenden Veränderungen bei Dunst- und Wasserdampfextinktion ebenfalls nicht möglich. Die Definition des Trübungsfaktors gestattete erstmalig einen Vergleich von Messungen zu verschiedenen Tageszeiten, Jahreszeiten, geographischen Breiten, Wetterlagen usw. Als Beispiel sei angeführt, daß in Potsdam im Mittelwert für Januar $T = 2.5$, im April 3.1, im Juli 2.9 und im Oktober 2.8 betragen. Dieser Gang zeigt, daß die größeren Werte im Sommer vorkommen und muß so gedeutet werden, daß der Einfluß des Wasserdampfes auf T größer ist als der des Dunstes, weil der starke winterliche Dunst größere Werte im Winter erwarten lassen würde.

Um diesen Einfluß des Wasserdampfes zu vermeiden, eliminiert A. ÅNGSTRÖM die von dem dunkelroten Schottfilter RG2 durchgelassene Strahlung $I_{rot}(m_r)$. Da das Filter nur Wellenlängen $\lambda > 625$ nm durchläßt, wird die gesamte Wasserdampfabsorption nur in I_{rot} spürbar. In der „Kurzstrahlung" $I_K = I - I_{rot}$ wird dann nur der Wellenlängenbereich von etwa 300 bis 625 nm erfaßt, in dem außer der

geringen Ozonabsorption nur RAYLEIGH- und Dunstextinktion
wirksam sind. Hier gilt entsprechend (10.12)

$$I_K(m_r) = \int\limits_0^{625} I_{0\lambda} \exp(-a_{R\lambda}m - \beta\,\lambda^{-1.3}m_r)\,d\lambda \quad (10.19)$$

mit β als *Trübungskoeffizient*. Zur Bestimmung von β müssen graphische oder numerische Verfahren angewandt werden. Für dessen Veränderung wurde in Abb. 10.5 ein schönes Beispiel gegeben.

W. SCHÜEPP versuchte aus Messungen mit zwei Filtern auch den
„Dunstexponenten", der in (10.12) und (10.19) mit 1.3 angenommen ist, der aber nach S. II,23 auch andere Werte haben kann, zu bestimmen, jedoch sind für solche diffizilen Bestimmungen spektrale
Messungen geeigneter. Der Trübungskoeffizient (bezogen auf die Ba-
sis 10 anstatt e) liegt in unserem Klima in der Größenordnung 0.05
und kann Schwankungen zwischen 0.01 und 0.20 aufweisen.

10.5. Die Himmels- und Globalstrahlung

Die durch Streuung (RAYLEIGH- und Aerosol-Streuung) abgelenkte
Sonnenstrahlung gelangt teils als diffuse Himmelsstrahlung D zum
Boden, teils wird sie in den Weltraum zurückgestreut. Entsprechend
der λ^{-4}-Wellenlängenabhängigkeit des RAYLEIGHstreuungskoeffi-
zienten wird blaues Licht stärker gestreut als gelbes oder rotes. Dadurch erscheint uns der unbewölkte Himmel blau. Auch von außen
gesehen erscheint die Erde bläulich. Dies ist durch die Photos von Satelliten gezeigt worden, wenngleich man da Filme und Kopierverfah-
ren anwendet, die den „Blaustich" nach Möglichkeit beseitigen.

Die RAYLEIGH-Streuung erfolgt nach (10.11) winkelabhängig nach
dem Gesetz $(1 + \cos^2\varphi)$, wobei φ der Winkel zwischen dem einfallenden und dem gestreuten Strahl ist. Gleichzeitig erfolgt eine Polarisation des Lichtes, so daß das an einem Volumenelement unter $90°$ gestreute Licht nicht halb so stark ist wie das vorwärts oder rückwärts ($\varphi = 0; 180°$) gestreute, sondern auch linear polarisiert. Der
Himmel erscheint unter $90°$ gegen die Sonnenrichtung besonders
dunkel oder, wie es dem Beschauer erscheint, besonders blau (in
Wirklichkeit ist der Farbton der gleiche), und das Licht ist zu etwa

80 % polarisiert. Was also der Sonne an blauem Licht fehlt, so daß sie bei tiefem Sonnenstand gelbrot erscheint, tritt als blaues Himmelslicht wieder auf. Mit einer „Farbe der Luft" hat der blaue Himmel nichts zu tun.

Wenn die Sonne sehr tief steht, dann ist wegen der wellenlängenabhängigen Extinktion die Beleuchtung der Atmosphäre über uns nicht mehr weiß, sondern rötlich, denn es fehlt der blaue Spektralbereich zum Streuen. Der Himmel müßte dann nach der Theorie grünlich erscheinen. Er bleibt jedoch bläulich. Das liegt an der bei großen Luftmassen beträchtlichen Absorption des Ozons in der CHAPPUISbande, in der das grüne Licht soweit absorbiert wird, daß auch bei tiefstehender Sonne die blaue „Färbung" des Himmels erhalten bleibt.

Die Dunststreuung nach Abschn. 10.3, Teil b hat eine wesentlich andere Streufunktion als die RAYLEIGH-Streuung. Der Dunst kann in der Vorwärtsrichtung bis zu 1000mal stärker als seitwärts und rückwärts streuen und ruft dadurch die starke Aufhellung des Himmels in der Sonnenumgebung hervor, die sogenannte Aureole. In der nahezu dunstfreien Luft des Hochgebirges ist diese Aureole sehr schwach ausgebildet. Das kann man dadurch sinnfällig zeigen, daß man dort ohne Blendung den Himmel betrachten kann, wenn man nur die Sonne selbst, etwa mit dem kleinen Finger der ausgestreckten Hand, abschirmt. Am Tieflandhimmel ist das wegen der hellen Aureole nicht möglich.

Um eine allgemein für die *Übertragung von solarer Strahlung* in der Atmosphäre gültige Beziehung zu erhalten, sind die Gleichungen für die Extinktion (10.9a) und (10.15) sowie für die Streuung (10.11) und (10.15a) zu kombinieren, die oben für die Veränderung der Sonnenstrahlung aufgestellt waren, aber allgemein gültig sind. Betrachtet man die Atmosphäre als eine planparallele Schicht und unterscheidet zwischen der von einem Himmelspunkt der Zenitdistanz z und des Azimuts α kommende Strahlung i_λ und der von $z_\odot$, $\alpha_\odot$ kommenden direkten Sonnenstrahlung I_λ, dann lautet die Beziehung für die Strahlungsübertragung durch ein Volumenelement

$$d\,i_\lambda(z,\alpha) = -i_\lambda\,m_r\,d\,\tau_\lambda + I_\lambda\,k\,f_\lambda(z,\alpha;z_\odot,\alpha_\odot)\,m_r\,d\,\tau_\lambda +$$
$$+ \int_{4\pi} i_\lambda(z',\alpha')\,k\,f_\lambda(z,\alpha;z',\alpha')\,d\,\omega'\,m_r\,d\,\tau_\lambda. \qquad (10.20)$$

Hierbei ist τ_λ in Anlehnung an (10.8) definiert als die optische Tiefe $\tau_\lambda = a_\lambda H_0\, p/p_n$. Die komplexe Streufunktion $k f_\lambda$ ist analog zu (10.15a) hier für RAYLEIGH- und Dunststreuung gemeinsam definiert; das Argument φ ist hier durch Zenitdistanz und Azimut des einfallenden und des abgehenden Strahles gekennzeichnet. Außerdem ist $I_\lambda = I_{0\lambda}\,\exp(-m_{r_\odot}\tau_\lambda)$. Das erste Glied rechts bedeutet die Schwächung der gestreuten Strahlung, das zweite und dritte bedeuten die Vermehrung durch gestreute direkte Sonnenstrahlung und durch in die Blickrichtung hineingestreute Strahlung von anderen Punkten des Himmels. Dieses dritte Glied liefert also die sogenannte *Mehrfachstreuung*, durch die die einfache Differentialgleichung zu einer komplizierten Integro-Differentialgleichung wird.

Vernachlässigen wir in einer einfachen Betrachtung die Mehrfachstreuung und untersuchen nur die Verteilung der gestreuten Strahlung im Vertikalkreis durch die Sonne, dann verschwindet der Azimutunterschied zwischen α und $\alpha_\odot$, und es wird der Streuwinkel $\varphi = z_\odot \pm z$. Gleichung (10.20) läßt sich sehr vereinfacht schreiben

$$d\,i = I_0\,\exp(-m_{r_\odot}\tau)\,k f(\varphi)\,\exp(-(\tau_B-\tau)m_r)\,m_r\,d\tau. \qquad (10.21)$$

Dabei ist der Index λ weggelassen; τ_B ist die optische Dicke der gesamten Atmosphäre. Integration über τ von τ_B bis 0 ergibt

$$i = I_0\,k f(\varphi)\,m_r(m_r - m_{r_\odot})^{-1}[\exp(-m_r\,\tau_B) - \exp(-m_{r_\odot}\tau_B)]. \qquad (10.22)$$

Gleichung (10.22) läßt sich leicht quantitativ auswerten. In Abb. 10.9 ist für zwei im Rot und im Ultraviolett liegende Wellenlängen die Strahldichte des Himmels im Sonnenvertikalkreis wiedergegeben. Man sieht die starke Vorwärtsstreuung in der Sonnenumgebung, die sogenannte *Aureole*, die im Roten sehr viel stärker ist als im Violetten. Man erkennt weiter die dunkelste Stelle des Himmels in etwa 90° Sonnenabstand und schließlich die Aufhellung des Horizontes, die im Roten erheblich stärker ist als im Kurzwelligen. Im ganzen ist die Strahlungsverteilung im Violetten sehr viel gleichmäßiger, beinahe kugelförmig. Wegen der hohen Extinktion (λ^{-4}) hat die Strahlung hier nur eine geringe Reichweite und kommt daher ziemlich gleichmäßig nur aus einer den Beobachter umgebenden Kugel, während sich bei der schwach extingierten Rotstrahlung die große Strahllänge durch die Atmosphäre am Horizont verglichen mit derjenigen zum Zenit in der starken Aufhellung bemerkbar macht. Das bedeutet gleichzeitig, daß gegenüber der Strahlung vom „blauesten", dunkelsten Punkt der Horizont wegen des stärkeren Rotanteils weiß erscheint, was man jederzeit am wolkenlosen Himmel beobachten kann.

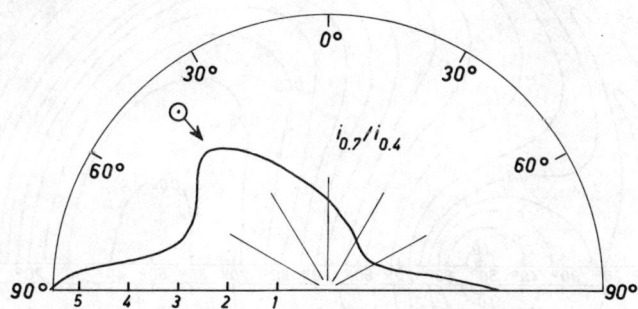

10.9   Farbverhältnis i_{700}/i_{400} der Himmelsstrahlung im Sonnenvertikal $z_0 = 40°$. Die Zahlenwerte sind mit den Extinktionen für RAYLEIGH- und Dunststreuung nach Tab.10.2 unter Berücksichtigung der Vielfachstreuung und einer Bodenalbedo 0.2 berechnet. Der Wert bei 90° Sonnenabstand wurde =1 gesetzt. Horizont und Sonnenumgebung sind weißer (röter). Die Zahlen sind gegen die Farbempfindung des Auges übertrieben, weil dessen Empfindlichkeit bei 700 nm minimal, bei 400 nm null ist. Nach H. QUENZEL 1971, unveröffentlicht.

Abb. 10.10 zeigt die Strahldichte am ganzen Himmel, bei deren Berechnung auch die Mehrfachstreuung berücksichtigt wurde. Der dunkle Fleck unter 90° gegen die Sonne ist klar zu erkennen, er wird nur durch die Aufhellung des Horizontes etwas zenitwärts verdrängt. In entsprechender Weise kann auch die von der Erdatmosphäre nach außen gestreute Sonnenstrahlung berechnet werden, Abb. 10.11. Hier ist vor allem das Reflexionsvermögen des Erdbodens sowie dessen Wellenlängen- und Winkelabhängigkeit zu beachten in der gleichen Weise wie dessen Abhängigkeit vom Winkel der einfallenden Strahlung. Für die exakte Theorie der Vielfachstreuung in der Atmosphäre ist auch die Polarisation beim Streuungsvorgang zu berücksichtigen, wodurch die Beziehungen erheblich komplizierter werden.

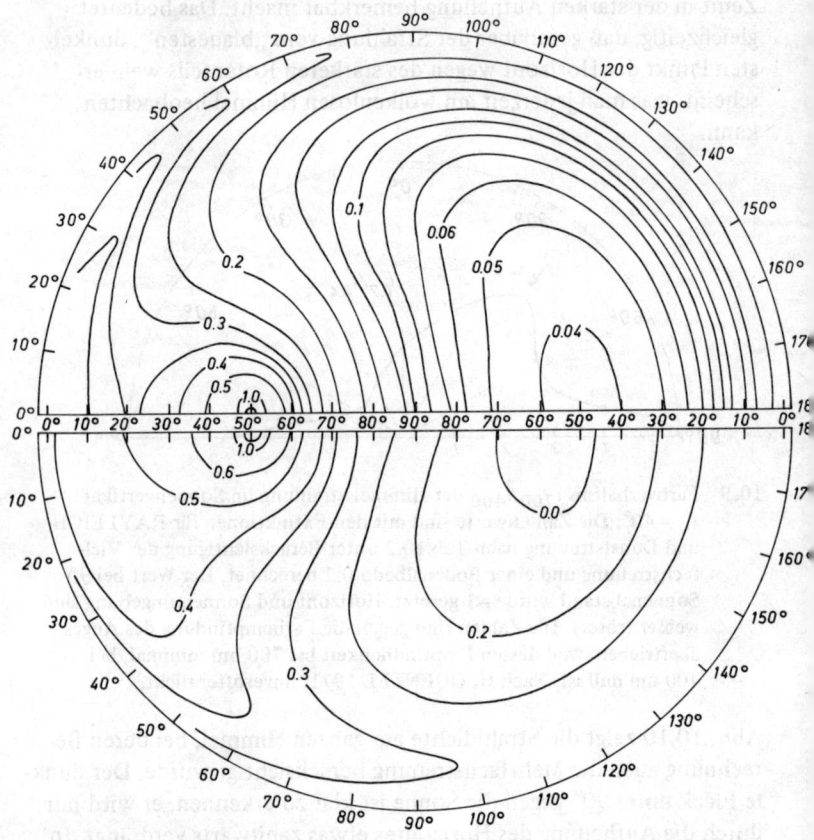

10.10 Strahldichte des Himmels bei 700 nm (oben) und 400 nm (unten).
Die extraterrestrische Bestrahlungsstärke der Sonne ist in beiden Fällen = π gesetzt. Der Abfall zum dunkelsten Punkt ist im UV wesentlich geringer als im IR. Rechengrundlagen wie in Abb. 10.9. Nach H. QUENZEL 1971, unveröffentlicht.

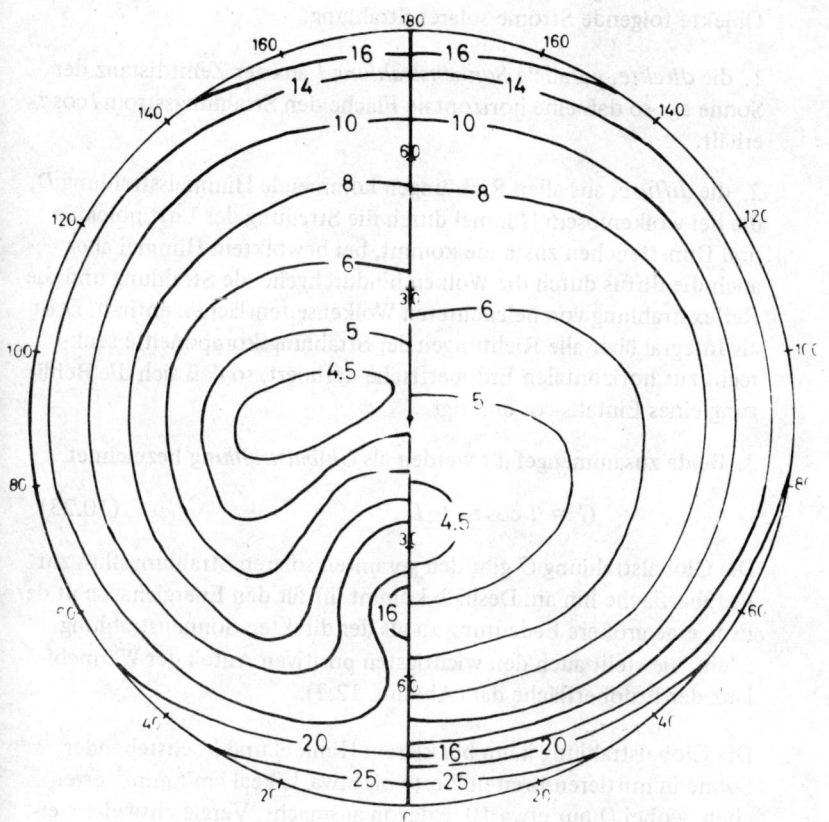

10.11 Strahldichte am oberen Rand der Atmosphäre. Zenitdistanz der Sonne 37.5° im Azimut 0°, Einheiten 10^{-2} bei Sonnenstrahlung = π, optische Dicke der Atmosphäre $\tau = 0.25$; rechte Seite: Erdoberfläche diffus reflektierend mit Albedo 0.02, links Meeresoberfläche durch Wind von $7\,\mathrm{m\,s^{-1}}$ aufgerauht. Beachte hier die schwache spiegelnde Reflexion bei etwa 45° Nadirdistanz unter der Sonne. Nach E. RASCHKE, Beitr. Phys. Atm. 45, 1–19, 1972.

Faßt man die bisherigen Ergebnisse von Abschn. (10.3) bis (10.5) zusammen, so empfangen der Erdboden und alle auf ihm befindlichen Objekte folgende Ströme solarer Strahlung:

1. die *direkte*, parallele *Sonnenstrahlung* I aus der Zenitdistanz der Sonne $z_\odot$, so daß eine horizontale Fläche den Strahlungsstrom $I \cos z_\odot$ erhält,

2. die *diffuse*, aus allen Richtungen kommende Himmelsstrahlung D, die bei wolkenlosem Himmel durch die Streuung der Luftmoleküle und Dunstteilchen zustande kommt, bei bewölktem Himmel aber auch die diffus durch die Wolken hindurchgehende Strahlung und die Reflexstrahlung von beleuchteten Wolkenseitenflächen enthält. D ist als Integral über alle Richtungen der Strahlungskomponente senkrecht zur horizontalen Erdoberfläche definiert, so daß sich die Beifügung eines Einfalls-cos erübrigt.

3. Beide zusammengefaßt werden als *Globalstrahlung* bezeichnet

$$G = I \cos z_\odot + D \, . \qquad (10.23)$$

Die Globalstrahlung G gibt den gesamten solaren Strahlungsfluß zur Erdoberfläche hin an. Deshalb kommt ihr für den Energiehaushalt der Erde eine größere Bedeutung zu als der direkten Sonnenstrahlung allein. Sie stellt auch den wichtigsten positiven Anteil der Wärmebilanz der Erdoberfläche dar (Abschn. 12.2).

Die Globalstrahlung kann bei klarem Himmel und hochstehender Sonne in mittleren Breiten Werte bis etwa 1.3 cal cm^{-2}min^{-1} erreichen, wobei D nur etwa 10 % davon ausmacht. Vergleichsweise werden extraterrestrisch in 50° Breite mittags zur Sommersonnenwende 1.75 cal cm^{-2}min^{-1} von der horizontalen Fläche empfangen, so daß in diesem Falle 25 % in der Atmosphäre verloren gehen. Bei bedecktem Himmel ist $I = 0$ und $G = D$; trotzdem kann dann die diffuse Strahlung allein bei sehr hellen Wolken im Hochsommer um die Mittagszeit noch $G = 0.8$, im Winter 0.3 cal cm^{-2}min^{-1} im Stundenmittel erreichen. Bei Nacht sind I und D gleich 0, wenn man von der um einige 10er-Potenzen geringeren Strahlung des Mondes oder der Sterne absieht.

10.6. Die Einnahme der Erdoberfläche an solarer Strahlung

Abgesehen von den Bemerkungen am Schluß des letzten Abschnittes
über die Globalstrahlung bei bedecktem Himmel, wurde bisher nur
der ideale Fall der Sonnen-, Himmels- und Globalstrahlung bei wolkenlosem Himmel betrachtet. Der wirkliche Strahlungsgenuß der Erdoberfläche hängt jedoch auch von der Sonnenscheindauer, vom Einfallswinkel der Strahlung und vom Reflexionsvermögen des Bodens
ab.

Die mögliche Dauer des *Sonnenscheins* ist zunächst rein astronomisch
bedingt. Dabei ist die Tageslänge zwischen Sonnenaufgang und Un-
tergang durch die geographische Brcite φ, die mit der Höhe des Him-
melspoles über dem Horizont identisch ist, und durch die Deklina-
tion δ der Sonne festgelegt. Da δ zur Zeit der Sommersonnenwende
+ 23 1/2°, zu den Tag- und Nachtgleichen 0° und zur Wintersonnen-
wende − 23 1/2° ist, bleibt die Sonne bei uns ($\varphi = 50°$, etwa Frank-
furt/Main) am 21.6. 16 Stunden, am 21.3. und 23.9. 12 Stunden,
am 22.12. nur 8 Stunden über dem Horizont. Dabei ist nicht berücksichtigt, daß sie wegen der Strahlkrümmung in der Atmosphäre
oder Refraktion (Abschn. 19.4) morgens etwas früher aufgeht,
abends etwas später untergeht, als das beim Fehlen einer Atmosphäre der Fall wäre. Dies nennt man die astronomisch mögliche Sonnenscheindauer S_A. Sie läßt sich berechnen.

Sie wird lokal eingeschränkt durch Erhebungen des Horizontes. Die
ein Gebirgstal umrahmenden Berge, die Bäume neben einer Waldlich-
tung, die Häuser einer Stadt u.a. können für einen Ort eine geometrische Erhöhung des *Horizontes* verursachen, die die mögliche Sonnenscheindauer S_0 gegenüber der astronomisch möglichen verringert.

Die *wirkliche Sonnenscheindauer S* ist meteorologisch durch den Be-
wölkungsgrad gegeben. Verdeckt eine dichte Wolke die Sonne, dann
ist die direkte Strahlung $I = 0$, und es gibt nur diffuse Himmelsstrahlung D. Über die Messung der Sonnenscheindauer vgl. Abschn.10.7.
Um klimatische Vergleiche benachbarter Orte ziehen zu können,
muß man die *relative* Sonnenscheindauer S/S_0 verwenden.

Wie schon bei der Globalstrahlung erwähnt, ist die Bestrahlungsstärke einer Fläche abhängig vom Cosinus des *Einfallswinkels*. Bei einer

horizontalen Fläche ist dieser gleich der Zenitdistanz $z_\odot$ der Sonne. Bei einer geneigten Fläche ist der Einfallswinkel abhängig von der Neigung der Fläche gegen den Horizont und von ihrer Exposition nach Osten, Süden usw. Wie wichtig das ist, erkennt man aus Anwendungen. Die horizontale Fläche erhält zwar mittags im Hochsommer mehr Strahlung als im Winter; eine nach Süden exponierte Hauswand oder ein Baumstamm empfängt aber gerade im Winter mittags mehr Strahlung als im Sommer; eine Nordwand weniger als eine Südwand; ein Osthang ab Mittag keine direkte Strahlung mehr, sondern nur noch diffuse Himmelsstrahlung, aber morgens eine sehr intensive Bestrahlung usw. Die Berücksichtigung dieser Verhältnisse ist für praktische Fragen wie etwa die Beurteilung günstiger Wein- oder Obstbaulagen sehr wichtig.

Die letzte, aber fast die wichtigste Größe, die den Strahlungsgenuß eines jeden Körpers, Stein, Pflanze, Mensch o. a. regelt, ist das *Absorptionsvermögen*. Ein vollkommen schwarzer Körper absorbiert alle auf ihn einfallende Strahlung, ein ideal weißer reflektiert diffus alle Strahlung und absorbiert nichts. Ideale Körper beider Art kommen in der Natur nicht vor. Der Bruchteil der absorbierten solaren Strahlung wird durch das Absorptionsvermögen a_s bestimmt, der reflektierte Anteil durch das Reflexionsvermögen r_s und ein eventuell vorhandener durchgelassener Teil durch das Transmissions- oder Durchlässigkeitsvermögen d_s, die jede für sich kleiner als 1 sein müssen. Ihre Summe ist $a_s + r_s + d_s = 1$. Der Index s bezieht sich auf solare Strahlung der Wellenlängen $0.3 - 5\mu m$. Alle drei Faktoren sind meist auch von der Richtung der einfallenden und, wenn von ihr verschieden, auch der der austretenden Strahlung abhängig. Nur bei ideal diffus reflektierenden Oberflächen (LAMBERTsche Reflexion) ist das nicht der Fall; im allgemeinen tritt eine wenigstens geringe spiegelnde Reflexion auf. Den Bruchteil der gesamten, nach allen Richtungen reflektierten Strahlung von der einfallenden nennt man auch *Albedo*.

Gewöhnlich ist das spektrale *Reflexionsvermögen* von der Wellenlänge abhängig, dann erscheint der reflektierende Körper für das Auge farbig. Hier sei nur ein wichtiges Beispiel angeführt, nämlich das der grünen Vegetation (Abb. 10.12). Da Blätter grün aussehen und auch innerhalb eines Waldes die Beleuchtung grün ist (das Auge bemerkt das kaum wegen seiner Fähigkeit der raschen Umstimmung), müssen Reflexion und Transmission im Grünen ($\lambda = 0.55$ μm) größer sein als im Blauen und Roten, wo dafür die Absorption groß ist. Die Assimilation (Photosynthese) des Kohlendioxids im Chlorophyll der Blätter wird also nicht durch den grünen Spektralbereich der Strahlung bewirkt, sondern durch den blauen und roten. Bei 0.75 μm zeigt die Abbildung eine enorme Zunahme von r_λ. In spektralen Infrarotphotographien sehen grüne Wälder weiß wie Schnee aus, oder besser gesagt, sie sind im Infrarot weiß wie Schnee im Sichtbaren, während dagegen der Schnee im IR schon ein abnehmendes Reflexionsvermögen besitzt.

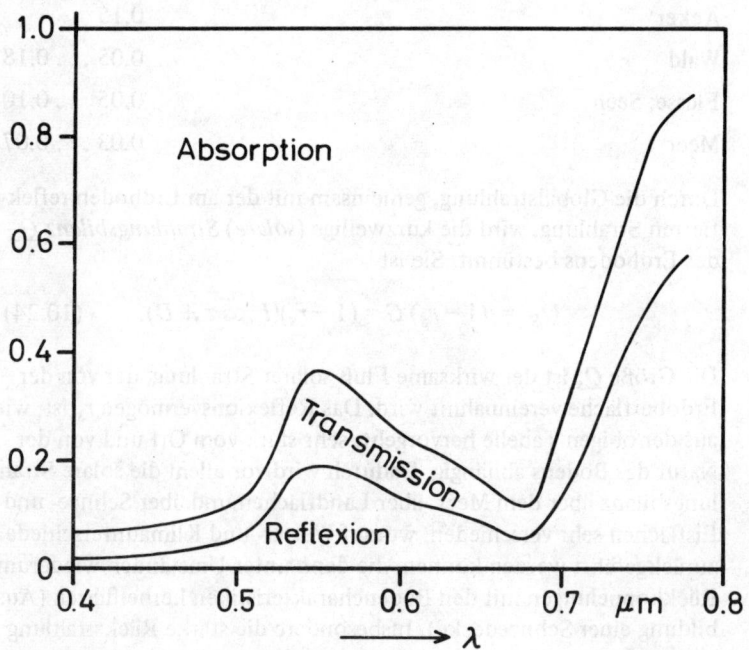

10.12 Spektrales Reflexions-, Transmissions- und Absorptionsvermögen grünen Laubes.

Die nachstehende Tabelle gibt das Reflexionsvermögen einiger natürlicher Oberflächen und Bodenarten wieder. Die Angaben sind Mittelwerte und beziehen sich auf die solare Strahlung aller Wellenlängen 0,3 - 5,0 μm.

Tabelle 10.4

Reflexionsvermögen r_s natürlicher Oberflächen für solare Strahlung

Schnee, sehr rein und frisch	r_s = 0.8 ... 0.9
alter Schnee	0.4 ... 0.6
Sand und Dünen, trocken (naß weniger)	0.25 ... 0.35
Rasen	0.25
Äcker	0.15
Wald	0.05 ... 0.18
Flüsse, Seen	0.05 ... 0.10
Meer	0.03 ... 0.07

Durch die Globalstrahlung, gemeinsam mit der am Erdboden reflektierten Strahlung, wird die kurzwellige (*solare*) *Strahlungsbilanz* Q_S des Erdbodens bestimmt. Sie ist

$$Q_S = (1 - r_s) G = (1 - r_s)(I \cos z_\odot + D). \qquad (10.24)$$

Die Größe Q_S ist der wirksame Fluß solarer Strahlung, der von der Erdoberfläche vereinnahmt wird. Das Reflexionsvermögen r_s ist, wie aus der obigen Tabelle hervorgeht, sehr stark vom Ort und von der Natur des Bodens abhängig. Dadurch wird vor allem die solare Strahlungsbilanz über dem Meer, über Landflächen und über Schnee- und Eisflächen sehr verschieden, worauf Wetter- und Klimaunterschiede zurückgeführt werden können, die dann unter Umständen wiederum Rückkoppelungen mit den Bodencharakteristiken herbeiführen (Ausbildung einer Schneedecke). Insbesondere die starke Rückstrahlung einer Schneedecke kann auch eine sekundäre Bestrahlung der Atmosphäre von unten her bewirken, die dann wieder eine zusätzliche Rückstrahlung solarer Strahlung von oben zur Folge hat.

10.7. Meßverfahren für solare Strahlung

Das einfachste Anzeigegerät für Sonnenstrahlung, das *keine* Intensitäten zu messen gestattet, ist der S o n n e n s c h e i n s c h r e i - b e r . Es gibt verschiedene Geräte, die meist auf der Aufzeichnung einer Brennspur, auf photographischen oder auch photoelektrischen Wirkungen aufgebaut sind. Das einfachste und meist verwendete ist der Sonnenscheinautograph nach CAMPBELL und STOKES. Er besteht aus einer Glasvollkugel, die auf ihrer der Sonne abgewandten Seite in ständig gleichem Abstand einen Brennpunkt erzeugt, der in einem entsprechend gekrümmt um die Kugel gelegten, schwer entflammbaren Papierstreifen eine Brennspur einbrennt. Wenn die Sonne durch Wolken verdeckt ist, ist die Brennspur unterbrochen. Eine Ausmessung ergibt dann sehr leicht die wirkliche Sonnenscheindauer. Treten dünne, z.B. Cirruswolken, vor die Sonne, dann wird die Spur nicht unterbrochen, sondern es zeigt sich u.U. nur eine Bräunung des des Papieres. Zum Vergleich muß man die wirkliche Sonnenscheindauer S auf die wegen Einengung des Horizontes beschränkte ‚S_0‚ reduzieren.

Maßgeräte für die solare Strahlungsintensität können unterschieden werden in

1. Geräte, die die direkte, auf eine normal zu den Sonnenstrahlen stehende Fläche auffallende Sonnenstrahlung I messen. Man nennt sie *Pyrheliometer* oder, etwas veraltet, Aktinometer.

2. Geräte, die die Globalstrahlung G auf eine horizontale Fläche messen. Sie heißen *Pyranometer*. Schirmt man von diesen die direkte Sonnenstrahlung durch einen fest montierten Ring, der die ganze Sonnenbahn am Himmel abdeckt, ab, so mißt das Gerät nur die diffuse Strahlung D. Kehrt man das Gerät um, so daß es die aus dem unteren Halbraum kommende solare Strahlung empfängt, dann mißt es die Reflexstrahlung $R = r_s G$. Die Verbindung zweier nach oben und nach unten gerichteter Pyranometer nennt man auch ein *Albedometer*.

Nach den Meßprinzipien unterscheidet man Geräte

a. die die *Temperaturerhöhung* eines Meßkörpers als Anzeichen für seine Wärmeaufnahme messen oder die Wärmeaufnahme zum Schmelzen oder Verdunsten verwenden. Solche Geräte sind Absolutgeräte und bedürfen keiner Eichung,

b. bei denen sich ein Meßkörper im *thermischen Gleichgewicht* zwischen Wärmeaufnahme durch Strahlung und Wärmeabgabe an die Umgebung befindet. Gemessen wird die Temperaturdifferenz der Empfangsfläche gegen die Umgebung; die Geräte bedürfen einer Eichung und sind Relativinstrumente,

c. bei denen die Erwärmung eines Meßkörpers *verglichen* wird mit der Erwärmung eines gleichgebauten zweiten Körpers, der künstlich, z.B. elektrisch, geheizt wird.

Als Empfänger muß nach dem oben Gesagten ein schwarzer Körper verwendet werden, wie er am besten durch einen Hohlraum, in guter Annäherung in vielen Fällen durch eine geschwärzte (berußte, mit mattschwarzer Spezialfarbe versehene) Fläche verwirklicht wird. Der schwarze Empfänger ist bei Pyrheliometern am Grunde eines Tubus, der auf die Sonne gerichtet ist, angebracht. Er erwärmt sich unter dem Einfluß der auffallenden und absorbierten Sonnenstrahlung und gibt wegen seiner Übertemperatur seine Wärme an die Umgebung, das heißt den Tubus, wieder ab. Dies wird durch die Formel ausgedrückt

$$Mc \, dT/dt = a_s \, F \, I - \alpha(T - T_K). \qquad (10.25)$$

Dabei sind M die Masse, c die spezifische Wärme, a das Absorptionsvermögen ($\approx 1,0$), F die Auffangfläche des Empfängers, T seine Temperatur, T_K die Temperatur des umgebenden Körpers, α die Wärmeübergangszahl durch Wärmeleitung und Wärmestrahlung. Nach der Exposition steigt die Temperatur des Empfängers zunächst an, strebt aber schließlich einem zeitlich konstanten Endzustand zu. Zur Messung von I sind nun die zwei oben angegebenen Möglichkeiten a oder b verwendbar (Abb. 10.13).

a. Zu Beginn der Messung ist ungefähr $T = T_K$, das heißt, das Wärmeübergangsglied mit α ist noch verschwindend klein. Dann läßt sich die Sonnenstrahlung I direkt aus der Temperaturerhöhung bestimmen, es ist $I = Mc(a_s F)^{-1} \, dT/dt$. Man muß nur eine Messung der Temperatur T des Empfangskörpers in Abhängigkeit von der Zeit durchführen und die Apparatekonstanten M, F, a_s, c kennen. Es handelt sich deshalb um eine *Absolutmessung*. Geräte, die nach diesem Prinzip arbeiten, sind meist nur einmalige Konstruktionen, die nur zur Eichung von Relativinstrumenten dienten. Das im Handel erhältliche Silverdisc-Pyrheliometer kann jedoch nach diesem (und nach Prinzip b) verwendet werden.

b. Wartet man, bis sich der Endzustand eingestellt hat, wo $dT/dt = 0$ ist, dann ist $I = \alpha(a_s F)^{-1}(T - T_K)$. Es wird dann infolge der Übertemperatur des Empfängers gegen den Körper K gerade alle die Wärme abgeführt, die durch die Sonnenstrahlung I zugeführt wird. Meßgröße ist $T - T_K$. Die Größe $\alpha/a_s F$ muß experimentell durch Eichung, das heißt, Vergleich mit einem Absolutinstrument, bestimmt werden. α ist schwer direkt zu bestimmen, weil der Wärmeübergang durch die Luft und die Halterung des Empfängers erfolgen kann. Es handelt sich daher um ein *Relativverfahren*. Typische Relativinstrumente sind das Panzeraktinometer nach LINKE und FEUSSNER, oder das Aktinometer nach MICHELSON und MARTEN.

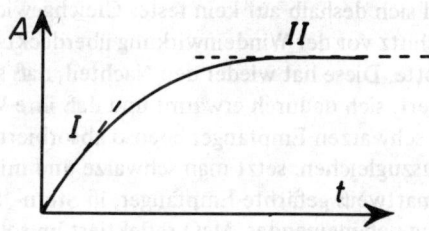

10.13 Ausschlag A eines Strahlungsmessers als Funktion der Zeit t, schematisch.

Als Absolutinstrument wird heute fast ausschließlich das *Kompensations-Pyrheliometer* nach K. Ångström (Prinzip c) verwendet. Es enthält zwei identische, geschwärzte Empfängerstreifen, deren einer durch die Sonnenstrahlung erwärmt, der andere gegen diese abgeschirmt und elektrisch geheizt wird, bis beide die gleiche Temperatur besitzen. Die elektrische Heizleistung ist gleich der Sonnenstrahlung auf die Empfängerfläche und wird direkt in Watt gemessen. Dann wird der erste Streifen beschattet und elektrisch erwärmt, während der zweite der Sonnenstrahlung ausgesetzt wird, um geringe Unterschiede im Bau des Gerätes auszugleichen. Sehr wichtig bei allen Pyrheliometern ist ein langer Tubus, um die Empfänger gegen den abkühlenden Einfluß des Windes zu schützen.

Dies sind die *Standardinstrumente* für meteorologische Beobachtungsnetze. Eine einfache Trennung von breiten Wellenlängenbereichen erreicht man durch *Glasfilter*, unter denen sich die SCHOTTschen Orange- und Rotfilter am besten bewährt haben, weil sie eine scharfe „Abfallkante" der spektralen Durchlässigkeit bei 520 und 625 nm besitzen. Für enge Spektralbereiche und Spezialmessungen verwendet man *Interferenzfilter* oder schließlich *Spektrographen*, die hier nicht näher erläutert werden können.

Meßgeräte für die Global- oder Himmelsstrahlung sind die *Pyranometer*. Der Strahlungsempfänger, eine geschwärzte Platte, muß horizontal aufgestellt werden. Das bringt die Schwierigkeit mit sich, daß sie unbehindert der Abkühlung durch den stark wechselnden Wind ausgesetzt ist und sich deshalb auf kein festes Gleichgewicht einstellen kann. Zum Schutz vor der Windeinwirkung überdeckt man sie mit einer Glaskalotte. Diese hat wieder den Nachteil, daß sie selbst ein wenig absorbiert, sich dadurch erwärmt und daß ihre Wärmestrahlung von dem schwarzen Empfänger ebenso absorbiert wird. Um diesen Einfluß auszugleichen, setzt man schwarze und mit Magnesiumoxyd (MgO) mattweiß gefärbte Empfänger, in Stern-, Streifen- oder Ringanordnung nebeneinander. MgO reflektiert im solaren Spektrum sehr gut, ist aber im infraroten Wärmespektrum ebenfalls schwarz wie der schwarze Empfänger. Die Wärmestrahlung der Glasglocke wird deshalb von den weißen und schwarzen Flächen in der gleichen Weise absorbiert. Mißt man die Temperaturdifferenz schwarz gegen weiß, dann wird dieser Einfluß eliminiert, und man mißt nur die von Himmel und Sonne eingestrahlte Globalstrahlung. Natürlich sind diese Geräte Relativinstrumente, die einer Eichung bedürfen.

Albedometer nennt man die Kombination eines nach oben und eines nach unten gerichteten Pyranometers. Damit kann die reflektierte Strahlung und das Reflexionsvermögen der Erdoberfläche gemessen

werden. Solche Albedometer, als Radiosonden ausgebildet, werden
auch an Ballonen in größere Höhen geflogen.

Mit den nach oben und unten gerichteten Pyranometern wird auch
die *solare Strahlungsbilanz* des Erdbodens gemäß (10.24) gemessen.
Da diese ein sehr wichtiges Glied im gesamten Strahlungs- und Wärmehaushalt der Erdoberfläche bildet, ist ihre Bestimmung an einer
Wärmehaushaltsstation unerläßlich.

Ein denkbar einfaches Gerät ist das Kugelpyranometer nach BELLA-
NI. Es besteht aus einer schwarzen (oder um Überhitzungen zu vermeiden, gleichmäßig grauen) Innenkugel, die von einer äußeren eva-
kuierten Glaskugel umgeben ist, durch die Windeinflüsse vermieden
werden. Die Innenkugel ist mit Alkohol gefüllt, der bei Bestrahlung
und Erwärmung verdampft, aber in einem angeschlossenen, auf Lufttemperatur gehaltenen Meßrohr wieder kondensiert. Die Menge des
Kondensats wird abgelesen. Das Instrument mißt nicht die Globalstrahlung auf eine horizontale Fläche, sondern die von einer Kugel
empfangene, also auch die reflektierte Strahlung vom Erdboden (Einfluß von Schneedecke!). Eine brauchbare Konstruktion auf dem gleichen Prinzip, aber mit horizontaler Empfangsfläche, ist noch nicht
gelungen.

Hinsichtlich *spektraler Meßmethoden* von Sonnen- und Himmelsstrahlung muß auf Lehrbücher der Physik verwiesen werden.

Literatur:

L. FOITZIK und H. HINZPETER, Sonnenstrahlung und Lufttrübung.
　　Leipzig: Akad. Verlagsges. Geest & Portig 1958. IX, 309 S.
R. M. GOODY, Atmospheric Radiation. I. Oxford: The Clarendon
　　Press 1964. XI, 436 p.
F. MÖLLER, Strahlung in der unteren Atmosphäre. Handb. d. Phy-
　　sik. Herausg. S. FLÜGGE. Berlin-Göttingen-Heidelberg: Springer-
　　Verlag. Bd. **48**, Geophysik II, 155-253, 1959.

F. VOLZ, Optik der Tropfen I, Optik des Dunstes. Handbuch d. Geophysik, Herausg. F. LINKE u. F. MÖLLER. Berlin: Gebr. Borntraeger 1942-1956. Bd. 9, Kap. 14, 822 - 897.

R. SCHULZE, Strahlenklima der Erde. Darmstadt: D. Steinkopff
Verlag 1970. XI, 217 S.

I. DIRMHIRN, Das Strahlungsfeld im Lebensraum. Frankfurt/M.:
Akad. Verlagsges. 1964. XI, 426 S.

N. ROBINSON (ed.), Solar Radiation. Amsterdam/London/New
York: Elsevier Publ. Comp. 1966. XII, 347 p.

11. Die terrestrische Strahlung

11.1. Die terrestrische Strahlung des Erdbodens

Jeder Körper sendet Wärmestrahlung aus, deren Intensität sich nach
dem STEFAN-BOLTZMANNschen (10.3) und dem KIRCHHOFF-
schen (10.1) Gesetz bestimmt zu

$$a_T \, \sigma \, T^4 = (1 - r_T) \, \sigma \, T^4;$$

dabei ist T seine (absolute) Oberflächentemperatur, a_T sein Absorp-
tions- oder Emissionsvermögen und r_T sein Reflexionsvermögen. Da
a_λ und r_λ von der Wellenlänge abhängig sind, sind a_T und r_T mit der
spektralen Strahlungsdichte gewichtete Mittelwerte über den terrestrischen (langwelligen) Spektralbereich; sie können deshalb von den
entsprechenden Werten für solare Strahlung (Tab. 10.4) erheblich
verschieden sein. Wie schon erwähnt, liegt der Bereich der terrestrischen Strahlung nach dem PLANCKschen Gesetz(10.2) für die auf
der Erde vorkommenden Temperaturen zu 99,9 % zwischen den Wellenlängen 4 und etwa 100 μm, das Maximum der terrestrischen Strahlung nach dem WIENschen Verschiebungsgesetz (10.4) entsprechend
den Temperaturen von 288°K etwa bei 10 μm. Man nennt deshalb
auch die *terrestrische Strahlung* oft (ungenau) langwellige Strahlung
oder ihrer Entstehung nach thermische Strahlung. Man will damit sagen, daß die Strahlung ihre Energie aus der thermischen Molekular-
bewegung sowie den Schwingungs- und Rotationsenergien der Moleküle entnimmt, nicht aber aus Elektronensprüngen, die erst bei sehr

viel höheren Temperaturen durch kinetische Energie angeregt werden können. Letzten Endes ist jedoch auch die solare Strahlung eine thermische Strahlung der Sonne.

Ist das Reflexionsvermögen $r_T = 0$, dann haben wir einen schwarzen Körper, der die maximal mögliche Strahlung aussendet. Die Werte a_T und r_T sind für eine Reihe von natürlichen Oberflächen in der Tabelle angegeben. Das Durchlässigkeitsvermögen $d_T = 1 - r_T - a_T$ würde nur bei Schneedecke, Wasser oder Wolken von 0 verschieden sein, ist aber auch in diesen Fällen minimal.

Tabelle 11.1

Absorptions- und Reflexionsvermögen von Oberflächen
für langwellige Strahlung

	a_T	r_T
Schneedecke	0,995	0,005
Rasen	0,984	0,016
Wasser	0,96	0,04
Kalk, Kies	0,92	0,08
Sand	0,9	0,1
Wolken	0,9 - 1,0	0,0 - 0,1
Al-Bronze	0,35 - 0,45	0,55 - 0,65
Blech	0,07	0,93
polierte Metalle	0,02	0,98

Schnee, der für solare Strahlung beinahe der Inbegriff der guten Reflexion (,,schneeweiß") ist, ist für die terrestrische Strahlung fast schwarz, ebenso Wolken, wobei die zahlreichen kleinsten Hohlräume als Hohlraumstrahler angesehen werden können. Alle natürlichen Oberflächen, Vegetation, Bodenarten, Wasser, sind *nahezu schwarz* oder können ohne große Fehler als schwarze Strahler und Absorber für terrestrische Strahlung behandelt werden. Eine Ausnahme machen nur Metalle, insbesondere polierte Metalle, die als nahezu ideale Reflektoren angesehen werden können. Vergleiche aber die entsprechenden Zahlen für solare, kurzwellige Strahlung (Tab. 10.4).

Die Strahlungsleistung eines schwarzen Körpers beträgt bei

$$T = -20° \qquad 0° \qquad +20° \text{ C}$$
$$\sigma T^4 = 0.34 \qquad 0.46 \qquad 0.61 \text{ cal cm}^{-2}\text{min}^{-1}$$
$$= 0.024 \qquad 0.032 \qquad 0.043 \text{ W cm}^{-2}$$

Die terrestrische Strahlung ist von größter Bedeutung für die Erde, denn mit ihrem Betrag ist auch die Temperatur der Erde als Planet bestimmt. Die Erdkugel empfängt Sonnenstrahlung mit der Größe ihres Querschnittes, insgesamt also $\pi R^2 I_0$, wo R der Erdradius, I_0 die Solarkonstante ist. Dank der Reflexion an Wolken und am Boden und der Rückstreuung der Atmosphäre durch RAYLEIGH- und Dunststreuung besitzt sie aber eine Albedo für solare Strahlung $A_E =$ 0.35, so daß sie wirklich nur den Betrag $(1-A_E)\,\pi R^2 I_0$ absorbiert. Man kann dies zunächst so deuten, daß die im Mittel von der ganzen Erdoberfläche $4\pi R^2$ aufgefangene Sonnenstrahlung nur $1/4\,I_0$, also ein Viertel der Solarkonstante beträgt, wenn man von der Albedo noch absieht. Das liegt natürlich daran, daß die Nachtseite überhaupt keine, und auf der Tagseite weite Gebiete Strahlung nur unter kleinem $\cos z$ erhalten. Dieser Einnahme steht im Strahlungsgleichgewicht gegenüber die Abstrahlung der gesamten Erdkugel in den Weltraum mit $4\pi R^2 \sigma T_E^4$. Hier ist angenommen, daß fast alle natürlichen Oberflächen, auch Wolken, etwa schwarz sind $a_L \approx 1.0$, wie die obige Tabelle zeigt. Setzt man die beiden Ausdrücke gleich (Abb.11.1)

$$(1-A_E)\,\pi R^2\,I_0 = 4\pi R^2 \sigma T_E^4, \qquad (11.1)$$

so ergibt sich $T_E = [(1-A_E)\,I_0/4\sigma]^{-4}$ \qquad (11.2)

und daraus die effektive Strahlungstemperatur der Erde zu $T_E =$ 251°K = −22°C. Neuere Auswertungen der Strahlungsmessungen von Satelliten haben direkt $A_E = 0.30$ und $T_E = 254°$ K ergeben. Die mittlere Temperatur an der Erdoberfläche, gemittelt über alle Breiten und Jahreszeiten, ist aber wesentlich höher, nämlich $T_m = +14°C$. Der Unterschied von 36° (bzw. 33°) erklärt sich daraus, daß die Erdoberfläche nicht unmittelbar in den Weltraum abstrahlen kann. Die Atmosphäre hat mit ihren Gasen und Wolken im Langwelligen die

Fähigkeit, Strahlung zu absorbieren und mit der ihr eigenen, niedrigeren Temperatur wieder auszustrahlen.

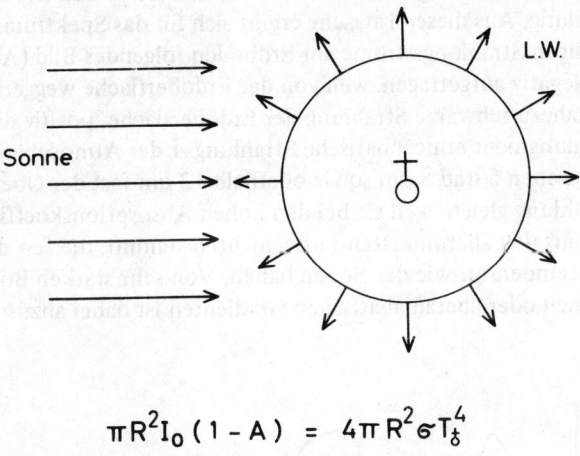

L.W.

Sonne

$$\pi R^2 I_0 (1 - A) = 4 \pi R^2 \sigma T_{\text{s}}^4$$

11.1 Die Erde im Gleichgewicht zwischen Sonnenstrahlung und langwelliger Ausstrahlung.

11.2. Die Gegenstrahlung der Atmosphäre

Absorbierende Wirkung haben, wie im solaren Spektrum, so auch im terrestrischen Spektrum nicht die Hauptbestandteile der Luft, sondern Spurengase wie H_2O, CO_2 und O_3. Der Wasserdampf hat eine sehr intensive Absorptionsbande seines Rotations-Schwingungsspektrums zwischen 5 und 8 μm (Zentrum 6.3 μm) und die Rotationsbande bei allen Wellenlängen oberhalb 17 μm. Eine ebenfalls außerordentlich kräftig absorbierende Bande besitzt das CO_2 im Bereich zwischen 13 und 17 μm (Zentrum 15 μm). Die Bande des Ozons bei 9.6 μm ist verhältnismäßig schwach. Von dieser abgesehen ist zwischen 8 und 13 μm ein für langwellige Strahlung durchlässiges Gebiet, ein „Fenster" im Spektrum, während die anderen Bereiche fast undurchlässig sind. Auf die in anderer Beziehung sehr interessante und wichtige Auflösung der Banden in Linien wird weiter unten eingegangen werden.

Ein Gas, das wie H_2O und CO_2 in diesen Banden schon in dünnen Schichten vollständig absorbiert, emittiert auch nach KIRCHHOFFs Gesetz (10.1) aus der gleichen dünnen Schicht schon beinahe schwarze Strahlung. Aus dieser Tatsache ergibt sich für das Spektrum der langwelligen Strahlungsströme am Erdboden folgendes Bild (Abb. 11.2). Negativ aufgetragen, weil von der Erdoberfläche weggerichtet, ist die nahezu schwarze Strahlung der Erdoberfläche, positiv die Gegenstrahlung oder atmosphärische Strahlung A der Atmosphäre. Diese ist zwischen 5 und 8 μm sowie oberhalb 13 μm fast der Oberflächenstrahlung gleich, weil sie bei den hohen Absorptionskoeffizienten nur aus den alleruntersten Luftschichten stammt, die fast die gleiche Temperatur wie der Boden haben. Von sehr starken Bodeninversionen oder überadiabatischen Gradienten ist dabei abzusehen.

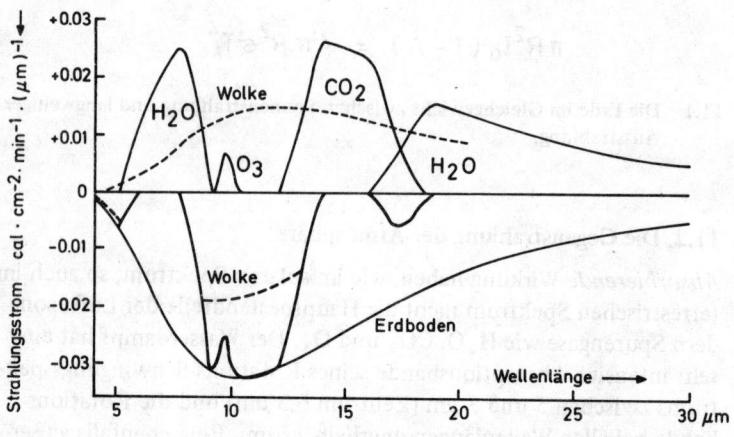

11.2 Spektrum der Gegenstrahlung und langwelligen Strahlungsbilanz des Bodens.

Die O_3-Bande bei 9.6 μm hat nur ein geringes Absorptionsvermögen, außerdem ist die Temperatur der Ozonschicht in 20 km Höhe sehr niedrig, so daß die Gegenstrahlung in 9.6 μm nur gering ist.

Die *langwellige Strahlungsbilanz* des Bodens als Differenz der vom Boden absorbierten minus der vom Boden emittierten Strahlung ist dann im Integral über alle Wellenlängen gegeben durch

$$Q_T = -a_T \sigma T_B^4 + a_T A = a_T(A - \sigma T_B^4). \qquad (11.3)$$

Sie ist in ihrer spektralen Anordnung durch die unregelmäßige Linie im Negativen in Abb. 11.2 gegeben. Sie ist somit im allgemeinen negativ und gleich der mit dem Absorptionskoeffizienten a_T multiplizierten Differenz der Strahlungsströme.

Ist der Himmel mit *Wolken* bedeckt, dann strahlen diese als nahezu schwarze Körper. Sie senden mit der ihrer Höhe entsprechenden geringeren Temperatur auch im Fensterbereich eine Gegenstrahlung herab, wie die gestrichelte Linie in Abb. 11.2 andeutet. Die Gegenstrahlung wird dadurch sehr viel größer, die negative Strahlungsbilanz $-Q_T$ kleiner und kann bei sehr tiefliegender Bewölkung auf null zurückgehen.

Da der CO_2-Gehalt der Atmosphäre konstant, der Wasserdampfgehalt aber veränderlich ist, ist der Betrag der Gegenstrahlung bei wolkenlosem Himmel im wesentlichen durch die Lufttemperatur am Boden und den Wasserdampfdruck e bestimmt. Empirische Formeln stammen von ÅNGSTRÖM, BRUNT, FEUSSNER und anderen.

Es ist nach ÅNGSTRÖM

$$A = \sigma T_L^4(0.790 - 0.174 \cdot 10^{-0.055e}), \qquad (11.4a)$$

nach FEUSSNER

$$A = \sigma T_L^4(1 - 10^{-0.424\, e^{0.20}}). \qquad (11.4b)$$

Dabei sind T_L die in 2 m Höhe gemessene Lufttemperatur, e der Dampfdruck in Torr. In diesen beiden Formeln ist nicht die Bodentemperatur T_B, sondern die Lufttemperatur T_L als Eingangsgröße verwandt.

11.3. Der Glashauseffekt

Abb. 11.2 zeigt, daß die Erdoberfläche in breiten Spektralbereichen gegen den Strahlungsaustausch mit dem Weltraum abgeschirmt ist. Um ein Gleichgewicht nach Gleichung (11.1) herzustellen, muß die herausgehende Strahlung im verbleibenden Fenster wesentlich steigen und die Temperatur des Bodens wesentlich höher sein. Man muß jedoch die Erde als Planet gewissermaßen von außen betrachten. Dann gibt sie terrestrische Strahlung im Bereich der großen Absorptionsbanden mit einer Temperatur ab, die der „Oberfläche" der Wasserdampfschicht bzw. der Kohlendioxidschicht entspricht. Diese dürfen wir in Annäherung mit der Tropopausentemperatur $T_p = T_B - 65°$ gleichsetzen. Auch im Fenster strahlt nur etwa 1/2 der Erdoberfläche mit T_B und etwa 1/2 mit der Wolkentemperatur, die ebenfalls ganz roh mit $T_B - 25°$ angesetzt sei. Nimmt man nun in starker Vereinfachung an, daß das ganze Spektrum zu 1/2 Fenster und 1/2 aus Banden besteht, dann ergibt sich analog zu (11.1)

$$(1 - a_E) I_0 = 4 \sigma (0.25 \, T_B^4 + 0.25 \, (T_B\text{-}25)^4 + 0.5 \, (T_B\text{-}65)^4)$$

und daraus $T_B = 288°K = +15°C$, ein Wert, der viel besser mit der wahren Bodentemperatur von im Mittel $+14°$ übereinstimmt. Der Klammerausdruck rechts ist gleich dem T_E^4 in Gleichung (11.1). Man erkennt: *je besser die Abschirmung durch Absorber und Wolken, umso höher wird die Bodentemperatur.* In Wirklichkeit sind die Verhältnisse natürlich viel verwickelter; z.B. ist hier nicht gesagt, warum die Tropopause und die Wolken kälter sind als der Boden (vgl. Abschn. 12.3).

Die Venus ist von einer außerordentlich dicken CO_2-Atmosphäre und einer dichten Wolkendecke umgeben (Abschn. 2.2). Ihre Bodentemperatur von etwa $800°K$ könnte durch eine Glashauswirkung aufrechterhalten werden, wenn eine unwahrscheinlich hohe Abschirmung der vom Boden emittierten Wärmestrahlung vorhanden ist, die kurzwellige solare Strahlung jedoch trotz Wolken und Gashülle zum Boden durchdringen kann.

In einem wirklichen *Glashaus* (nicht künstlich geheizt, also kein Treibhaus) ist die Abdeckung durch Glas für solare Strahlung durchlässig, für terrestrische Strahlung nicht durchlässig. Der Wärmeausgleich muß also durch die Wärmeleitung innerhalb des Glases erfolgen, wozu ein Temperaturgefälle nötig ist. Dann kann die Wärmeabgabe durch Abstrahlung der kühleren Außenfläche des Glases erfolgen. In der Atmosphäre übernehmen nach den vorstehenden Betrachtungen der Wasserdampf und die Wolken diese Rolle des Glases.

11.4. Messung der terrestrischen Strahlung

Bei Messung eines langwelligen Strahlungsstromes muß immer auch die von dem Instrument selbst ausgesandte Eigenstrahlung berücksichtigt werden. Es wird also die Differenz zwischen der vom Meßkörper K ausgesandten Schwarzstrahlung σT_K^4 und der empfangenen Strahlung gemessen. Nur wenn es gelingt, die Temperatur des Strahlungsempfängers sehr niedrig, etwa auf der Temperatur der flüssigen Luft zu halten, kann dessen Ausstrahlung vernachlässigt werden. Bei einer Messung der Gegenstrahlung A befinde sich der Meßkörper auf Lufttemperatur, $T_K = T_L$. Dann wird die gemessene Größe als *effektive Ausstrahlung*

$$E_{eff} = a_T \left(\sigma T_L^4 - A \right) \qquad (11.5)$$

bezeichnet.

Wenn kurzwellige (solare) Strahlungsströme nicht vorhanden sind, kann man für die Konstruktion eines Meßgerätes die Unterschiede der langwelligen Absorptionskoeffizienten a_L zwischen schwarzen (oder geschwärzten) und blanken Metalloberflächen benutzen (Tab. 11.1). Bei positiver effektiver Ausstrahlung (11.5) wird eine exponierte blanke, z.B. vergoldete Metallfläche wegen ihres verschwindenden Emissionsvermögens, aber Wärmeaustausches mit der Umgebung auf Lufttemperatur bleiben, während eine schwarze Fläche sich wegen ihrer negativen Strahlungsbilanz abkühlt. Durch elektrische Heizung der schwarzen Platte kann der Temperaturausgleich hergestellt werden. Die Heizleistung ist dann gleich der mit a_L multiplizierten effektiven Ausstrahlung, aus der bei bekanntem T_L die Gegenstrahlung bestimmt werden kann. Nach diesem Gesetz ist das ÅNGSTRÖMsche *Pyrgeometer* gebaut. Wegen der offenliegenden Empfangsfläche ist es jedoch sehr windempfindlich.

Die effektive Ausstrahlung unterscheidet sich von der Strahlungsbilanz des Erdbodens nach (11.3) definitionsgemäß durch Vorzeichen und Betrag, so daß sich die Beziehung ergibt

$$Q_T - (-E_{eff}) = \sigma(T_L^4 - T_B^4),$$

wobei $a_T = 1$ angenommen ist. Dies ist jedoch die Größe, die ein schwarzer Empfänger mißt, wenn er nach unten gerichtet wird. Mit zwei aufwärts- und abwärtsgerichteten oder bei elektrischer Messung unmittelbar gegeneinander geschalteten schwarzen Empfängern der unten beschriebenen Bauart, kann also die langwellige Strahlungsbilanz des Bodens Q_T gemessen werden.

Bei Tage, wenn außerdem eine kurzwellige solare Strahlungsbilanz Q_S nach (10.24) vorhanden ist, wird diese durch die Strahlungsmesser mitgemessen. Die gemessene Größe ist dann die gesamte Strahlungsbilanz

$$Q = Q_S + Q_T = a_s\, G + a_T(A - \sigma T_B^4), \qquad (11.6)$$

wobei a_S und a_T die Absorptionskoeffizienten des Bodens sind. Nehmen wir wieder an, daß ein Meßgerät einen vollkommen schwarzen Empfänger hat und sich auf Lufttemperatur befindet, dann wird von ihm die Effektivstrahlung

$$Q_{eff} = G + A - \sigma T_L^4 \qquad (11.7)$$

gemessen und, wenn es nach unten gerichtet ist, der kurzwellige und langwellige Strahlungsaustausch zwischen Boden und Instrument

$$Q'_{eff} = r_s\, G + r_T\, A + a_T\, \sigma T_B^4 - \sigma T_L^4. \qquad (11.7\,a)$$

In gleicher Weise, wie oben beschrieben, wird durch zwei nach unten und oben gerichtete, gegeneinandergeschaltete Meßgeräte die Differenz $Q_{eff} - Q'_{eff}$ oder die gesamte Strahlungsbilanz Q gemäß (11.6) gemessen. Durch ein Albedometer, d.h. ein Paar nach oben und unten gerichteter Pyranometer, wird die solare Bilanz allein gemessen, so daß aus der Differenz der beiden Geräte sich die terrestrische Strahlungsbilanz des Bodens ergibt.

Ein Meßprinzip für *Strahlungsbilanzmesser* beruht auf der Pyrano-
meteranordnung, jedoch mit Kalotten, die für langwellige Strahlung
durchlässig sind. Hierfür ist sehr geeignet Polyäthylen (Firmenname
Lupolen), das glasklar und sehr dünn hergestellt werden kann und,
von geringen Absorptionsbanden abgesehen, von 0.3 bis 30 μm, also
im gesamten solaren und terrestrischen Spektrum, durchlässig ist.
Ein Strahlungsbilanzmesser dieser Art ist zuerst von R. SCHULZE
angegeben worden und besitzt die gleiche Unabhängigkeit vom Wind
wie das Pyranometer. Das Gerät ist sowohl bei Tage, wenn die solare
positive Strahlungsbilanz die negative terrestrische überwiegt, wie
bei Nacht, wenn die terrestrische allein vorhanden ist, verwendbar.

Bei einer in Bodennähe sehr starken Inversion, also $T_B < T_L$, kann
auch eine effektive Ausstrahlung des Gerätes nach unten hin eintreten.

Andere Strahlungsbilanzmesser verwenden freie, nach oben und unten exponierte schwarze Flächen, bei denen der Windschutz gerade
durch einen kräftigen, aber für beide Platten gleichen künstlichen
Ventilationsstrom erreicht wird. Auf diesem Prinzip beruhen die Geräte von SUOMI und FRANSSILA oder von COURVOISIER u. a.
G. HOFMANN erreicht die Ausschaltung des Windeinflusses durch
zwei nebeneinander gelegte, geschwärzte Doppelplatten, von denen
jeweils eine Seite mit bekannter Leistung geheizt wird; dadurch wird
es möglich, Störeinflüsse wie Windschwankungen zu eliminieren.

Für Messungen der Strahlungsbilanz in der freien Atmosphäre von
einem Radiosondeballon aus, sind sowohl das Lupolengerät von SUO-
MI und KUHN wie das HOFMANNsche Gerät von MÜLLER und
POHL umkonstruiert worden. Allerdings sind sie vorerst nur bei
Nacht, wenn die solare Strahlung fehlt, verwendbar. Sie liefern dann
jedoch Angaben über die außerordentlich wichtige terrestrische Strahlungsbilanz der freien Atmosphäre selbst, nicht der in ihr schwebenden Instrumente. Diese Vorgänge werden in den beiden nächsten Abschnitten behandelt.

11.5. Die Übertragung terrestrischer Strahlung in der Atmosphäre

In Abschn. 10.5 war die Strahlungsübertragungsgleichung (10.20)
aufgestellt worden, durch die die Streuung und Extinktion (Streu-

ung) solarer Strahlung beschrieben wird. Für die Übertragung terrestrischer Strahlung kann die Streuung vernachlässigt werden, weil sowohl die RAYLEIGH- wie die Dunststreuung für $\lambda > 5\,\mu m$ geringfügig sind. Dafür sind Absorption und Emission eines Massenelementes zu berücksichtigen. Man erhält statt (10.20) für monochromatische Strahlung

$$d\,i_\lambda = -\,i_\lambda\,a_\lambda\,du + B_\lambda(T)\,a_\lambda\,du. \qquad (11.8)$$

Hierbei ist u ähnlich wie m in (10.6) definiert als $u = \int \sec z\,(\rho/\rho_n)\,dh$ mit ρ_n der Dichte des Gases bei Normaldruck und Temperatur. Bei $\sec z = 1$ ist also u die Dicke einer Gasschicht, wenn diese auf 760 Torr und $0°C$ gebracht ist und wird in cm NTP angegeben. Nur beim Wasserdampf setzt man $\rho_n = 1$ und erhält u in $g\,cm^{-2}$ oder cm l.e. (liquid equivalent). Das zweite Glied rechts in (11.8) gibt die Emission gemäß KIRCHHOFFs Gesetz (10.1). Es ist lokales thermodynamisches Gleichgewicht vorausgesetzt, was bedeutet, daß die Emission $B_\lambda(T)$ aus der thermischen Energie der Moleküle, deren Schwingungs- und Rotationsenergie, entnommen wird.

Die Absorption a_λ in den Banden von Gasen hat eine starke und unregelmäßige Wellenlängenabhängigkeit. Die Banden sind aufgebaut aus Hunderten von Absorptionslinien, deren Lagen für jedes Gas charakteristisch und durch die Quantenzahlen der Energieübergänge bestimmt sind. Die Linien haben Halbwertsbreiten, die bei Normaldruck und -temperatur in der Größenordnung von $0,5\,cm^{-1}$ oder bei $10\,\mu m$ von $5 \times 10^{-3}\,\mu m$ liegen, und sie haben Abstände zwischen den einzelnen Linien, die im Mittel 5-10mal so groß sind. Für die Linienform gilt die von LORENZ abgeleitete Formel

$$a(\nu) = S\,\pi^{-1}\,\delta\,[(\nu - \nu_0)^2 + \delta^2]^{-1}, \qquad (11.9)$$

wo $a(\nu)$ der Absorptionskoeffizient bei der Schwingungszahl ν, ν_0 die Stelle maximaler Absorption, δ die Halbwertsbreite, S die Linienintensität entsprechend $S = \int\limits_{-\infty}^{+\infty} a(\nu)\,d\nu$ ist.

Zwischen zwei Linien kann der Absorptionskoeffizient auf 10^{-2} seines Wertes im Zentrum der Linien zurückgehen. Wenn man, um gar zu große Komplikationen der Berechnung zu vermeiden, Schwingungszahlintervalle $\Delta\nu$ mit einer Anzahl von 10 - 30 Linien zusammenfaßt, dann treten wegen (11.9) und wegen der unterschiedlichen Intensität S der Linien, leicht Veränderungen von $a(\nu)$ innerhalb des Intervalles um 3 Zehnerpotenzen auf.

Es sind deshalb Formeln für die Absorption bzw. Transmission τ eines breiteren Schwingungszahl- oder Wellenlängenintervalles entwikkelt worden, die diese Struktur berücksichtigen und an die Stelle der Exponentialfunktion oder des BOUGUER-LAMBERTschen Gesetzes (10.9) für monochromatische Strahlung $\exp(-a_\lambda u)$ treten. Für diese *Transmissionsfunktion* $\tau(u)$ sind verschiedene Modelle aufgestellt worden. ELSASSER legt gleichstarke Linien mit gleichen Abständen zugrunde und erhält statt der e-Funktion eine Transmissionsfunktion

$$\tau(u) \;=\; 1 - \phi\,(\,\sqrt{l_\lambda\, u/2}\,\,), \qquad\qquad (11.10a)$$

wo $\phi(x) = 2/\sqrt{\pi} \cdot \displaystyle\int\limits_{0}^{x} \exp(-y^2)\,\mathrm{d}y$ das Wahrscheinlichkeitsintegral ist,

l_λ ist ein *verallgemeinerter Absorptionskoeffizient*, der für eine gewisse Intervallbreite $\Delta\lambda$ gilt. GOODY, dessen Modell Linien gleicher Intensität, aber mit statistisch verteilten Linienabständen besitzt, gibt

$$\tau(u) \;=\; \exp(-pu\,(1+qu)^{-0.5}), \qquad\qquad (11.10b)$$

wo p und q Größen sind, die sich aus mittlerer Linienintensität, Linienabstand und Halbwertsbreite im betreffenden Wellenlängenintervall errechnen.

Eine weitere Komplikation ergibt sich dadurch, daß die von Linie zu Linie veränderliche Halbwertsbreite und die Linienintensität S in (11.9) nicht unveränderlich, sondern von Luftdruck und Temperatur abhängig ist. Es ist für jede Linie

$$\delta \sim \frac{p}{p_\mathrm{n}}\sqrt{\frac{T_\mathrm{n}}{T}}\,, \qquad\qquad (11.11)$$

wo p_n und T_n die Normalwerte sind. Das bedeutet, daß bei $p=10\text{mb}$ die Halbwertsbreite auf 1/100 des Normalwertes sinkt und deshalb das Verhältnis von Linienabstand zur Halbwertsbreite auf das Hundertfache steigt. Die Variation von $a(\nu)$ innerhalb einer Bande erreicht dann viele Zehnerpotenzen. S ist von der Temperatur abhängig, aber je nach der Quantenzahl des Überganges in jeder Linie in einer anderen Weise; es gibt Linien, bei denen S mit T zunimmt und solche, wo es abnimmt. Da jedoch der monochromatische und der verallgemeinerte Absorptionskoeffizient a_λ und l_λ ebenso wie die Koeffizienten p' und q in (11.10b) nur in Verbindung mit der Gasmasse u auftreten, kann statt dessen eine korrigierte Gasmasse eingeführt werden, in der die Veränderungen von a_λ mit dem Druck und der Temperatur nach (11.11) berücksichtigt sind.

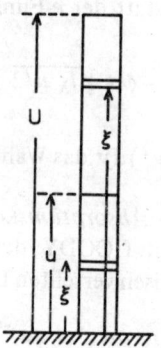

11.3 Zur Strahlungsübertragung, Bezeichnung der absorbierenden Massen.

Zunächst sei folgendes einfache Beispiel der Strahlungsübertragung betrachtet. In Abb. 11.3 sei eine vertikale Gassäule U mit dem Querschnitt 1 angenommen. Das Gas erfülle die Säule mit gleicher Dichte. Die Absorption in einer Schicht x sei grau bzw. *monochromatisch* $\exp(-a_\lambda x)$. Die Emission einer Elementarschicht sei $B_\lambda(x)\, a_\lambda\, dx$, wobei die Temperatur T bzw. die Schwarzstrahlung B_λ von x abhängig ist. Die Säule sei nach unten durch eine schwarzstrahlende Fläche begrenzt, nach oben frei. Dann ist die an der Stelle u von oben ankommende Strahlung

$$F_2 = \int_u^U B_\lambda(\xi) \exp(-a_\lambda(\xi - u)) \, a_\lambda \, \mathrm{d}\xi$$

und die von unten ankommende Strahlung

$$F_1 = \int_0^u B_\lambda(\xi) \exp(-a_\lambda(u - \xi)) \, a_\lambda \, \mathrm{d}\xi + B_\lambda(0) \exp(-a_\lambda u).$$

Für den Nettostrahlungsstrom $F = F_1 - F_2$ erhält man als Differenz

$$F_\lambda(u) = -\int_u^U B_\lambda(\xi) \exp(-a_\lambda(\xi - u)) \, a_\lambda \, \mathrm{d}\xi$$

$$+ \int_0^u B_\lambda(\xi) \exp(-a_\lambda(u - \xi)) \, a_\lambda \, \mathrm{d}\xi + B_\lambda(0) \ \exp(-a_\lambda u). \tag{11.12a}$$

Durch partielle Integration ergibt sich

$$F_\lambda(u) = \int_{B_\lambda(0)}^{B_\lambda(U)} \exp(-a_\lambda(|u - \xi|)) \, \mathrm{d}B_\lambda + B_\lambda(U) \exp(-a_\lambda(U - u)). \tag{11.12b}$$

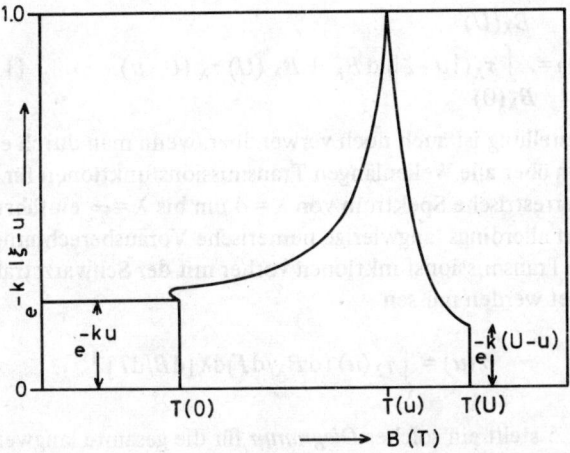

11.4   Schema eines monochromatischen Strahlungsdiagramms nach Gl. (11.12b). Vertausche in der Abbildung $T(0)$ mit $T(U)$ und e^{-ku} mit $e^{-k(U-u)}$.

Abb. 11.4 gibt ein schematisches Bild für die graphische Bestimmung von $F_\lambda(u)$ an der Stelle u nach (11.12b), wobei die Verhältnisse von Abb. 11.3 zugrundegelegt sind. Als Abszisse ist $B_\lambda(T)$ aufgetragen, als Ordinate die monochromatische Transmission $\exp(-a_\lambda x)$. Es ist eine atmosphärische Temperaturschichtung vorausgesetzt mit der Bodentemperatur $T(0)$ und der Temperatur $T(U)$ an der Obergrenze der Atmosphäre. Das eingezeichnete Rechteck links stellt das zweite Glied in (11.12b) dar, die Ecke in der anschließenden Kurve entspricht der Tropopause und die schnabelförmige Kurve der nach unten hin zunehmenden Temperatur der Troposphäre mit der Spitze $e^0 = 1$ an der Stelle $\xi = u$.

Der Wert dieser graphischen Darstellung liegt darin, daß man sie und Gleichung (11.12b) auch anwenden kann, wenn an die Stelle der Exponentialfunktion eine der *komplexen* Transmissionsfunktionen $\tau(u)$ nach (11.10a,b) tritt. Anstatt Gleichung (11.12a) hat man dann einzusetzen

$$F_\lambda(u) = \int\limits_0^U B_\lambda(\xi) \; \frac{\mathrm{d}\tau(|u-\xi|)}{\mathrm{d}\xi} \; \mathrm{d}\xi + B_\lambda(0) \, \tau_\lambda(u) \qquad (11.13\,\mathrm{a})$$

und anstatt Gleichung (11.12b)

$$F_\lambda(u) = \int\limits_{B_\lambda(0)}^{B_\lambda(U)} \tau_\lambda(|u - \xi|) \, \mathrm{d}B_\lambda + B_\lambda(U) \, \tau_\lambda(U - u). \qquad (11.13\,\mathrm{b})$$

Die Darstellung ist auch noch verwendbar, wenn man durch eine Integration über alle Wellenlängen Transmissionsfunktionen für das gesamte terrestrische Spektrum von $\lambda = 4 \; \mu m$ bis $\lambda = \infty$ einführt. Dies erfordert allerdings langwierige numerische Vorausberechnungen, weil die Transmissionsfunktionen vorher mit der Schwarzstrahlung gewichtet werden müssen

$$\overline{\tau}(u) = \int\limits_\lambda \tau_\lambda(u) \, (\mathrm{d}B_\lambda/\mathrm{d}T)\mathrm{d}\lambda \, [\mathrm{d}B/\mathrm{d}T]^{-1}.$$

Abb. 11.5 stellt ein solches *Diagramm* für die gesamte langwellige Strahlung nach YAMAMOTO dar. Ähnlich ist dasjenige von ELSASSER aufgebaut. Wegen der Abhängigkeit der Transmissionsfunktion

von der Temperatur sind die Linien u = const.gekrümmt. Das erste
Strahlungsdiagramm wurde von MÜGGE und MÖLLER angegeben.
Es beruht auf (11.13a) anstatt (11.13b) und ist im wesentlichen eine
flächentreue Transformation von Abb.11.5 mit Vertauschung von
Abszissen und Ordinate; dementsprechend sind die Linien für u gerade und für T gekrümmt. In allen diesen Diagrammen ist außerdem
die Diffusivität der Strahlung berücksichtigt, also die Integration über
die Strahlungsrichtungen in allen Zenit- bzw. Nadirdistanzen.

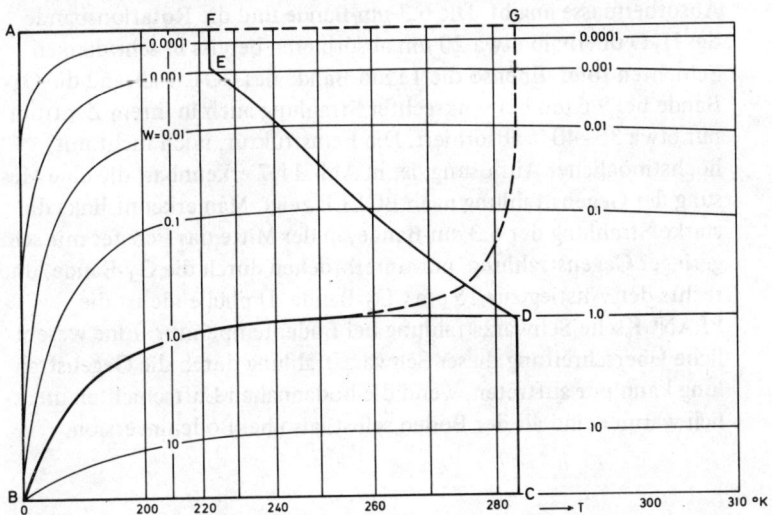

11.5   Strahlungsdiagramm nach YAMAMOTO, ABCDEFA = Ausstrahlung in
den Weltraum am Oberrand der Atmosphäre (Normatmosphäre),
ABGFA (gestrichelt) Gegenstrahlung am Erdboden.

Für jede Atmosphäre, in der $T(h)$ und $u(h)$ bzw. $T(u)$ vorgegeben
sind, kann man mit Hilfe derartiger Diagramme die Strahlungsströme
am Boden, d.h. die Gegenstrahlung, oder den die Atmosphäre zum
Weltraum verlassenden Strahlungsstrom ebenso wie die Nettostrah-
lungsströme $F(u(h))$ in irgendeinem Niveau h berechnen. Wegen der
starken Linienstruktur der Banden und der Veränderung von δ gemäß der Gleichung (11.11) und von S mit T verwendet man für sehr
genaue Rechnungen besser Computerprogramme.

11.6. Wirkungen der terrestrischen Strahlung in der Atmosphäre

Die Methode der Strahlungsdiagramme bzw. die Gleichungen (11.12a) und (11.12b) können zur quantitativen Untersuchung der Strahlungsströme in der Atmosphäre verwendet werden. Die im langwelligen I. R. absorbierenden Gase in der Atmosphäre sind, wie erwähnt, vor allem H_2O und CO_2, daneben zu einem geringen Grade O_3. Die Lage der Absorptionsbanden ist in Abb. 11.6 angedeutet, in der die Ordinate die Absorption der gesamten, in der Atmosphäre vorhandenen Absorbermasse angibt. Die 6.3 μm-Bande und die Rotationsbande des H_2O oberhalb etwa 20 μm absorbieren bereits in sehr dünnen Schichten total. Ebenso die 15 μm-Bande des CO_2, während die O_3-Bande bei 9.6 μm bei senkrechter Strahlung auch in ihrem Zentrum nur etwa 30 - 40 % absorbiert. Die Feinstruktur, noch nicht mit höchstmöglicher Auflösung, ist in Abb. 11.7 erkennbar, die eine Messung der Gegenstrahlung nach BOLLE zeigt. Man erkennt links die starke Strahlung der 6.3 μm-Bande, in der Mitte das Fenster mit sehr geringer Gegenstrahlung, nur unterbrochen durch die O_3-Bande, und rechts den Anstieg zur 15 μm CO_2-Bande. Umhüllende ist die PLANCKsche Schwarzstrahlung bei Bodentemperatur. Eine wesentliche Überschreitung dieser Schwarzstrahlung durch die Gegenstrahlung kann nur auftreten, wenn die bodennahen Luftschichten merklich wärmer sind als der Boden selbst, also bei Bodeninversion.

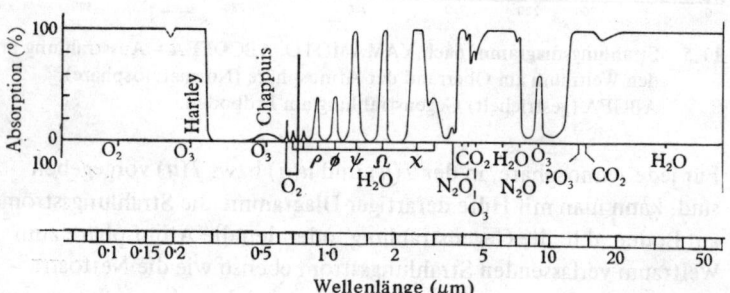

11.6 Spektrale Absorption der Atmosphäre zwischen Boden und Außenraum für diffuse Strahlung oder für einen Sonnenstrahl unter 50° Zenitdistanz (nach Goody und Robinson, Quart. J. Roy. Meteor. Soc. 75, 161, 1951).

Würde man die totale *Gegenstrahlung* aller Wellenlängen numerisch berechnen, dann gehen nach (11.12) oder (11.13) nicht nur die Gesamtmenge des Absorbers u, sondern auch die Abhängigkeit der Temperatur von $u(h)$, also die vertikale Temperatur- und Absorberverteilung wesentlich ein. Die früher angegebenen Formeln der Gegenstrahlung (11.4a und b) können also nur mittlere Verhältnisse wiedergeben.

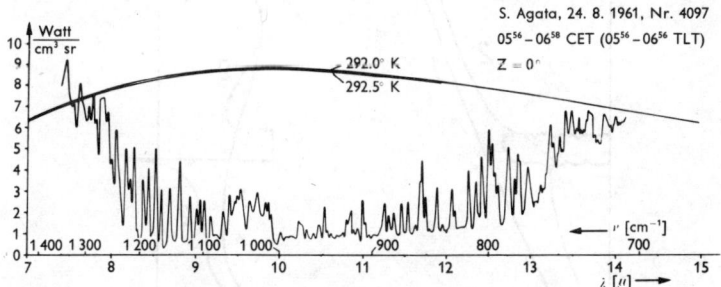

11.7   Gegenstrahlung mit hoher spektraler Auflösung. Nach H.-J. BOLLE.

Die langwellige Strahlungsbilanz am Boden $Q_T = \sigma T_B^4 \cdot A$ ist normalerweise positiv, weil in dem Fensterbereich $A(\lambda)$ klein gegen die PLANCKsche Ausstrahlung des Bodens ist. Dieses Q_T ist der Grenzfall für den Erdboden des in (11.12) und (11.13) definierten, vertikal aufwärtsgerichteten Nettostrahlungsstromes. Dessen von unten kommender Anteil F_1 nimmt in der Vertikalen ab, weil die Schwarzstrahlung des Bodens mehr und mehr durch die Strahlung kälterer Absorberschichten ersetzt wird; der abwärtsgerichtete Strom F_2 nimmt aber noch stärker ab, weil zusätzlich die strahlende Masse oberhalb des Referenzniveaus abnimmt. $F(h)$ nimmt daher mit der Höhe zu (Abb. 11.8). Das bedeutet eine vertikale Divergenz des Netto-Strahlungsstromes $F(h)$ und einen Energieverlust jeder Elementarschicht dh durch Strahlung und Abkühlung nach

$$\mathrm{d}T/\mathrm{d}t = -(\rho_L\, c_p)^{-1}\, \partial F/\partial h < 0. \tag{11.14}$$

Diese Abkühlung der Atmosphäre ist ein wichtiges Glied im Strah-
lungs- und Wärmehaushalt der Lufthülle und des Planeten Erde. In
Abschn.12 wird dies eingehend dargelegt werden.

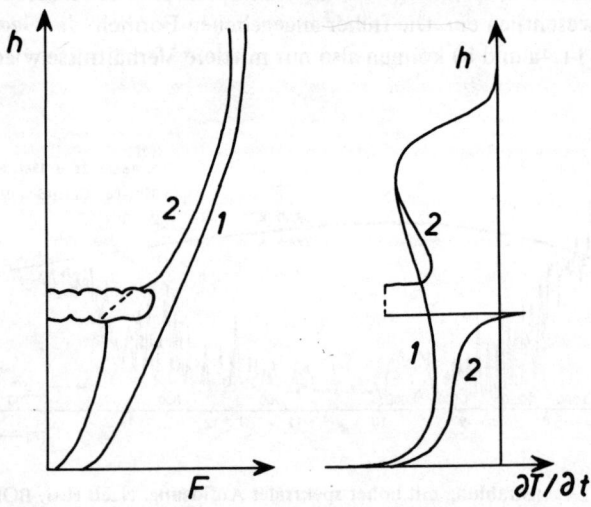

11.8   Vertikale Änderung des langwelligen Strahlungsstromes F und der dadurch bewirkten zeitlichen Temperaturänderung $\partial T/\partial t$, 1. wolkenlos
und 2. mit einer Schichtwolke. Schematisch.

Wolken innerhalb der Atmosphäre können als Schwarzstrahler angesehen werden. Das bedeutet, daß ihre Unterseite von der im allgemeinen wärmeren Erdoberfläche und den wärmeren Luftschichten erwärmt wird, während die Oberseite Strahlung nach oben abgibt, ähnlich wie eine gehobene Erdoberfläche. Innerhalb der Wolken selbst
fließt kein Strahlungsstrom. Die Erwärmung unten und Abkühlung
oben bewirkt eine *Labilisierung* innerhalb der Wolke und kann eine
Auflösung von St-Decken in Sc bewirken. Faßt man die Strahlungswirkung an Unter- und Obergrenze der Wolke zusammen, so überwiegt bei einer tiefliegenden Wolke der Energieverlust oben die wegen
der geringen Temperaturunterschiede Erdboden-Wolke geringe Erwärmung unten, die Wolke wirkt insgesamt als Kältequelle. Bei einer

hochliegenden Wolke ist wegen des großen Temperaturunterschiedes Boden-Wolke die Erwärmung der Unterseite stark, die Abkühlung oben wegen der geringen Größe von σT^4 schwach, und im ganzen wirkt eine geschlossene hochliegende Wolkendecke als Wärmequelle. Diese unterschiedliche Wirkung tiefer und hoher Wolken ist von großer Bedeutung für den Strahlungshaushalt und den Aufbau von verfügbarer potentieller Energie in Hoch- und Tiefdruckgebieten (Abschn. 16.2).

Die Messung und Berechnung der langwelligen Infrarotstrahlung hat heute eine große Bedeutung für die *Messung der Temperaturen* der Erde und der Atmosphäre von Satelliten aus gewonnen (*Remote Sensing*). Kurve b in Abb. 11.5 läßt erkennen, daß für die die Atmosphäre nach außen verlassende Strahlung fast alle Schichten der Troposphäre Beiträge leisten. An einem monochromatischen Diagramm nach Art der Abb. 11.4 kann man erkennen, daß jeweils nur eine dünne Schicht an der Ausstrahlung beteiligt ist. Mißt man von einem Satelliten aus die von unten kommende Strahlung in engen Spektralbereichen etwa innerhalb der 15 μm CO_2-Bande, dann wird im Zentrum der Bande bei starker Absorption nur die oberste Schicht des CO_2 entsprechend ihrer Temperatur Strahlung aussenden, während die Abstrahlung aus den unteren Schichten durch die stark absorbierende Wirkung des Gases darüber abgeschirmt wird. Je geringer die Absorption im ausgewählten Spektralbereich ist, desto tiefere Schichten liefern die austretende Strahlung, die wegen der höheren Temperatur dieser Schichten stärker ist. Innerhalb des Fensterbereiches (Abb. 11.6) kommt schließlich die Strahlung mit nur geringer Modifikation durch absorbierende Gase vom Erdboden her durch. Man kann für die verschiedenen Spektralintervalle Gewichtsfunktionen angeben, aus denen die Strahlung kommt (Abb. 11.9), und kann mit deren Hilfe aus den gemessenen spektralen Strahldichten umgekehrt das vertikale Temperaturprofil rekonstruieren. Gleichung (11.13a) führt bei $u = U$ und gemessenem $F_\lambda(U)$ und bekannter Transmissionsfunktion τ_λ auf eine Integralgleichung für $B_{\Delta\lambda}(\xi)$, die aber bei schmalen spektralen Meßbereichen $\Delta\lambda$ gemäß Abb. 11.9 nur für Schichten von wenigen km Dicke eine Lösung geben kann. Erst eine Serie von Messungen in verschiedenen Wellenlängenbereichen nach Abb. 11.9 kann ein vollständiges Temperaturprofil liefern (Abb. 11.10).

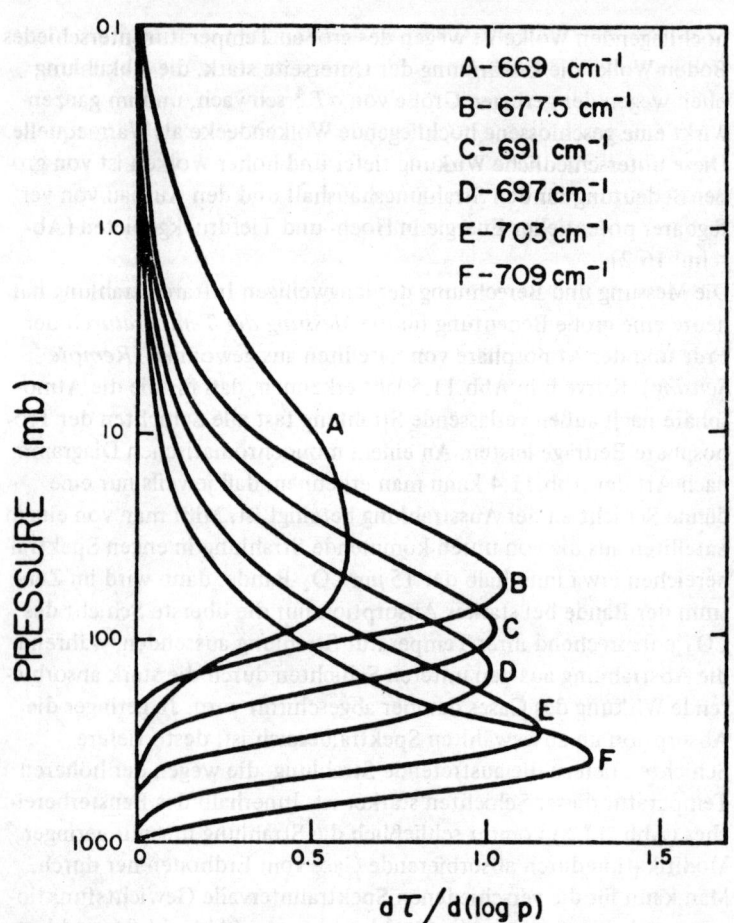

11.9 Gewichtsfunktionen der in den Weltraum emittierten langwelligen
Strahlung bei verschiedenen Schwingungszahlen innerhalb der 15 μm
CO_2-Bande für das Satellite Infrared Spectrometer SIRS.

Ein Bild der von Erde plus Atmosphäre *ausgesandten spektralen* IR-
Strahldichte gibt Abb. 11.11, das im Satellit NIMBUS III durch ein
Infrarot-Interferometer-Spektrometer nach R. HANEL gemessen wur-

de. Die Umhüllende gibt die PLANCKsche Strahlung des Erdbodens, kaum gestört durch schwache Absorptionslinien. Die Einsenkungen zeigen die Strahlung in den Absorptionsbanden, wo die Temperaturen der (höher gelegenen) strahlenden Schichten niedriger sind. Rechts ist die 6.3 μm-Bande des H_2O, bei 1100 cm^{-1} die 9.6 μm-Bande des O_3, um 700 cm^{-1} die 15 μm-Bande des CO_2, wobei die Strahlung nach dem stark absorbierenden Zentrum der Bande hin abnimmt und nur genau im Zentrum wieder zunimmt, weil hier schon die wärmeren Schichten der oberen Stratosphäre um 30 km an der Strahlung beteiligt sind. Ein Beispiel für die Inversion der Strahlungswerte in Temperaturen gibt Abb. 11.10. Die Verfahren für diese Inversion sind vor allem nach dem Start von NIMBUS III (April 1969) in die Praxis umgesetzt worden. Da es hierdurch gelingt, die

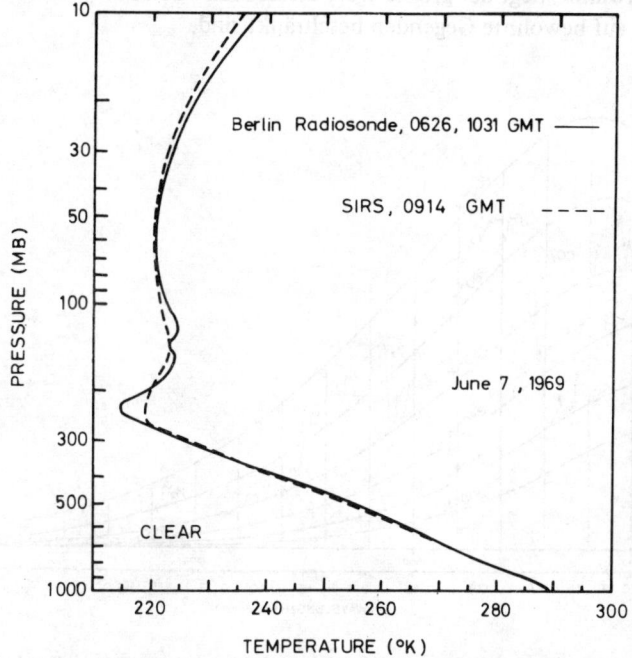

11.10 Vertikale Temperaturverteilung nach der Berliner Radiosonde vom 7.6.1969 und nach Umkehrung von Strahlungsmessungen mit SIRS.

vertikale Temperaturverteilung auch über Gebieten, wo nur wenige Radiosondenstationen unterhalten werden können (Weltmeere = 3/5 der Erdoberfläche), zu bestimmen, ist dadurch ein ganz wesentlicher Gewinn für die Datenbeschaffung zu einer quantitativen Wetteranalyse und Vorhersage gegeben (Abschn. 17).

Wenn die vertikale Temperaturschichtung bekannt ist, kann die Messung der spektralen Strahldichte in den Banden des H_2O und O_3 auch benutzt werden, um die *vertikale Verteilung* dieser *Gase* zu bestimmen. Die Verfahren sind noch sehr in der Entwicklung begriffen, und mit zunehmender Verbesserung der instrumentellen Verfahren, z.B. größerer spektraler Auflösung, sind auch zunehmende Verfeinerungen in der Bestimmung der Verteilung dieser absorbierenden Gase zu erwarten. Wie schon bei den indirekten Temperatursondierungen erwähnt, liegt der größte Wert dieser Methoden darin, daß sie nicht auf bewohnte Gegenden beschränkt sind.

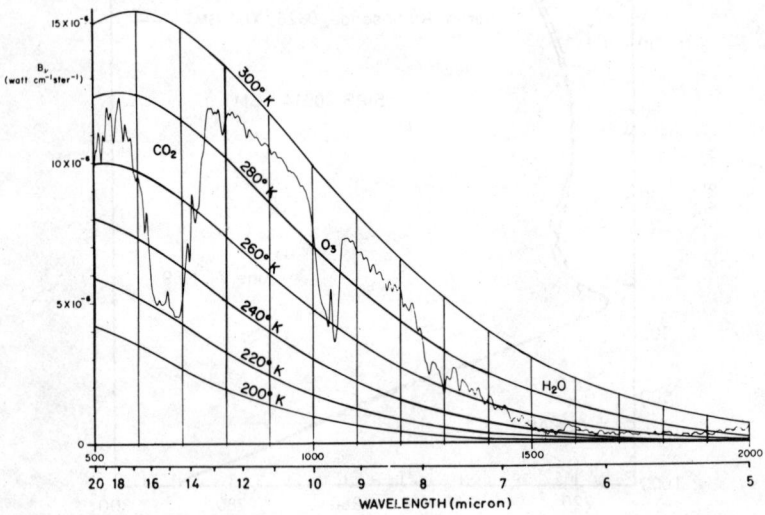

11.11 Emissionsspektrum von Erde + Atmosphäre, gemessen mit dem Interferometer-Spektrometer IRIS nach R. HANEL. Erdbodentemperatur etwa 292° K.

Methodisch einfacher ist die Bestimmung der *Erdbodentemperatur*
aus der Messung der spektralen Strahldichte im Fensterbereich. Die
Erdoberfläche strahlt mit der ihrer Temperatur entsprechenden
Schwarzstrahlung (Abb. 11.11). Nur an Orten, wo nackter minerali-
scher Boden vorhanden ist, kann ein durch Reststrahlenreflexion ver-
ringertes Emissionsvermögen eine niedrigere Temperatur vortäuschen.
Wo nichttransparente Wolken (alle mächtigen Wasserwolken, aber
nicht Ci-Wolken) vorhanden sind, strahlen diese mit ihrer Oberflächentemperatur wie schwarze Körper mit im allgemeinen niedrigerer
Temperatur als der Erdboden. Man kann deshalb Wolken gut vom
Erdboden mit seiner hohen Strahldichte unterscheiden. Unmöglich
wird dies nur, wo warme Wolken über sehr kaltem Boden liegen, z.B.
in Polargebieten mit sehr starken Bodeninversionen. Im allgemeinen
wird in der technischen Durchführung ein Negativ dieser IR-Bilder
gezeigt, um Wolken weiß, den Boden dunkel erscheinen zu lassen
(Abb. 11.12b). Meeresflächen können kälter (bei Tage und im Som-
mer, wie in der Abb.) oder wärmer (bei Nacht und im Winter) als das
Land sein, sie unterscheiden sich aber im allgemeinen durch die Kü-
stenlinien sehr deutlich vom Land. Man muß beachten, daß nicht die
Lufttemperatur, die in 2 m Höhe gemessen wird, sondern die
Oberflächentemperatur des Bodens wirksam wird und diese beim
Einstrahlungstyp u.U. sehr viel wärmer, beim Ausstrahlungstyp sehr
viel kälter sein kann als die Temperatur in 2 m Höhe.
Gleichartige Messungen sind auch im *Mikrowellenbereich* zwischen
$\lambda = 0.1$ und 10 cm möglich, wenn die sogenannte passive, also thermische Strahlung des Bodens oder in Absorptionsbanden die Strahlung der Atmosphäre gemessen wird. Die Emission folgt ebenso wie
im Infraroten den Gesetzen von PLANCK und KIRCHHOFF. Alle
Landflächen strahlen auch in diesem Spektralbereich nahezu schwarz.
Wolken absorbieren nur wenig und streuen kaum, weil das Verhältnis α von Tropfenumfang zu Wellenlänge äußerst klein ist; sie sind
also schwer zu erkennen. Ebenso sind Regentropfen über Land nicht
leicht zu erkennen, weil zwar α größer, aber die Temperaturabhän-
gigkeit von $B \sim T$ (JEANS' Gesetz) nur gering ist. Das Wasser ist ein
guter Reflektor, seine Emissionsfähigkeit a_μ ist nur etwa 0.4, so daß
die effektive Strahlungstemperatur niedrig ist. Wolken erscheinen daher warm gegen die Meeresoberfläche. Jedoch ist a_μ stark abhängig

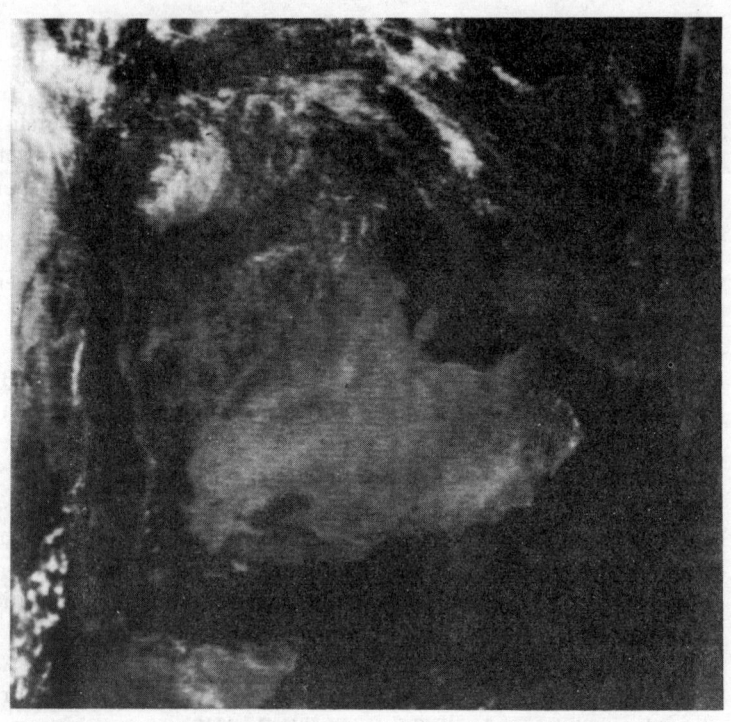

11.12 Aufnahmen von Arabien und Iran vom Satelliten ITOS 1 am 11.2.1970
      im Sichtbaren (links) und Infraroten (rechts) nach NASA.

von der Seeunruhe, bei Schaumbildung steigt a_μ erheblich an. Eis
emittiert nahezu schwarz, ist also vom offenen Wasser durch seine
hohe effektive Strahlungstemperatur gut zu unterscheiden, auch
durch Wolken hindurch.

O_2 hat bei 0.5 cm eine schmale Absorptionsbande, H_2O bei 1.35 cm
eine Linie. Im Prinzip könnte also die erstere, wie im IR die

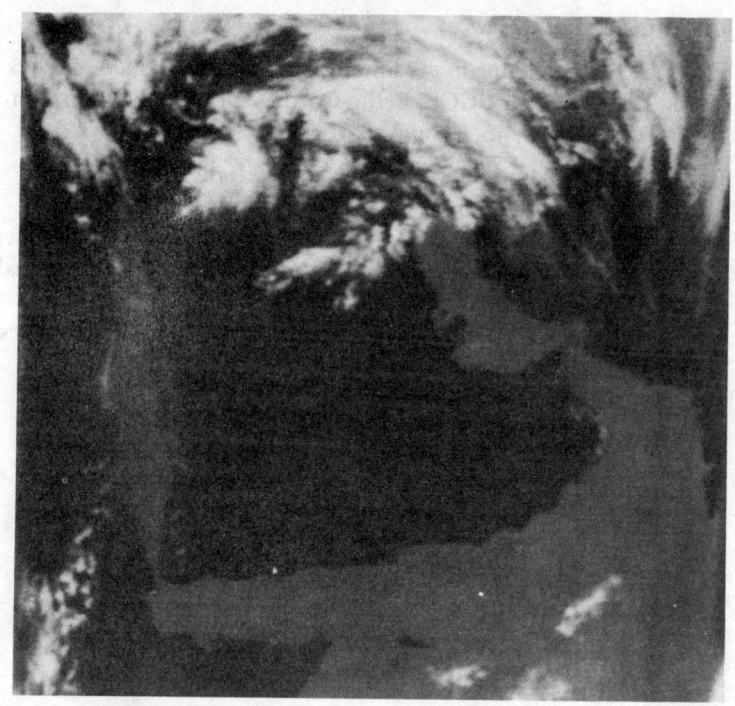

15 μm CO_2-Bande, zur Temperatursondierung benutzt werden, aber die Absorption ist sehr gering. Der Gesamtgehalt an H_2O ist mittels der 1,35 cm-Linie ebenso wie der Gehalt an Regenwasser vom sowjetischen Satelliten Kosmos 243 aus vermessen worden; umfangreichere Daten sind jedoch nicht bekannt geworden. Die Meßverfahren im Mikrowellenbereich sind elektrisch, allerdings noch nicht so weit entwickelt wie die infraroten Verfahren.

Literatur:

F. MÖLLER, Strahlung in der unteren Atmosphäre. Handb. d. Physik. Herausg. S. FLÜGGE. Berlin-Göttingen-Heidelberg: Springer-Verlag 1959. Bd. **48**, Geophysik II, 155-253.

R. M. GOODY, Atmospheric Radiation I. Oxford: The Clarendon Press. 1964. XI, 436 p.

K. Ya. KONDRAT'YEV, Radiative Heat Exchange in the Atmosphere. Oxford: Pergamon Press 1965. VIII, 411 p. (in russisch Leningrad 1956).

K. Ya. KONDRAT'YEV, Radiation in the Atmosphere. London/New York: Academic Press 1969. XI, 912p.

III. KOMPLEXE METEOROLOGISCHE PHÄNOMENE

12. Die Wärmebilanz von Erde und Atmosphäre

12.1. Die globale Strahlungsbilanz

In Abb. 11.1 war gezeigt, daß der Energieaustausch zwischen dem Planet Erde und dem Weltall durch solare Einstrahlung und terrestrische Ausstrahlung erfolgt. Er muß ausgeglichen sein. Die Elementarprozesse, denen beide Strahlungsarten unterliegen, sind in den Abschnitten 10. und 11. beschrieben. Es verbleibt nun die Aufgabe, die lokale Größe der einzelnen Ströme zu vergleichen und ihre Umwandlungen in andere Energieformen zu verfolgen. Dies kann durch Rechnungen und Messungen geschehen.

Abb. 12.1 gibt einen Überblick über den *Strahlungshaushalt einer Erdhalbkugel* im Jahresdurchschnitt. Die Einnahme an Sonnenstrahlung beträgt $I_0/4 = 0.49 \, \text{cal} \, \text{cm}^{-2} \text{min}^{-1}$ oder $706 \, \text{cal} \, \text{cm}^{-2} \text{d}^{-1}$. Sie ist hier gleich 100 gesetzt und alle anderen Zahlenwerte darauf bezogen. Durch RAYLEIGH-Streuung an den Luftmolekülen und Streuung am Dunst sowie durch Reflexion an Wolken und am Erdboden gehen 34 % unwirksam verloren; dies ist die Albedo der Erde; nach neueren Messungen von Satelliten aus beträgt sie nur 30 %. 20 Anteile werden in den absorbierenden Gasen der Atmosphäre H_2O, CO_2, O_3 usw. sowie in den Wolken absorbiert und in Wärme umgewandelt. Sie dienen also der direkten Erwärmung der Lufthülle. 46 Anteile gelangen direkt oder nach Streuung in der Atmosphäre oder nach Durchdringung von Wolken zum Boden und werden dort nach Abzug des Reflexionsverlustes absorbiert. Dem steht der langwellige Strahlungsaustausch (rechts) gegenüber. Wegen ihrer hohen Temperatur (Glashauswirkung, Abschn. 11.3) gibt die Erdoberfläche 112 Einheiten an Wärmestrahlung ab, empfängt aber durch die Emission der atmosphärischen Gase und der Wolken 98 Einheiten als Gegenstrahlung, so daß ihr langwelliger Nettoverlust nur 14 Einheiten beträgt. Die Atmosphäre verliert durch langwellige Strahlung der Gase und der Wolken 66 Einheiten nach außen, so daß die Gesamtbilanz (rechte Spalte) der Erde = 0 ist. Die Strahlungsbilanz des Bodens ist mit 32 Einheiten positiv, die der Atmosphäre mit ebensoviel Einheiten negativ.

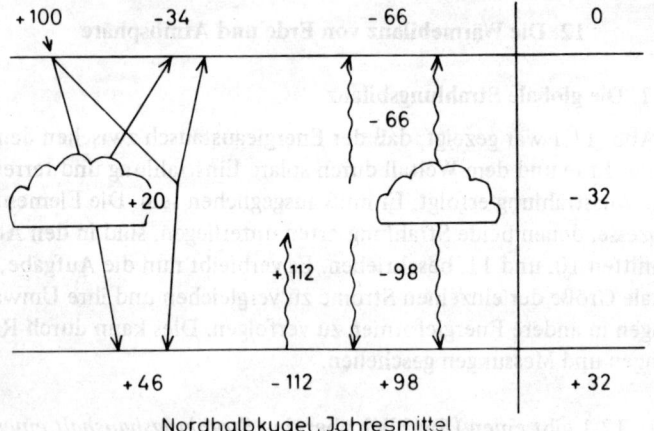

Nordhalbkugel, Jahresmittel

12.1   Mittlere Strahlungsbilanz, schematisch.

Da die Verhältnisse stationär sind, müssen diese 32 % oder 226 cal $cm^{-2} d^{-1}$ vom Boden an die Atmosphäre durch Nichtstrahlungsvorgänge übertragen werden. Dies sind die Mehrzahl der eigentlich meteorologischen Vorgänge wie Konvektion, Niederschlag usw., die somit in der Strahlungsbilanz ihre Ursache haben. Alle Zahlenwerte mögen sich durch den neuen Albedowert von 30 % etwas ändern, grundsätzlich sind die Beziehungen richtig.

LONDON hat entsprechende Zahlenwerte auch für die verschiedenen Breitenzonen und für Sommer und Winter berechnet (Abb. 12.2). Alle seine Zahlen beziehen sich auf die Nordhalbkugel. Der Sprung in der extraterrestrischen Einstrahlung I_0 am Äquator rührt vom Unterschied in der extraterrestrischen Bestrahlungsstärke zwischen Perihel und Aphel her. Man erkennt, daß die Strahlungsbilanz des Bodens Q_B im Sommer durchweg positiv ist mit einem Maximum im

wolkenarmen Gebiet der Roßbreiten bei 35°N, im Winter polwärts
von 50° Breite negativ. Die Strahlungsbilanz der Atmosphäre Q_A ist
ziemlich gleichmäßig über die Breiten verteilt und hält sich zwischen
-0.1 und -0.2 cal $cm^{-2} min^{-1}$. Die gesamte Strahlungsbilanz Q des Systems Erde + Atmosphäre hat ebenfalls einen Maximalwert in den
Roßbreiten der Sommerhalbkugel, zeigt aber im Winter einen starken
Abfall vom Äquator mit $+ 0.04$ zum Polargebiet mit etwa -0.23 cal
$cm^{-2} min^{-1}$. Alle diese Unterschiede müssen, wie oben schon ange-
merkt, durch andere als Strahlungsprozesse ausgeglichen werden. Es
muß also Wärme vom Boden zur Atmosphäre, aber auch vom Roß-
breitengebiet der Sommerhalbkugel nach beiden Polen hin exportiert
werden, um das stationäre Gleichgewicht aufrecht zu erhalten. Der
vertikale Ausgleich erfolgt durch *Austausch* und *Konvektion* fühlbarer Wärme und durch den Prozeß der *Verdampfung* vom Wasser am
Boden mit ihrem großen Wärmeverbrauch und die Freisetzung von
Kondensationswärme in der Atmosphäre bei Entfernung des flüssigen
Wassers durch Niederschlag. Insbesondere dieser Prozeß ist energe-
tisch sehr wirkungsvoll. In der *Horizontalen* sorgen *Transporte* warmer Luft polwärts und kalter Luft äquatorwärts für einen ebenso
wirksamen Ausgleich wie der entsprechende Transport warmer und
kalter *Meeresströmungen* im Ozean. Die Darstellung von Abb. 12.2
gründet sich teils auf Beobachtungen (z.B. Wasserdampf und Bewölkung), teils auf Strahlungsberechnungen, vor allem im IR-Teil.

Seit Inbetriebnahme der meteorologischen Satelliten hat man jedoch
die Möglichkeit, nicht nur die Breitenverteilung, sondern auch die
örtliche Verteilung der Strahlungsbilanz am Rande der Atmosphäre
zu messen. Allerdings werden neben I_0, das als bekannt vorausgesetzt
wird, nur die Reflexstrahlung des Systems Erde + Atmosphäre R_0
und die terrestrische Emission E_0 gemessen. Die Differenz

$$I_0 - R_0 - E_0 = Q$$

ist dann die gesamte Strahlungseinnahme der Erde am betreffenden
Ort und zur betreffenden Zeit. Die Aufteilung auf Erdboden und Atmosphäre ist vom hochgelegenen Meßort aus nicht möglich. Abb.
12.3 gibt Auswertungen des Satelliten NIMBUS II nach RASCHKE
u.a. für den 14tägigen Zeitraum vom 16. - 28. 7. 1966 wieder. Im

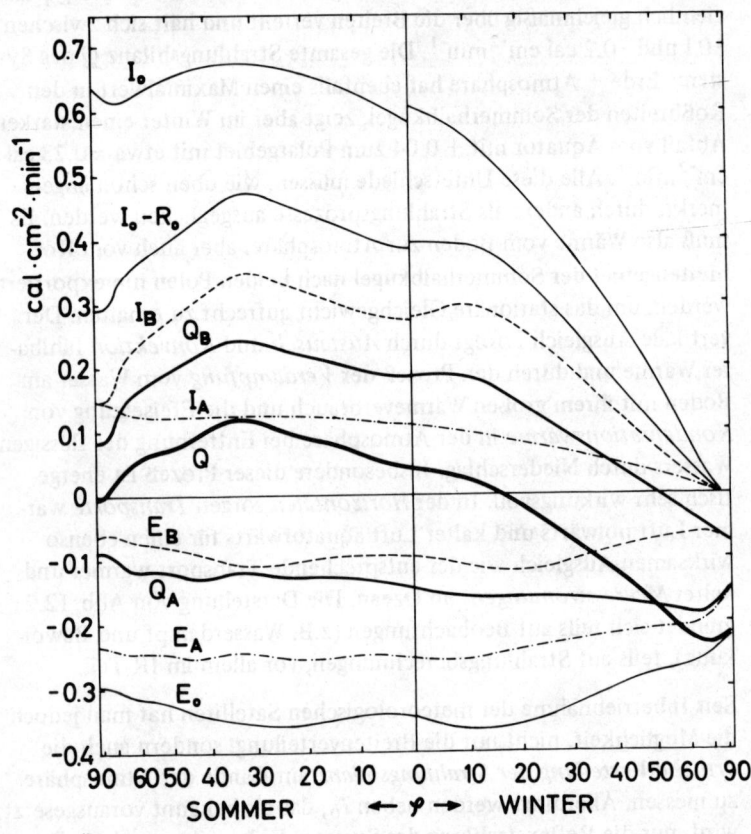

12.2 Meridionale Verteilung der Strahlungsbilanzglieder. I_0 extraterrestrische
Einnahme, R_0 in den Weltraum reflektiert, I_B, I_A Einnahme solarer
Strahlung durch Boden und Atmosphäre, E_B, E_A Emissionsverlust von
Boden und Atmosphäre, Q_B, Q_A, Q Strahlungsbilanz des Bodens, der
Atmosphäre und des gesamten Systems. Nach Rechnungen von J. LON-
DON, AFCRL-TR-287, AD 117227, New York University, 1957.

sommerlichen Nordpolargebiet sind die Bereiche negativer Strahlungsbilanz nur klein, weil die Strahlungsabgabe nur wenig größer ist
als die -aufnahme. In Grönland dagegen vermindert die starke Reflexion der Schneedecke die Aufnahme solarer Strahlung so sehr, daß
die Bilanz auf -0.18 cal cm^{-2}min^{-1} absinkt. Die Maxima der Strahlungsaufnahme liegen über den tropischen Meeren mit mehr als
$+0.18$ cal cm^{-2}min^{-1}, wo geringe Bewölkung und sehr geringe Reflexion des Meeres für große Aufnahme solarer Strahlung, die verhältnismäßig niedrige Temperatur der Meeresoberfläche für geringe Emissionen verantwortlich sind. Auffallend ist die Strahlungssenke über
der Sahara und anderen subtropischen Wüsten, wo die gute Reflexion
des hellen Sandes und starke Emission des heißen Bodens für eine
negative Bilanz sorgen. Südlich von etwa $10°$ S wird die Bilanz negativ, wiederum in Übereinstimmung mit Abb. 12.2. Wie entsprechende
Kartendarstellungen für noch kürzere Intervalle, wo man einzelne
synoptische Gebilde erkennen kann, aussehen werden, ist noch un-
bekannt. Ebenso die Frage, ob die Gesamtbilanz der Erde zwischen
Sommer (Aphel) und Winter (Perihel) Abweichungen von Null aufweist oder ob sich die terrestrische Abstrahlung kurzfristig auf die
durch Sonnenentfernung oder Wolkenbildung verstärkte oder ver-
ringerte Strahlungsaufnahme einstellt.

12.2. Die Wärmebilanz am Erdboden

Wichtige Teile der Strahlungs- und Wärmebilanz der Erde lassen sich
schon durch Messungen am Erdboden erfassen. Hier wird das Zusammenspiel von Strahlung und Wärmeübertragung nach unten und nach
oben beschrieben durch die Wärmehaushaltsgleichung (6.2), die das
Verschwinden der Summe von Strahlungsbilanz Q_B, Wärmeleitung
im Boden B und Übertragung von Wärme in fühlbarer oder latenter
Form, L bzw. V, zwischen Boden und Atmosphäre beschreibt. Man
könnte die Gleichung noch ergänzen durch ein Glied $S < 0$ für die
Wärme, die zur Schneeschmelze im Winterhalbjahr verbraucht wird.

Abb. 12.4 zeigt nach Messungen in Garching bei München den *Tagesgang* der vier wesentlichen Wärmehaushaltsglieder an einem fast wolkenlosen Tag über Rasen. Die Strahlungsbilanz Q_B als Summe der absorbierten direkten und diffusen Sonneneinstrahlung und der lang-

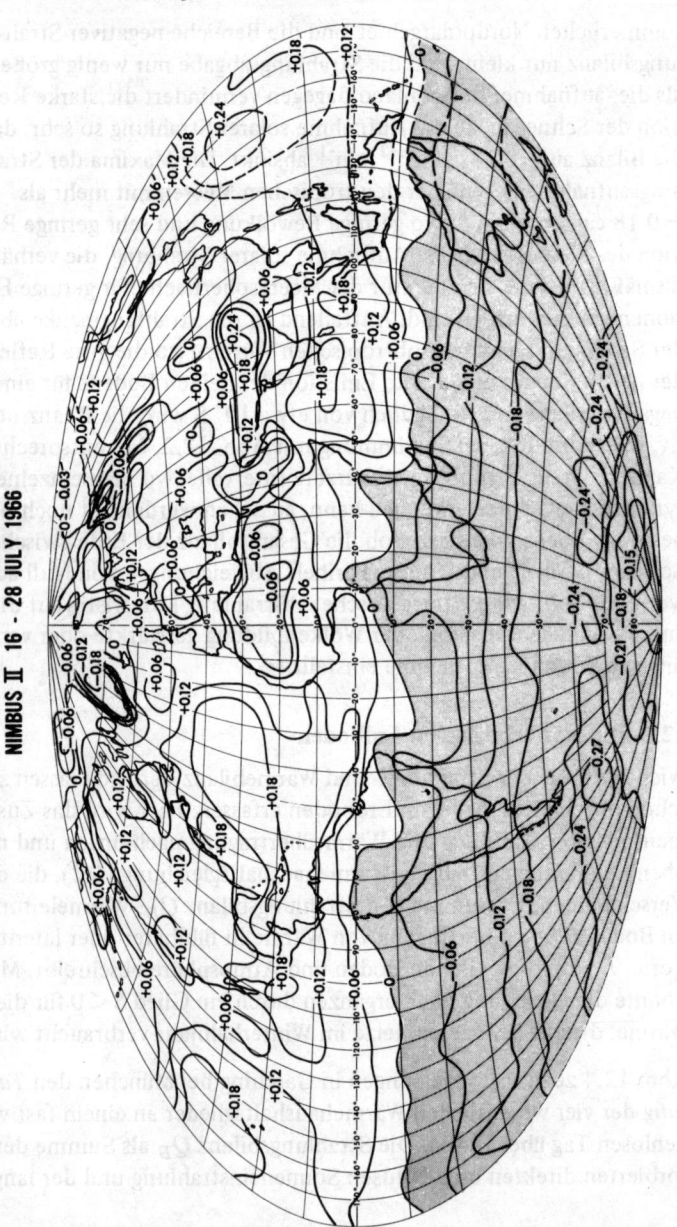

NET RADIATION FLUX AT THE TOP OF THE ATMOSPHERE [cal cm^{-2} min^{-1}]
NIMBUS II 16 - 28 JULY 1966

welligen Strahlungsbilanz des Bodens besitzt ihr Maximum mit etwas über $1 \, cal \, cm^{-2} \, min^{-1}$ um die Mittagsstunde und ist nachts negativ; die Nulldurchgänge liegen kurz vor 5 und vor 19 Uhr, jeweils etwas nach Sonnenaufgang bzw. vor Sonnenuntergang. Bei Tage wird zunächst ein möglichst großer Teil des positiven Q_B zur Verdunstung verbraucht, was sich nach dem verfügbaren Wasservorrat richtet. Im Garchinger Wiesengelände sind es um die Mittagsstunde etwa 60 %. Der Rest wird durch Leitung B in den Boden und Austausch L an die Luft abgeleitet. Diese drei Größen können durch Messungen der Temperatur und der Feuchtigkeit in mindestens zwei Höhen über und zwei Tiefen unter der Erdoberfläche nach der Methode von SVERDRUP bestimmt werden (Gl. 6.9 - 6.12). Bei Nacht wird der Bodenwärmestrom positiv, d.h., aus dem wärmeren Boden geht die Wärmeleitung zur kühleren Oberfläche, und ebenso wird L in der nächtlichen Bodeninversion durch die Wirkung des Austausches positiv, d.h., der Wärmestrom ist zum Boden hin gerichtet. Auch V kann positiv werden, wenn Taubildung eintritt. Wenn man aus der Kombination von L/V nach (6.11) und $L + V$ nach (6.2) L und V selbst bestimmt hat, kann man auch nach (6.9) oder (6.10) den Austausch A ermitteln. Dieser ist im unteren Teil von Abb. 12.4 angegeben, er erreicht um die Mittagszeit in 2 m Höhe einen Wert von $9 \, g \, cm^{-1} \, s^{-1}$ bei einer Windgeschwindigkeit von etwa $4 \, ms^{-1}$ aus Ost (ganz unten dd).

Dieser Tagesgang ist etwa charakteristisch für Mitteleuropa. Hat man jedoch anstatt des Rasens einen noch feuchteren Boden, etwa eine *nasse Moorwiese* oder ein Feld mit tiefwurzelnden Pflanzen, dann wird durch die Vegetation mehr Wasser aus dem Boden geholt als durch den Rasen, und V kann bis zu 90 % der mittäglichen Strahlungsbilanz erreichen. Dementsprechend bleiben L und der Tagesgang der Temperatur dann klein. In Wüsten, wo der Wasserhaushalt des Bodens minimal ist, wird V sehr gering, und das Glied L muß neben B fast die gesamte Kompensation für Q_B tragen. Großes negatives L muß aber mit großem Austausch und einem stark überadiabatischen Gradient verbunden oder der Boden stark überhitzt sein. Die

12.3 Strahlungsbilanz am Oberrand der Atmosphäre, gemessen von NIMBUS II im Mittel vom 16. bis 28. Juli 1966. Nach E. RASCHKE, NASA TN D-4589, 1968.

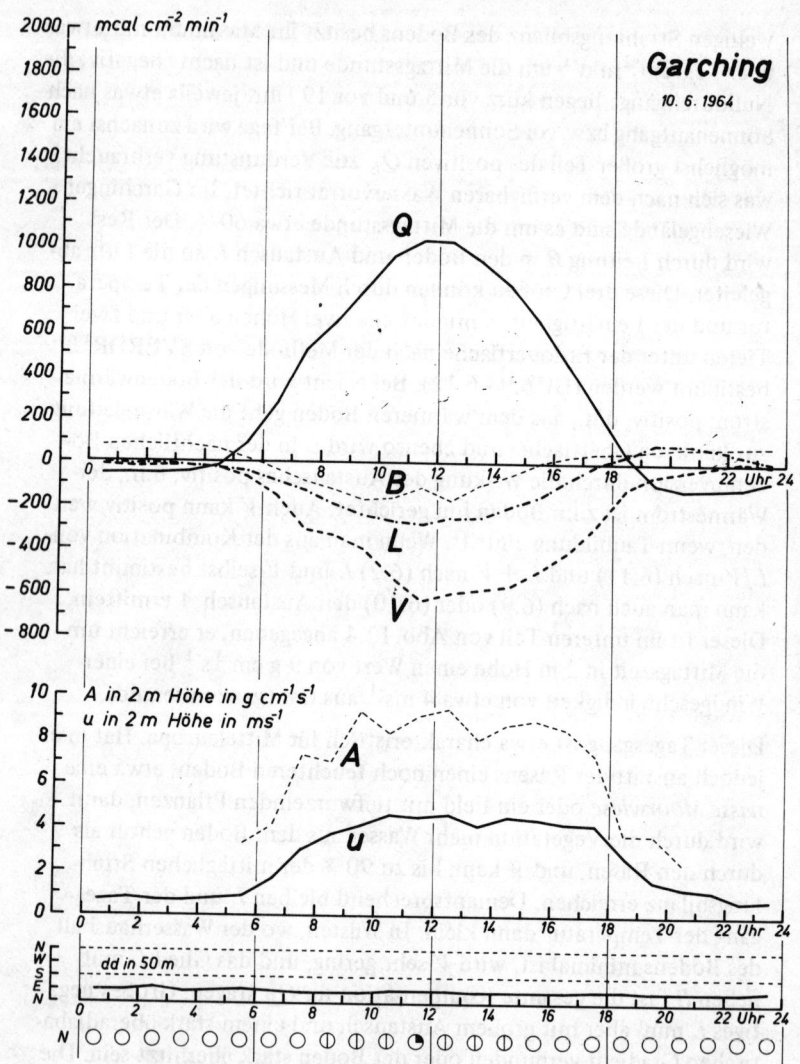

12.4   Tagesgang der Glieder der Wärmebilanz am Boden, gemessen in Garching am 10.6.1964; darunter Austausch A und Windgeschwindigkeit u, ganz unten Windrichtung dd und Bedeckung N. Nach G. BERZ, Wiss. Mitteil. Nr. 16, Meteor. Inst. München, 1969.

hohen Mittagstemperaturen sind also eine Folge des Wassermangels im Boden und der minimalen Verdunstung. Die Trockenheit des Bodens wiederum ist eine Folge fehlenden Niederschlags, und dessen Ausbleiben ist durch absinkende Luftbewegung verursacht.

Ist der betrachtete Boden dagegen ein *schmelzender Gletscher*, dann wird die gesamte positive Strahlungsbilanz zur Schnee- und Eisschmelze verbraucht. Die Wärmeleitung in den Boden verschwindet. Sowohl der Strom latenter wie fühlbarer Wärme, V und L, wird gerade bei Tage von der warmen Luft zum kalten Eis gerichtet, also positiv, und beide tragen dann neben Q_B noch zur Eisschmelze $(-S)$ bei, die damit das wichtigste Glied im Wärmehaushalt wird.

Wiederum ein anderes Beispiel bietet eine große *Wasserfläche*. Hier übernehmen Verdunstung $-V$ und das Bodenwärmeleitungsglied B die führende Rolle, während L fast vernachlässigbar wird. Der Austausch im turbulenten Meerwasser entführt einen großen Teil des Einstrahlungsüberschusses bei Tage als starken Wärmeleitungsstrom in die Tiefe des Wassers, so daß sehr mächtige Wasserschichten am Erwärmungsprozeß teilnehmen. Bei nächtlicher negativer Strahlungsbilanz wird der Wärmestrom B zur Oberfläche hin gerichtet und speist den Energieverlust der Strahlung. Die Erwärmung und Abkühlung der Oberflächenschichten selbst bleibt minimal, und damit bleibt auch L sehr klein, während große Energiemengen aus der Strahlungsbilanz noch für die Verdunstung $(-V)$ zur Verfügung stehen. Daß durch den großen Wärmespeicher der Wassermassen der Unterschied zwischen maritimen und kontinentalem Klima hervorgerufen wird, wurde oben Abschn. 5.4 schon festgestellt.

Der Wärmehaushalt an der Bodenoberfläche bietet also die Erklärung sowohl für Sumpf- und für Wüstenklima, für Gletscher- und Meeresklima, je nachdem der Strahlungshaushalt Q_B im wesentlichen durch Verdunstung V, Konvektion L, Schneeschmelze S oder Wärmeableitung in die Tiefe B kompensiert wird.

Der *Jahresgang* des Wärmehaushaltes sei nur in einem Beispiel für das nicht extreme Klima in Garching beschrieben. Abb. 12.5 zeigt die monatlichen Mittelwerte für die 4 wichtigsten Größen. Wieder erkennt man, daß V den größten Teil von Q_B kompensiert. L spielt ei-

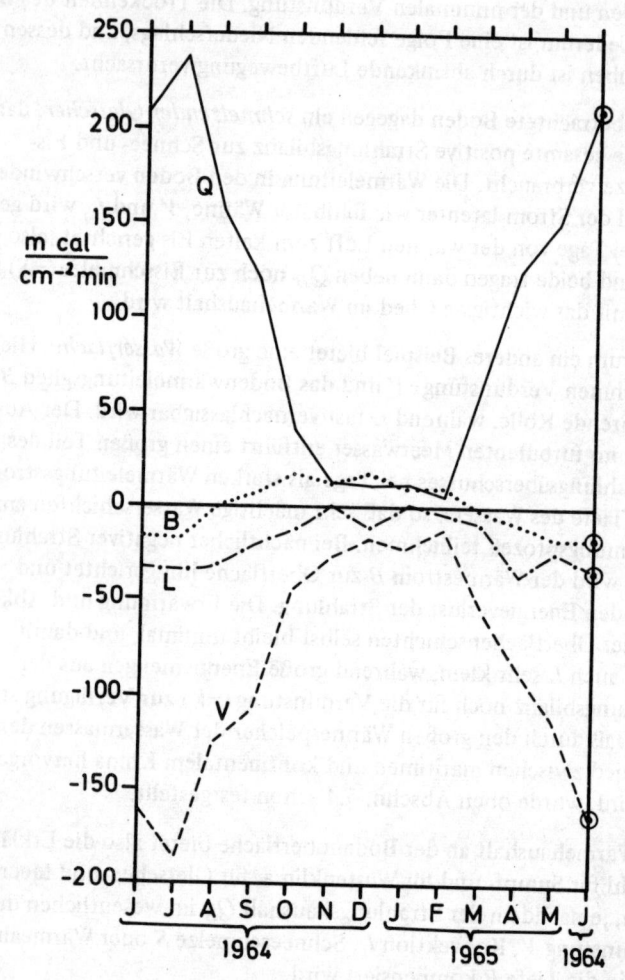

12.5 Jahresgang der Glieder der Wärmebilanz am Boden, gemessen in Garching Juni 1964 bis Mai 1965. Nach G. BERZ, Wiss. Mitteil. Nr. 16, Meteor. Inst. München, 1969.

ne sehr viel geringere Rolle und kann im Winter fast verschwinden. *B* ist im Sommer negativ, führt also Wärme in den Boden ab, und im Winter positiv und leitet Wärme der Oberfläche zu. Wenn die Verdunstung auch im kältesten Winter nicht verschwindet, so liegt das daran, daß während der Mittagsstunden oftmals genügend Einstrahlung herrscht, um Verdunstung hervorzurufen, während der umgekehrte Vorgang, Kondensation am Boden, sehr viel weniger wirksam ist. Im Mittel dieses Jahres 1964/65 glich die Verdunstung 82 % des Strahlungshaushaltes aus.

Für den Jahresgang in anderen Klimaten gilt das gleiche, was oben für den Tagesgang gesagt wurde.

Es lohnt sich jedoch, noch ein wenig bei der Rolle von *B* im *maritimen Klima* zu verweilen. Wie aus der Betrachtung der Abb. 12.2 hervorgeht, ist auch im Jahresmittel die gesamte Strahlungsbilanz *Q* von Boden + Atmosphäre vom Äquator bis etwa 37° Breite positiv und wird dann zunehmend negativ. Das heißt, daß ein großer Teil dieses tropischen und subtropischen Überschusses an Strahlungsbilanz in Form von *B*<0 während des ganzen Jahres ins Meer abgeleitet wird. Er wird jedoch nicht an Ort und Stelle gespeichert, sondern durch Meeresströmungen nach höheren Breiten verfrachtet und dort als *B*>0 wieder der Meeresoberfläche zugeleitet. Dort kompensiert er die negative Strahlungsbilanz bzw. liefert die Wärme, die durch Ausstrahlung verlorengeht. Dies wird beispielsweise durch den Golfstrom geleistet; ebenso ist der entgegengesetzt gerichtete Ast der Zirkulation, etwa der kalte Kanarenstrom wichtig: nachdem sein Wasser in hohen Breiten Wärme abgegeben hat, ist es im Zielgebiet kühl, um die Wärmespeicherung aufzunehmen. Die Meeresgebiete mit Wärmespeicherung im Meer und Wärmeabgabe von unten zur Oberfläche sind in Abb. 12.6 dargestellt. Sie sind in allen Meeren der Nord- und Südhalbkugel vorhanden.

Bisher wurde der *Wärmehaushalt* der Erdoberfläche selbst, nicht aber der *Luft* darüber betrachtet. Die Oberfläche ist durch ihren großen Strahlungshaushalt die eigentlich aktive Wärmequelle und -senke im Temperaturgeschehen der unteren Luftschichten. Eine direkte Erwärmung der Luft am Vormittag durch Absorption von Sonnenstrahlung oder Abkühlung bei Nacht durch Emission langwelliger Strahlung in

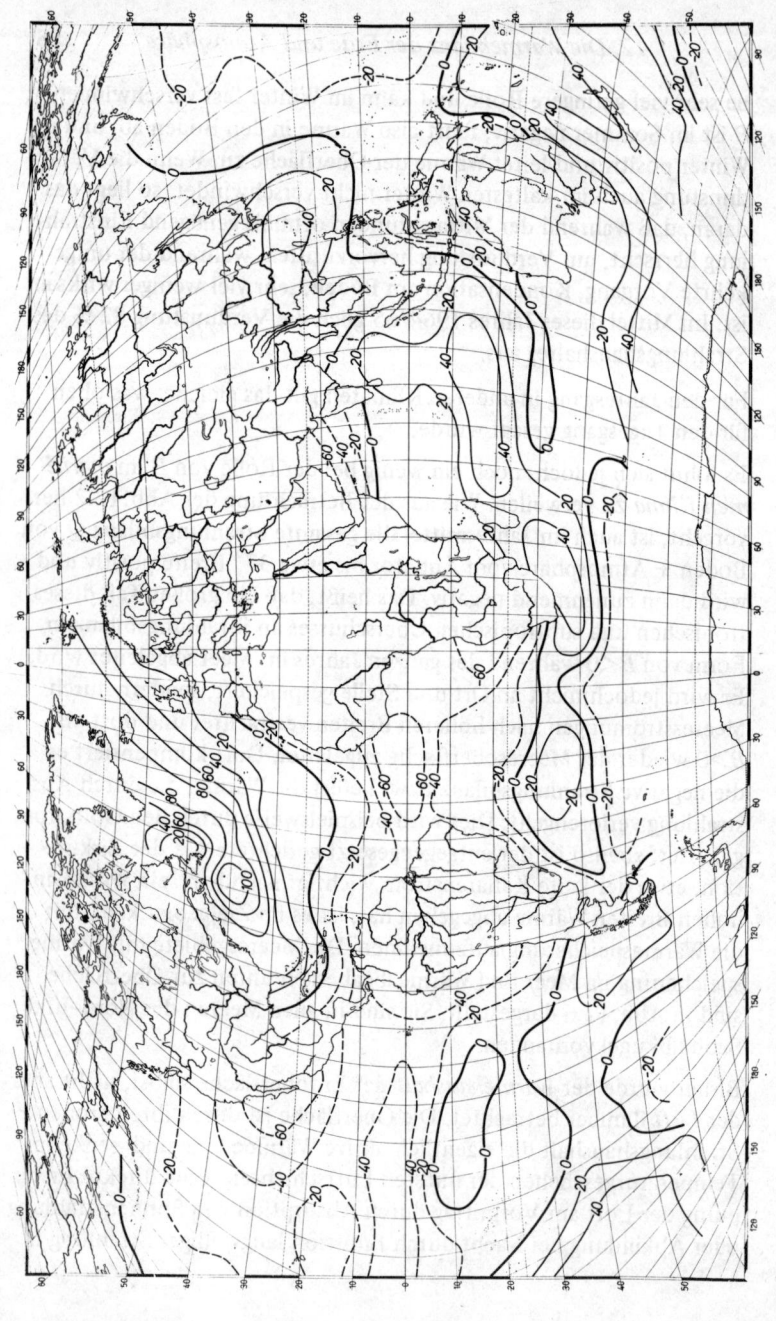

den Weltraum ist so geringfügig, daß sie vernachlässigt werden kann.
Es bleibt nur die Frage, wie der Wärmeübergang zwischen Boden und
Luft vonstatten geht, durch langwellige Strahlung oder durch Turbulenz. Man kann die Übertragung terrestrischer Strahlung vom Boden
an die Luft und innerhalb der Luft relativ leicht berechnen und nach
Abzug der gemessenen Wärmegehaltsänderung den Restbetrag der
turbulenten oder Austauschwärmeübertragung zuschreiben. Abb.12.7
zeigt ein Beispiel nach Messungen und Rechnungen für die Station
Garching am 12.-13.5.1966. In der Schicht von 0.2 - 5.0 m findet die
Haupterwärmung bei Tage und Abkühlung bei Nacht durch die langwellige Strahlung vom Boden her statt mit Beträgen, die bis zu
15×10^{-6} cal cm^{-3} min^{-1} erreichen. Die Erwärmung durch Austausch
setzt schon in der Nacht ein und kompensiert zunächst die Ausstrahlung, so daß gegen Morgen ein stationärer Zustand ohne Temperaturänderung eintritt; sie ist dann an der Erwärmung tagsüber nur bis
9 Uhr vormittags beteiligt. In der darüberliegenden Schicht 5-20 m
ist die Strahlungswirkung nur noch etwa 1/5 so groß, während die
turbulente Erwärmung beinahe noch etwas größer ist als in der bodennächsten Schicht. Auch hält sie — abgeschwächt — noch bis zur
16. Tagesstunde an. (Nachts traten in diesem Falle große Schwankungen auf, die wahrscheinlich durch Advektion anders temperierter
Massen hervorgerufen sind und nicht als Austauschvorgänge gedeutet
werden dürfen.) In der gleichen Weise wie hier für den Tagesgang beschrieben werden Wärmeübertragungen jeder Art vom Boden an die
Atmosphäre vor sich gehen, z.B. beim Übertritt kühlerer oder wär-
merer Luftmassen vom Meer aufs Land und umgekehrt.

12.6   Wärmeübergang vom Meere an die Atmosphäre (nach R. Geiger, Die
Atmosphäre der Erde, Karte Nr. 2. Verlag J. Perthes, Darmstadt).
Die Linien geben an, welche Wärmemengen durch die Wasseroberfläche
im Laufe eines Jahres an die Luft abgegeben werden (volle Linien) oder
ihr entzogen werden (gestrichelt). Einheiten: kcal cm^{-2}a^{-1}.

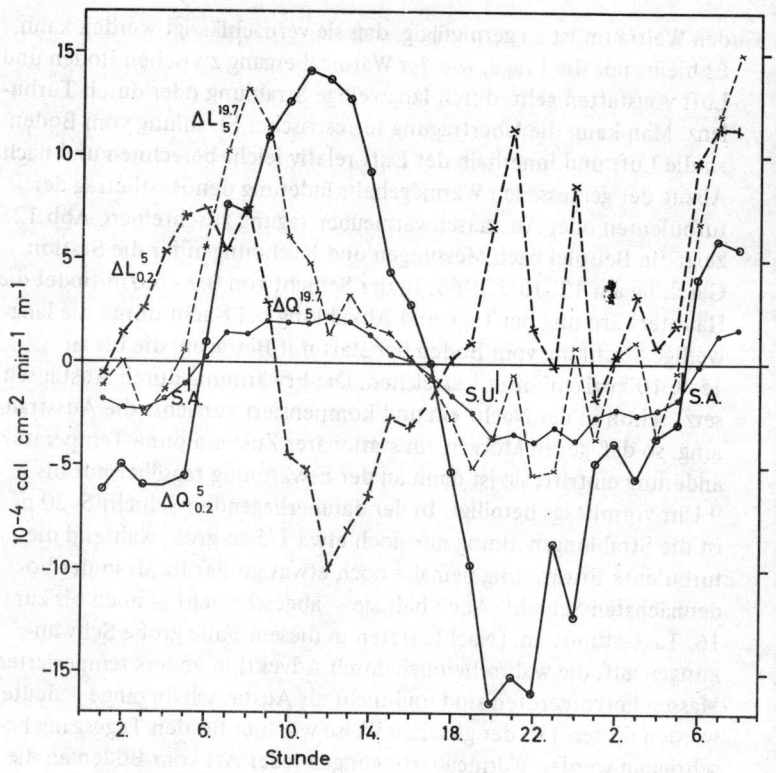

12.7   Tagesgang der vertikalen Divergenzen des terrestrischen Strahlungsstromes Q und des Wärmeleitungsstromes L in den Schichten 0.2 bis 5 m und 5 bis 19.7 m am 12./13.5.1966 in Garching. Nach D. IGLA, Diplomarbeit München 1970.

12.3. Der Wärmehaushalt der Atmosphäre

Wie in Abschnitt 12.1 und speziell durch Abb. 12.1 dargestellt, muß der positive Strahlungshaushalt Q_B des Erdbodens durch einen anderen Wärmeentzug als durch Strahlungsvorgänge ausgeglichen werden, ebenso wie der *negative Strahlungshaushalt* Q_A der Atmosphäre durch Wärmezufuhren anderer Art kompensiert werden muß. Im Mittel über alle Breiten und über das ganze Jahr muß eine Wärmemenge von $0.32 \cdot 0.49 = 0.13$ cal cm^{-2}min^{-1} transferiert werden. Aus der Betrachtung des Wärmehaushaltes am Boden (Abschn. 12.2) ist bekannt, daß diese Übertragung zum Teil durch das Zusammenspiel von Verdunstung am Boden und Freisetzung latenter Verdampfungswärme bei der Entstehung von Niederschlag in der Atmosphäre vor sich geht. Wolkenbildung allein genügt nicht, weil die Wolken u. U. wieder verdampfen können und dabei die latente Wärme wieder verbrauchen. Nur wenn das Wasser als Niederschlag ausfällt, bleibt die latente Wärme, nunmehr als fühlbare Wärme, in der Atmosphäre erhalten. Eine Abschätzung der transportierten Wärme ergibt sich aus der Menge des mittleren Jahresniederschlages auf der Erde, die 950 mm beträgt. Durch diese wird eine Wärmezufuhr von 0.11 cal cm^{-2}min^{-1} bewirkt, denn die spezifische Verdampfungswärme ist bei 0°C 600 cal g^{-1} (die Gefrier- und Schmelzwärmen können außer acht bleiben). Es müssen *im Mittel* dann noch 0.02 Einheiten durch Austausch und Konvektion vom Boden an die Luft übertragen werden.

Die Abkühlung in der Höhe und Erwärmung am Boden erscheinen also als Ursachen für die beiden Arten der Wärmeübertragung. So einfach kann jedoch nicht argumentiert werden. Es wäre z. B. denkbar, daß sich in einer Atmosphäre, in der die Konvektion unterbunden ist, ein reines *Strahlungsgleichgewicht* einstellt. Theoretische Berechnungen ergeben hierfür eine sehr starke Überhitzung des Bodens und weit überdiabatisches Temperaturgefälle. Hierdurch wird dann eine feuchtadiabatische Konvektion in Gang gesetzt, die gegenüber den reinen Strahlungsprozessen einen kälteren Boden und eine wärmere Atmosphäre hervorbringt. Die vorhandene Strahlungsbilanz von Plus am Boden und Minus in der Höhe ist also eine *Abweichung* vom reinen Strahlungsgleichgewicht, in dem diese Bilanzen verschwinden. Damit sind die Strahlungsbilanzen von Boden und Atmosphäre nicht Ursachen, sondern Folgen des Austausch-Niederschlag-Zyklus. Alles dies geht aber nicht getrennt nacheinander, sondern gleichzeitig Hand in Hand vor sich, so daß beide Auffassungen berechtigt sind: Die Strahlungsbilanz ist der Motor für das Auftreten von L und V am Erdboden und kann doch erst wegen deren Vorhandensein in der Anordnung erscheinen, die durch Abb. 12.1 gezeigt ist.

Gleichzeitig muß, wie aus Abb. 12.1 und Abb. 12.2 hervorgeht, eine *horizontale Wärmeübertragung* zwischen den Roßbreiten der Sommerhalbkugel und den Polargebieten erfolgen, wenn nicht ein „solares Klima" mit bodennahen Temperaturen von + 80° am Äquator und etwa −100°C an den Polen entstehen soll. Diese Übertragung geschieht durch Zirkulationen, die zwischen Tropen und Subtropen um annähernd horizontale Achsen, also als vertikale Zirkulationen, in gemäßigten und hohen Breiten als horizontale Zirkulationen mit einem Nebeneinander warmer und kalter Luftströmungen im Bereich von Hoch- und Tiefdruckgebieten erfolgen. Da bei diesen außertropischen Zirkulationen warme subtropische, polwärts vorstoßende Luftmassen unter Niederschlagsbildung aufsteigen, ergibt sich eine sehr wirkungsvolle Kombination von meridionaler und vertikaler Wärmeübertragung bzw. Ausgleichung der lokalen Wärme- und Kältequellen. Aus der Betrachtung der extraterrestrischen Strahlungsbilanz in Abb.12.3 ersieht man, daß nicht nur meridionale Wärmetransporte, sondern auch solche in anderen Richtungen erfolgen müssen. Auf diese Zirkulationen und ihr Zustandekommen wird in Abschn.16 näher eingegangen werden. Auf die ebenfalls in meridionaler Richtung wirkenden horizontalen Wärmeübertragungen durch Meeresströmungen, die etwa ein Drittel bis ein Viertel der notwendigen Wärmeausgleiche leisten, wurde oben schon hingewiesen.

Sowohl die Strahlungsabkühlung der Atmosphäre wie feuchtadiabatische Konvektion enden an der Tropopause, können also nur die Entstehung der mittleren Temperaturverteilung der *Troposphäre* erklären. Die langwellige Ausstrahlung der Troposphäre wird im wesentlichen durch den Wasserdampf bewirkt. Die Dampfdichte sinkt oberhalb der Höhe der Tropopause mittlerer Breiten auf einen Wert herab, unterhalb dessen die Konzentration zu gering wird, um noch nennenswerte Strahlungswirkungen hervorzurufen. Die relative Feuchtigkeit liegt hier bei 1 % und darunter. Dicht darunter, also in der obersten Troposphäre mittlerer Breiten befindet sich also etwa die „Obergrenze der Wasserdampfsphäre", an der die stärkste Ausstrahlung erfolgt. Die geringe Feuchtigkeit darüber wird wiederum durch horizontalen Austausch mit der tropischen Troposphäre bewirkt, wo die Trockenheit durch die niedrigen Temperaturen und ihren niedrigen Sättigungsdampfdruck erzwungen wird. So beeinflussen sich vertikale und horizontale Bewegungen und Strahlungsvorgänge gegenseitig.

In *höheren Schichten* unterliegt der Strahlungshaushalt zunächst noch den Einflüssen von Ozon und Kohlendioxid, z.T. auch noch von Wasserdampf. Die letztere Feststellung scheint im Widerspruch mit dem im vorigen Absatz gesagten zu stehen. Wenn jedoch auch oberhalb der Tropopause der Wasserdampfgehalt sehr gering ist, so ist für Temperaturänderungen durch langwellige Strahlung Gleichung (11.14) maßgebend, wo auf der rechten Seite die Luftdichte ρ_L im Nenner steht. Auch wenn die Strahlungsströme F und ihre vertikalen Divergenzen $\partial F/\partial h$ sehr klein werden, so kann die Temperaturänderung durch Strahlung wegen der geringen Dichte doch bemerkenswert sein. Die Entstehung der Temperaturverteilung in der oberen Atmosphäre kann nur durch die gleichzeitige Wirksamkeit verschiedener Absorber erklärt werden, deren Banden sich nicht oder nur geringfügig überlappen. Wie bekannt, sind dies H_2O, CO_2 und O_3, die im solaren Spektrum absorbieren und Erwärmung verursachen und auch im terrestrischen Spektrum als Absorber und Emitter auftreten. CO_2 hat bis etwa 90 km ein konstantes Mischungsverhältnis, das Mischungsverhältnis von H_2O ist in der unteren Stratosphäre gering, etwa $3 \cdot 10^{-6}$ g $\cdot$ g^{-1}, nimmt wahrscheinlich bis zur Stratopause ein wenig zu und bleibt darüber konstant. O_3 nimmt bis zu einem Maximum in etwa 22 (in den Tropen 28) km auf den zehnfachen Wert seiner troposphärischen Konzentration zu und darüber bis 100 km nicht ganz gleichmäßig um etwa eine Zehnerpotenz je 12 km ab (vgl. Abschn. 18.2).

Die Entstehung der *Stratosphäre* und *Stratopause* ist vor allem auf das O_3 zurückzuführen. Es absorbiert außerordentlich stark in der HARTLEY-Bande zwischen 2300 und 3200 Å, so daß schon oberhalb seiner maximalen Konzentration eine starke Erwärmung bei etwa 50 km Höhe stattfindet. Dieser muß das Gleichgewicht gehalten werden durch langwellige Ausstrahlung des CO_2 in der 15 μm-Bande und des H_2O. MANABE und MÖLLER (1961) haben für vorgegebene Sonneneinstrahlung in mittleren Breiten die Absorption durch die drei Gase und die langwelligen Emissionen berechnet, die dem Strah-

lungs- bzw. Temperaturgleichgewicht entsprechen. Die Erwärmungs-
und Abkühlungsgeschwindigkeiten sind in Abb. 12.8 wiedergegeben.
Die Absorption solarer Strahlung durch Ozon ist in der Troposphäre
unbedeutend und nimmt erst oberhalb 15 km erheblich zu. Ebenso
wächst von hier an die Abkühlung durch CO_2 und auch die durch
H_2O mit der Höhe an. Die Zunahme der Temperatur oberhalb der
Tropopause kann also letzten Endes schon durch die Absorption im
O_3 erklärt werden, die dann vor allem zu dem Temperaturmaximum
der Stratopause führt. Die reinen Strahlungsberechnungen ergeben
noch eine Tropopausentemperatur, die um 20 - 30°C zu kalt ist. Erst
verbesserte Rechnungen unter Einbeziehung von Konvektion in der
Troposphäre, vor allem aber ein numerisches Modell der allgemeinen
Zirkulation, in dem auch horizontale Wärmeströme und ihre Konvergenzen Berücksichtigung finden, haben Temperaturen geliefert, die
mit den Beobachtungen voll in Einklang stehen.

Auch oberhalb der Stratopause muß man für die Erklärung der Temperaturverteilung zunächst die Wirkungen der solaren Absorption
und der terrestrischen Ausstrahlung gemäß Gl.(11.14) und (11.13)
heranziehen. Dabei darf für die Berechnung der langwelligen Strahlung in den Höhen der *Mesosphäre* und darüber nach Gl.(11.13a)
nicht mehr die PLANCKsche Strahlung vorausgesetzt werden, weil
kein lokales thermodynamisches Gleichgewicht mehr besteht. Dieses
bedeutet Gleichverteilung der Energie auf alle Freiheitsgrade, im vor-
liegenden Fall die vollständige Umwandlung absorbierter Strahlung
in Wärme oder andere Energieformen und die alleinige Entnahme
der Strahlung aus kinetischer Wärmeenergie. Dazu ist Voraussetzung,
daß die Zeit zwischen zwei Zusammenstößen der Moleküle kleiner
ist als die Verweilzeit der Strahlungsanregung. Anderenfalls tritt
Emission bereits wieder ein, bevor die absorbierte Energie durch
„Stoß in Wärmeenergie übergegangen ist. In den Schwingungsbanden
des CO_2 erfolgt dies oberhalb 75 km.

Unter Berücksichtigung dessen ergibt sich an der Stratopause in 50 km
Höhe in den Tropen eine Abkühlung durch langwellige Strahlung von
10°/d, über den Polen etwas weniger. Die Mesopause zeigt im Sommer, wenn sie extrem kalt ist, eine Erwärmung von etwa 4°/d und im
Winter eine Abkühlung gleicher Größe. Für die gesamte solarterrestri-

sche Strahlungsbilanz findet LONDON (1969) die in Abb. 12.9 wiedergegebene Verteilung. Die ganze sommerliche Stratosphäre oberhalb 35 km und die Mesosphäre mit ihren extrem niedrigen Temperaturen zeigen Erwärmung, die über 90 km + 30°/d erreicht, während die winterliche Atmosphäre in dieser Höhe mit relativ hohen Temperaturen polwärts von etwa 30° Breite Wärmeverlust zeigt mit Maxima von -8°/d in 55 km und -10°/d in 85 km.

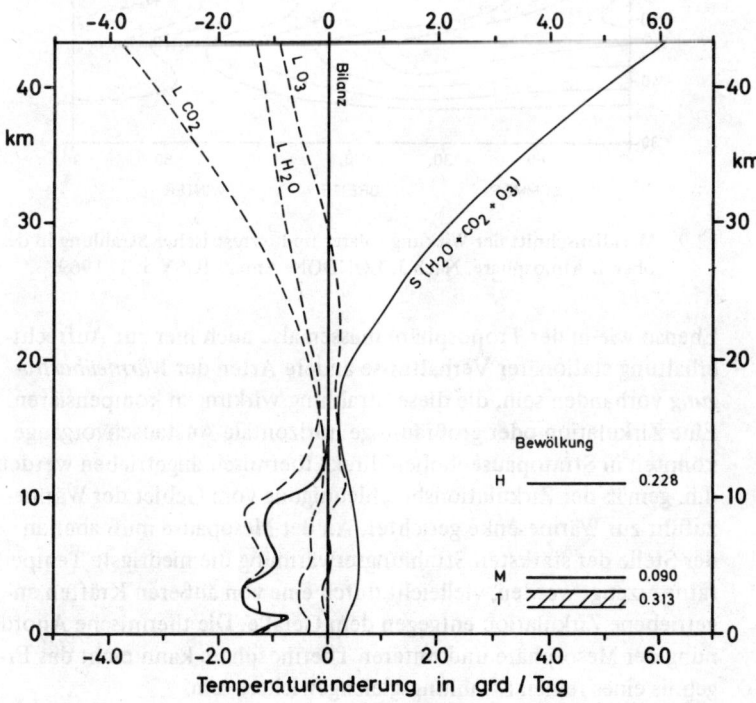

12.8   Erwärmung der Atmosphäre durch Absorption solarer Strahlung S und Temperaturänderung durch terrestrische Strahlung L in H_2O, CO_2 und O_3, tiefe, mittlere und hohe Wolken wie angegeben. Nach S. MANABE u. F. R. STRICKLER, J. Atm. Sci. 21, 361, 1964.

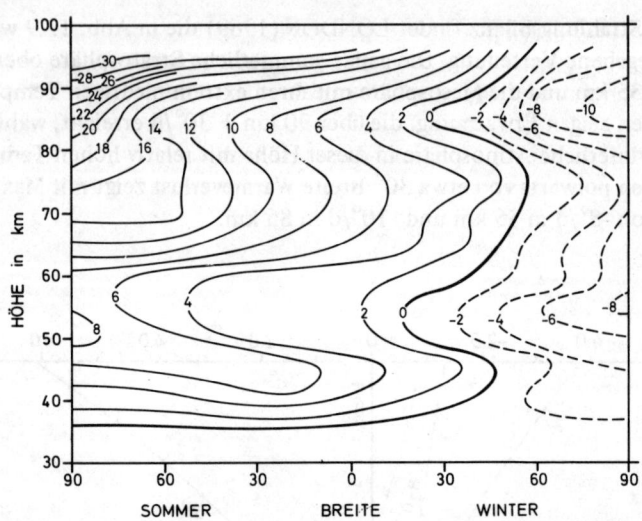

12.9 Meridianschnitt der Wirkung solarer und terrestrischer Strahlung in der oberen Atmosphäre. Nach J. LONDON, Annals IQSY 5, 1, 1969.

Ebenso wie in der Troposphäre müssen also auch hier zur Aufrechterhaltung stationärer Verhältnisse andere Arten der *Wärmeübertragung* vorhanden sein, die diese Strahlungswirkungen kompensieren. Eine Zirkulation oder großräumige horizontale Austauschvorgänge könnten in Stratopausenhöhen direkt thermisch angetrieben werden, d.h. gemäß der Zirkulationsbeschleunigung vom Gebiet der Wärmezufuhr zur Wärmesenke gerichtet. An der Mesopause muß aber an der Stelle der stärksten Strahlungserwärmung die niedrigste Temperatur erzeugt werden, vielleicht durch eine von äußeren Kräften angetriebene Zirkulation entgegen dem Gefälle. Die thermische Anordnung der Mesosphäre und unteren Thermosphäre kann nicht das Ergebnis eines reinen Strahlungsgleichgewichtes sein.

Die sehr hohen Temperaturen der *Thermosphäre* werden durch die Absorption des solaren UV in den SCHUMANN-RUNGE-Banden und -Kontinuum des Sauerstoffmoleküls unterhalb 1900 Å hervorgerufen. Wie aus Tabelle 10.1 zu entnehmen ist, besitzt die extraterrestrische Sonnenstrahlung nur in diesem Spektralbereich starke zeitliche Variationen. Sie sind umso größer, je kürzer die Wellenlänge ist, und schwanken schließlich im fernen UV unterhalb 1000 Å um den Faktor 10. Diese Strahlung wird aber in den Höhen oberhalb 100 km total absorbiert, sie erreicht nicht einmal die Mesosphäre. So interessant die Veränderungen zwischen der ruhigen und der gestörten Sonne während des 11 1/4jährigen Sonnenaktivitätszyklus und auch mit der Sonnenrotation von 27 Tagen für die Vorgänge in der Thermosphäre sind — die Temperaturschwankungen erreichen dort Ausmaße von 100° — , so unwichtig sind sie für die Meteorologie der unteren Atmosphäre, weil diese Strahlung nicht nach unten hin durchdringt. Die Gleichverteilung der Temperatur der Thermosphäre über die Höhe wird durch molekulare Wärmeleitung erreicht, die wegen der großen freien Weglänge bei der geringen Dichte der Luft ebenfalls eine Bedeutung erreicht, die ihr in unteren Schichten nicht zukommt.

Literatur:

J. LONDON, AF CRL - TR - 57 - 287, AD 117 227. New York University 1957.

J. LONDON, Annals of the IQSY **5**, 3-22, 1969.

R. GEIGER, Das Klima der bodennahen Luftschicht. 4., neubearb. u. erweit. Aufl., Braunschweig: Friedr. Vieweg & Sohn 1961 (Die Wissenschaft, Bd. 78) XII, 646 S.

M. I. BUDYKO, Der Wärmehaushalt der Erdoberfläche. Fachl. Mitt. Geophys. Beratungsdienst BW (1) Nr. 100, 1963 (in russ. 1956).

O. G. SUTTON, Micrometeorology. New York/Toronto/London: McGraw-Hill Book Comp. 1953. XII, 333 p.

13. Dynamische Grundlagen

13.1. Abweichungen vom geostrophischen Wind infolge Beschleunigungen

Es sollen hier einige elementare Überlegungen über die Entstehung von *Luftdruckänderungen* gegeben werden.

Der Luftdruck p_0 in der Höhe $z = 0$ ist durch Integration der statischen Grundgleichung (1.14) unter Berücksichtigung von (4.1') gegeben durch

$$p_0 = g_n \int_0^\infty \rho_L \, dh. \tag{13.1}$$

Beobachtet man eine Luftdruckänderung mit der Zeit, dann ist

$$\partial p_0/\partial t = g_n \int_0^\infty (\partial \rho_L/\partial t) dh. \tag{13.2}$$

In einem quellenfreien Medium gilt wegen des Satzes von der Erhaltung der Masse die Kontinuitätsgleichung

$$\partial \rho_L/\partial t = - \nabla (\rho_L \boldsymbol{v}) \tag{13.3}$$

oder nach Einsetzen in (13.2)

$$\partial p_0/\partial t = -g_n \int_0^\infty \nabla (\rho_L \boldsymbol{v}_h) dh - g_n \int_0^\infty \partial(\rho_L \boldsymbol{v}_z)/\partial h \cdot dh. \tag{13.4}$$

Das zweite Glied rechts verschwindet über ebenem Boden, weil man für $h = 0$ setzen kann $v_z = 0$ und für $h = \infty$ $\rho_L = 0$. In Abschn. 5.6 war gezeigt, daß der geostrophische Wind im allgemeinen eine recht gute Annäherung an den wirklichen horizontalen Wind gibt. Ersetzt man in (13.4) $\boldsymbol{v}_h$ durch $\boldsymbol{v}_g$, so erhält man mit (5.24) für den Integrand im ersten Glied von (13.4)

$$\nabla \cdot (\rho_L \boldsymbol{v}_g) = f^{-1} \, \nabla \cdot (k \times \nabla p),$$

wo f = const gesetzt ist. Die Divergenz des Vektorprodukts verschwindet jedoch, oder der *geostrophische Massenfluß* ist *divergenz-*

frei, woraus für (13.4) folgt, daß beim Vorhandensein von geostrophischem Wind

$$\partial p_0/\partial t = 0$$

ist, also keine lokale Druckänderung auftreten kann.

Dies widerspricht allen Erfahrungen. Man muß daher zunächst in (13.4) von der Annahme, daß geostrophischer Wind herrscht, abgehen. Damit wird, wenn auch weiterhin ebener Untergrund angenommen und das zweite Glied vernachlässigt wird,

$$\partial p_0/\partial t = -g_\mathrm{n} \int\limits_0^\infty \boldsymbol{v}_h \cdot \nabla \rho_L - g_\mathrm{n} \int\limits_0^\infty \rho_L \ \nabla \cdot \boldsymbol{v}_h. \qquad (13.4\,\mathrm{a})$$

Das erste Glied bedeutet die horizontale Advektion anderer Dichten, was eine Kreuzung der Stromlinien mit Linien gleicher Dichte, also ein baroklines Feld, voraussetzt. Das zweite Glied ist die Divergenz des horizontalen Windes, nach dem obigen die Divergenz des nicht-geostrophischen Anteils des Windes, zu deren Bestimmung wir in Abschnitt 15.1 ein wesentliches Hilfsmittel in Gestalt der Vorticity-Gleichung kennenlernen werden.

Zunächst muß für eine Erkennung der *ageostrophischen* Winde auf die vollständige Bewegungsgleichung (5.23) zurückgegriffen werden. Die äußeren Kräfte F_h seien auch weiterhin unberücksichtigt, aber die Beschleunigungen $d\boldsymbol{v}_h/dt$ beibehalten. Dann kann wie üblich zerlegt werden, wenn der Einfachheit halber der Index h unterdrückt wird,

$$d\boldsymbol{v}/dt = \partial\boldsymbol{v}/\partial t + \boldsymbol{v} \cdot \nabla \boldsymbol{v}. \qquad (13.5)$$

Auch die vertikale Ableitung $v_z \, \partial\boldsymbol{v}/\partial z$ im zweiten Glied sei weggelassen. Zeitliche Veränderungen des Windes am festen Ort treten immer auf, nur im stationären Feld verschwindet das erste Glied. Ebenso sind Änderungen des Windvektors in der Horizontalen, die im zweiten Glied berücksichtigt sind, immer vorhanden. Anderenfalls hätte man ein homogenes Windfeld, wo an jedem Ort Richtung und Geschwindigkeit die gleichen sind. Dieses Advektionsglied, auch *Feldbeschleunigung* genannt, kann wiederum zerlegt werden in

$$\boldsymbol{v} \cdot \nabla \boldsymbol{v} = -r^0(v^2/r) + s^0 \ \partial(v^2/2)/\partial s, \qquad (13.6)$$

wobei r der Krümmungsradius, r^0 seine Richtung, s die Koordinate in Richtung der Tangente an die Windbahn, s^0 deren Richtung sind. Das erste Glied rechts ist die *Zentripetalbeschleunigung*, das zweite die Bahnbeschleunigung.

Setzt man zunächst in (5.23) als Beschleunigungsterm nur die Zentripetalbeschleunigung ein, so stehen diese und die Coriolisbeschleunigung beide senkrecht auf v und deshalb auch die Gradientbeschleunigung. Man kann die resultierende Gleichung dann skalar schreiben und erhält

$$\pm v^2/r + fv + \alpha \mid \nabla p \mid = 0. \tag{13.7}$$

Das positive Vorzeichen im ersten Glied gilt, wenn die Zentrifugalbeschleunigung gleiche Richtung hat wie die Coriolisbeschleunigung, die Bewegung also zyklonal (auf der Nordhalbkugel nach links, auf der Südhalbkugel nach rechts) gekrümmt ist. Das negative Vorzeichen gilt für antizyklonale Krümmung. Vergleicht man die Lösung dieser Gleichung, die man gelegentlich als *zyklostrophischen* Wind bezeichnet, mit dem geostrophischen, dann ist bei gleichem Druckgradient im zyklonalen Fall der Gleichgewichtswind kleiner, im antizyklonalen Fall größer als der geostrophische.

Die Erfahrung lehrt das Gegenteil, der Wind ist in Zyklonen stärker, in Antizyklonen schwächer. Das liegt jedoch daran, daß im allgemeinen in Zyklonen die Druckgradienten erheblich größer sind als in Antizyklonen, wie schon ein kurzer Blick auf eine beliebige Wetterkarte bestätigt.

Setzen wir für die Beschleunigung in (5.23) nur das zweite Glied aus (13.6), also eine *Bahnbeschleunigung*, ein, wobei aber ebenso wie im vorstehenden Fall noch $\partial v/\partial t = 0$, die Bewegung stationär sein soll, dann gilt

$$- s^0 \, \partial(v^2/2)/\partial s - f k \times v + \alpha \, \nabla_h \, p = 0.$$

Dies läßt sich am besten durch eine Skizze erläutern (Abb. 13.1). Coriolisbeschleunigung C, negative Bahnbeschleunigung $-B$ und Gradientbeschleunigung G müssen sich das Gleichgewicht halten. Das ist nur möglich, wenn v mit G einen Winkel kleiner als 90° bildet, also der Wind mit einer Komponente dem Druckgefälle folgt. In die-

sem Falle wird vom Druckgefälle Arbeit geleistet, und die kinetische
Energie des Windes nimmt zu. Man erkennt leicht, daß bei einer Ver-
zögerung des Windes·in seiner Richtung die Größe -B nach vorn gerichtet ist und der Wind mit dem Druckgefälle einen Winkel größer
als 90° bildet. Der Wind muß bei einer Bewegung zum höheren Druck
hin selbst Arbeit leisten, seine kinetische Energie und Geschwindigkeit nehmen ab.

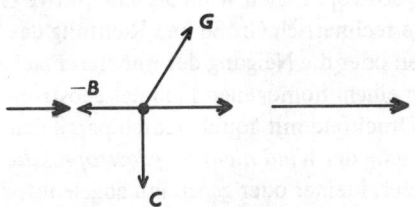

13.1   Kräfteschema bei Bahnbeschleunigung B des Windes. C = Coriolis-,
G = Gradientbeschleunigung. Beschleunigungen mit einfachen, Winde
mit doppelten Pfeilspitzen.

Faßt man alle vier betrachteten Fälle der Feldbeschleunigung: zyklonale, antizyklonale, Bahnbeschleunigung und Bahnverzögerung, zusammen, so erkennt man, daß der resultierende Wind immer eine
Abweichung vom geostrophischen Wind besitzt, die gegen die Beschleunigung nach (13.6) eine *Drehung um 90°* nach links aufweist.

Das gilt auch noch, wenn nicht Feldbeschleunigungen $v \cdot \nabla v$, sondern *lokale Beschleunigungen* $\partial v/\partial t$ nach (13.5) die Ursache für Wind-
änderungen sind, das Feld aber dabei homogen bleibt. Die zeitliche
Änderung des Windes ist dann an jedem Ort identisch mit der Änderung des geostrophischen Windes, aber der Wind selbst hat eine zusätzliche Komponente, die senkrecht zu dieser zeitlichen Änderung
steht, und zwar um 90° nach links gedreht. Damit steht sie senkrecht
zu den Linien gleicher Druckänderung, den Isallobaren, und ist zum
Gebiet fallenden Druckes gerichtet. Man nennt diese Komponente
den *isobollarischen Wind*.

In einem sich zeitlich und örtlich ändernden Windfeld treten also Abweichungen vom geostrophischen Wind auf, durch die alle lokalen
Luftdruckschwankungen gemäß (13.2) und (13.3) erklärt werden

können und müssen. Trotzdem ist der geostrophische Wind auch in der allgemeinen Dynamik der Atmosphäre mit gewissen Einschränkungen verwendbar, nur muß die Tragweite seiner Verwendung jeweils überprüft werden.

13.2. Trägheitslabilität

Man kann den geostrophischen Wind als eine fiktive Größe betrachten, die nur rein rechnerisch Größe und Richtung des horizontalen Druckgradienten oder die Neigung der isobaren Fläche kennzeichnet. Befindet sich in einem homogenen Feld des geostrophischen Windes bzw. in einem Druckfeld mit äquidistanten parallelen Isohypsen einer isobaren Fläche der *Wind nicht im geostrophischen Gleichgewicht*, sondern ist größer, kleiner oder gegen ihn abgelenkt, dann steht seine ablenkende Kraft nicht im Gleichgewicht mit der Gradientkraft. Aus (5.23) und (5.24) ergibt sich

$$\mathrm{d}\boldsymbol{v}/\mathrm{d}t = -f\boldsymbol{k} \times \boldsymbol{v} + f\boldsymbol{k} \times \boldsymbol{v}_g = -f\boldsymbol{k} \times (\boldsymbol{v} - \boldsymbol{v}_g).$$

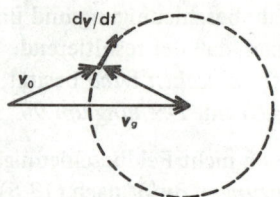

13.2 Entstehung von Trägheitsschwingungen des Windes.

Die Beschleunigung steht also senkrecht auf dem Differenzvektor $\boldsymbol{v} - \boldsymbol{v}_g$. Dieser bleibt dem Betrag nach konstant, ebenso $\mathrm{d}\boldsymbol{v}/\mathrm{d}t$, jedoch beschreiben beide Kreisbahnen (Abb. 13.2). Die Periode eines Umlaufes ist die Periode des *Trägheitskreises* $P = 2\pi/f$. Die Luftbewegung setzt sich deshalb zusammen aus dem geostrophischen Wind $\boldsymbol{v}_g$ und einem Zusatzvektor $\boldsymbol{v} - \boldsymbol{v}_g$, der einen Kreis beschreibt. Die gesamte Bewegung ist eine Zykloide, wenn im Anfangszustand $\boldsymbol{v}_0 - \boldsymbol{v}_g = -\boldsymbol{v}_g$ oder $\boldsymbol{v}_0 = 0$; ist $|\boldsymbol{v} - \boldsymbol{v}_g|_0 \lessgtr |\boldsymbol{v}_g|$, entsteht eine verkürzte oder eine verlängerte Zykloide. Solche Bewegungen sind in einigen wenigen Fällen beobachtet worden; sie sind schwierig aufzufinden, weil die Voraussetzung eines homogenen Feldes des geostrophischen Windes selten ist und weil auch im allgemeinen in einem Kontinuum, wie es die Atmosphäre darstellt, eine *Partikeldynamik*, wie sie hier zur Beschreibung der Vorgänge verwendet ist, *nicht ausreicht*.

Trotzdem lohnt es sich, die Betrachtung noch etwas weiter zu führen. Es sei an der Voraussetzung geradliniger Isohypsen festgehalten, sie seien aber nicht äquidistant, sondern eine (geostrophische) Windscherung vorhanden, die im Fall $\nabla \times v_g > 0$ (bzw. vertikal aufwärts gerichtet) zyklonal, und im Fall < 0 antizyklonal ist. Dann entartet der Trägheitskreis zu einer Ellipse, deren großer Halbmesser im Falle der zyklonalen Windscherung senkrecht zur Richtung des geostrophischen Windes liegt, im Falle antizyklonaler Windscherung in Richtung des geostrophischen Windes. In allen betrachteten Fällen handelt es sich um *Schwingungen*, wie sie im Falle eines gestörten Gleichgewichtes auftreten. Schwingungen in der Vertikalen haben wir in Verfolgung der Gleichung (4.19) kennengelernt, wo als Folge einer Temperaturdifferenz zwischen Individuum und Umgebung statische Stabilitätsschwingungen auftraten. Hier ist das Gleichgewicht zwischen horizontalem Druckgradient und Coriolisbeschleunigung, das geostrophische Gleichgewicht, gestört, welches allerdings eine Bewegung der Luft voraussetzt. Man spricht dann von dynamischen oder *Trägheitsschwingungen*. In allen Fällen handelt es sich um stabile Schwingungen.

Überschreitet jedoch die Windscherung den Betrag des Coriolisparameters f, also etwa

$$- \partial v_{gx} / \partial y < -f, \qquad (13.8)$$

dann entartet die Trägheitsellipse zu einer Hyperbel, die Bewegung wird *labil*, ein aus seiner Gleichgewichtsbewegung entferntes Luftteilchen kehrt nicht mehr in die Ausgangslage zurück, sondern entfernt sich von ihr mehr und mehr. Es kommt dadurch zu einem Umsturz des Druck- und Windfeldes wegen *Trägheitslabilität*.

In der Atmosphäre sind die Bewegungen wegen der statischen Stabilität meist an die Flächen konstanter potentieller oder feuchtpotentieller (äquivalent-potentieller) Temperatur gebunden. Dann sind für die Trägheitsstabilität oder -labilität die Windanordnungen entlang diesen Flächen $(\partial \boldsymbol{v}_{gx}/\partial y)_{\theta\,=\,\mathrm{const.}}$ maßgebend, und diese können durchaus verschieden sein von denen in der Horizontalen, weil entlang den isentropen Flächen auch eine Komponente der vertikalen Windzunahme eingeht, die i. a. sehr viel größer als die horizontale ist. Zugleich gehen aber auch rein statische Labilitäten in die Überlegungen ein, und man spricht bei der Kombination von statischer und Trägheitslabilität dann von *dynamischer Labilität*. Es sei aber nochmals betont, daß solche partikeldynamischen Betrachtungen einzelner Massenpunkte und ihrer Bewegungen in einem mehr oder weniger als starr angenommenen Umgebungsfeld nicht den Realitäten entsprechen, sondern daß im Kontinuum alle Massenteilchen an den Bewegungen teilnehmen.

13.3. Gleichgewicht zwischen Luftmassen verschiedener Dichte

Bisher wurden Gleichgewichtsbedingungen des Druck- und Windfeldes allein betrachtet. Es müssen jedoch die Temperatur bzw. Dichte mit einbezogen werden.

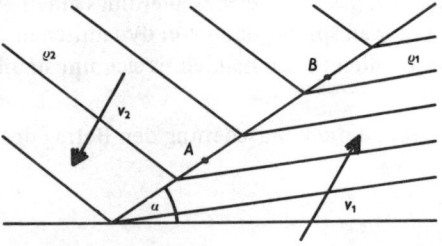

13.3   MARGULESsche Grenzfläche.

·In *Ruhe* und im nichtrotierenden System sind Gase oder Flüssigkeiten verschiedener Dichte nur im Gleichgewicht, wenn sie durch eine *horizontale Grenzfläche* getrennt sind. In der Atmosphäre ist auch ein Nebeneinander verschieden dichter Gasmassen möglich. Abb.13.3 zeigt eine *schrägliegende* Fläche, die zwei verschieden dichte Luftmassen, $\rho_1 > \rho_2$, gegeneinander abgrenzt, in denen die Windgeschwindigkeiten v_1 und v_2 senkrecht zur Zeichenebene stehen. A und B seien zwei infinitesimal eng benachbarte Punkte auf der Grenzfläche. In beiden Massen sollen bei A und B gleiche Drücke herrschen; dann besteht offenbar Gleichgewicht zwischen beiden Massen. Es soll also sein

$$(\partial p/\partial x)_1\, dx + (\partial p/\partial z)_1\, dz = (\partial p/\partial x)_2\, dx + (\partial p/\partial z)_2\, dz.$$

Mit Einsetzen der statischen Grundgleichung (1.14) und der geostrophischen Windgleichung in der Form

$$\partial p/\partial x = f \rho\, v_{gy}$$

ergibt sich unter Weglassung des Index g

$$f(\rho_1 v_{y1} - \rho_2 v_{y2})\, dx = -g(\rho_2 - \rho_1)\, dz$$

oder

$$\text{tg}\,\alpha = \frac{dz}{dx} = \frac{f}{g}\, \frac{\rho_1 v_{y1} - \rho_2 v_{yz}}{\rho_1 - \rho_2}$$

oder mit Einsetzen der Gasgleichung

$$\text{tg}\,\alpha = \frac{f}{g}\, \frac{T_2 v_{y1} - T_1 v_{y2}}{T_2 - T_1}\ . \tag{13.9}$$

Da $T_2 > T_1$ ist, muß $v_{y1} > v_{y2}\, T_1/T_2$ oder mit $T_1 \approx T_2$ muß $v_{y1} > v_{y2}$ sein, wenn tg $\alpha > 0$ und $\alpha < 90°$ sein soll. Da die Beziehung auch bei jeder Drehung des Koordinatensystems gilt, besagt diese Bedingung: Wenn man in der kalten Luft T_1 steht und nach der warmen blickt, muß die warme relativ zur kalten nach links bewegt sein. Der *Windsprung* ist dann *zyklonal*. Es ist nicht erforderlich, daß die Windrichtungen entgegengesetzt sind wie in Abb. 13.3, sondern es kommt nur auf die Relativbewegung an. Im übrigen ist in der Abbildung deutlich erkennbar, daß der vertikale Abstand der isobaren Flächen in der kalten Luftmasse eng, in der warmen weit ist. Es kann auch eine Bewegung von links nach rechts überlagert sein, womit sich eine zusätzliche Neigung der isobaren Flächen in die Zeichenebene hinein ergibt. Das bedeutet, daß in einem Horizontalschnitt, einer Isobarenkarte, eine

NW-Strömung an der Spur der Grenzfläche auf der Karte mit einer SW-Strömung zusammentrifft. Das ganze System bewegt sich von W nach E, ohne daß es zu nennenswerten Vertikalbewegungen kommt.

Es ist also in der Atmosphäre ein Nebeneinander verschieden warmer oder verschieden dichter Luftmassen möglich, wenn das Bestreben der Warmluft, sich über die kalte Luft zu schieben, durch die unterschiedlichen Coriolisbeschleunigungen aufgehoben wird. Die beiden Luftmassen sind im stabilen Gleichgewicht, sie strömen nebeneinander her, und es ist kein Überschieben der einen über die andere vorhanden. Es handelt sich um Grenzflächen, die man nach dem Österreicher M. MARGULES benennt, aber nicht um Gleitflächen. Es ist versucht worden, ähnliche Formeln für Gleitflächen aufzustellen, bei denen Beschleunigungen der Luftmassen gegeneinander berücksichtigt werden. Diese Versuche sind aber nicht sehr überzeugend geblieben.

Denkbar ist auch eine Gleichgewichtsfläche, bei der die kalte Luft über der warmen liegt und ein antizyklonaler Windsprung besteht. Man kann aber zeigen, daß eine solche Grenzfläche labil ist, daß eine kleine Variation des Winkels α zu Drucksprüngen führt, die die Massen umstürzen.

Versucht man statt des diskontinuierlichen Übergangs die Bedingungen für einen *kontinuierlichen Übergang* aufzustellen, so geht man von den Gleichungen (1.13) und der geostrophischen Bedingung aus. Durch wechselseitige Differentiation findet man

$$\frac{\partial^2 p}{\partial x \partial z} = -g \frac{\partial \rho}{\partial x} = f \frac{\partial (\rho\, v_y)}{\partial z}$$

oder, wenn man wie oben statt der Dichten die absoluten Temperaturen einführt

$$g \frac{\partial T}{\partial x} = fT \frac{\partial v_y}{\partial z} - f v_y \frac{\partial T}{\partial z}\,. \tag{13.10}$$

Das zweite Glied rechts ist unter normalen Verhältnissen um eine Größenordnung kleiner als das erste, so daß die Gleichung lautet

$$g\,(\partial T/\partial x) \approx f\,T\,(\partial v_{gy}/\partial z)\,. \tag{13.10a}$$

Wenn man die horizontale Temperaturänderung $\partial T/\partial x$ entlang den isobaren Flächen rechnet, ist die Beziehung (13.10a) sogar streng richtig. Sie verkoppelt ganz allgemein die vertikale Windänderung mit der isobaren Temperaturänderung quer zur Windrichtung, da die Gleichung von der Orientierung des Koordinatensystems unabhängig ist. Sie besagt dann, daß Windzunahme nach oben eine Temperaturzunahme nach rechts von der Windrichtung oder Temperaturabnahme nach links bedeutet. Abb. 13.4 zeigt die Notwendigkeit dieses Zusammenhangs durch die mit der Höhe zunehmende Neigung der isobaren Flächen und ihre vertikale Zusammendrängung nach links (niedrigere Temperaturen). Man nennt deshalb $\partial v/\partial z$ den *thermischen Wind* — etwas unexakt, denn es handelt sich nicht um einen Wind, sondern um eine Windänderung mit der Höhe oder Winddifferenz. Windänderung $\partial v/\partial z$ und Wind v brauchen nicht die gleiche Richtung zu haben. Es kann auch eine Drehung des Windes mit der Höhe vorhanden sein. In Abb. 13.4 wird erkennbar, daß bei Linksdrehung kalte Luft mit der mittleren Strömung gegen warme vordringt. Man kann Wolkenzugbeobachtungen und Höhenwindmessungen deshalb so deuten, daß bei Linksdrehung des Windes mit der Höhe Abkühlung, bei Rechtsdrehung Erwärmung durch Advektion eintritt.

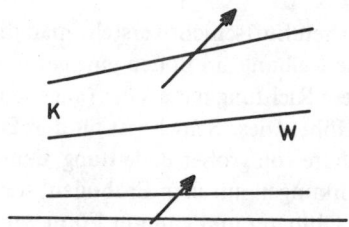

13.4   Zur Erläuterung des thermischen Windes. Isobare Flächen im Schnitt, Winde senkrecht zur Zeichenebene.

Die Feststellung, daß nicht das horizontale, sondern das *isobare Temperaturgefälle* maßgebend ist, legt nahe, in der dynamischen Meteorologie nicht ein x,y,z-, sondern x,y,p-Koordinatensystem einzuführen. Dies wird in Abschnitt 17 gezeigt.

Wenn $(\partial T / \partial x)_p = 0$ ist, haben die isobaren Flächen überall den gleichen Abstand. Man nennt ein solches Feld *barotrop*. Die Temperatur ist dann nur eine Funktion des Druckes. Isothermen und Isobaren fallen zusammen, es gibt keine p, T-Solenoide oder p, α-Solenoide (Abschn. 5.3). Es gibt auch keine Zirkulationsbeschleunigung. Der allgemeine Fall, bei dem isobare und isotherme Flächen nicht zusammenfallen, sondern Solenoide existieren und demgemäß nach (13.10a) oder Abb. 13.4 eine vertikale Windscherung gegeben ist, heißt *baroklin*. Das barotrope Feld ist offenbar eine Vereinfachung, eine Entartung des baroklinen; es spielt aber in der numerischen Wettervorhersage (Abschn. 17) eine wichtige Rolle. Beispielsweise kann man in Abb. 13.3 die beiden Luftmassen als barotrop betrachten; die Grenzfläche wäre eine in eine Fläche zusammengedrängte barokline Anordnung, weil die Temperaturen zwischen Masse 1 und 2 einen Sprung zeigen.

13.4. Dynamik der bodennahen Luftschicht

Die Überlegungen der Abschn. 13.1 bis 13.3 bezogen sich auf die freien, durch Reibungsvorgänge an der Erdoberfläche nicht beeinflußten Schichten.

Unter der bodennahen Luftschicht versteht man die Schicht, in der der Wind durch die Reibung am Boden eine geringere Geschwindigkeit und eine andere Richtung hat als der (angenähert) geostrophische Wind in der Höhe. Diese Schicht ist für den Energiehaushalt der gesamten Atmosphäre von großer Bedeutung, denn in ihr vollziehen sich die Wechselwirkungen mit dem Erdboden, sowohl für die thermische Energie in fühlbarer und latenter Form wie für die kinetische Energie. Die beiden ersten Vorgänge sind bereits in Abschn. 12.2 behandelt worden. Sie können kurz mit Heizung der Luft vom Boden her und Verdunstung bezeichnet werden, jedoch nicht vollständig, denn es gibt auch beide Übertragungen in der Richtung zum Boden hin, also Erwärmung des Bodens von der Luft und Taubildung. Die letzteren treten bei Nacht auf und sind schwächer ausgeprägt, so daß in der Tagessumme die entsprechenden Übertragungen vom Boden an die Luft durchschlagen.

Hier sei als drittes die Übertragung kinetischer Energie oder der I m - p u l s a u s t a u s c h zwischen Boden und Atmosphäre untersucht. Er bietet die Möglichkeit einer Gliederung dieser Schicht in eine b o - d e n n a h e G r e n z s c h i c h t von einigen Dekametern Dicke, auch PRANDTL-Schicht genannt, in der sich die Windrichtung kaum ändert, und eine mächtigere Schicht darüber von einigen Hektometern Dicke, die als planetarische Grenzschicht oder EKMAN-Schicht bezeichnet wird. In dieser spielt sich als auffallendstes äußerliches Merkmal die Drehung der bodennahen Windrichtung in die des geostrophischen Windes ab. Die Vorgänge in diesen Schichten sind jedoch auch für den Übergang von Wärme und Wasserdampf in die freie Atmosphäre maßgebend.

In Abschn. 5.7 war bereits ein rohes Modell für die Reibung eingeführt. Weiterhin war in Abschn. 5.8 gezeigt, daß in der Atmosphäre eine Schubspannung $\tau = A \, \partial v / \partial z$ zwischen benachbarten Strömungen auftritt, die durch den Massenaustausch hervorgerufen ist. Die Betrachtung der Turbulenz muß noch etwas vertieft werden. Die in der Bewegungsgleichung (5.23) auftretenden Größen sind Mittelwerte über kleine Zeitintervalle Δt von der Größenordnung 1 min, z.B.

$$\bar{v}_x = \frac{1}{\Delta t} \int_{t - \frac{1}{2}\Delta t}^{t + \frac{1}{2}\Delta t} v_x \, dt \qquad (13.11a)$$

und entsprechend in anderen Komponenten. Durch Überstreichen ist der Mittelwert gekennzeichnet. Dann ist der momentane Wind gegeben durch

$$v_x = \bar{v}_x + v'_x; \; v_y = \bar{v}_y + v'_y; \; v_z = \bar{v}_z + v'_z \qquad (13.11b)$$

mit

$$\bar{v}'_x = 0; \; \bar{v}'_y = 0; \; \bar{v}'_z = 0. \qquad (13.11c)$$

Setzt man diese Größen z.B. in die Gleichung der x-Komponente der Bewegungsgleichungen ein und addiert die mit v_x multiplizierte Kontinuitätsgleichung (13.3) in der Form

$$v_x \, \partial \rho / \partial t + v_x \, \partial(\rho v_x) / \partial x + v_x \, \partial(\rho v_y) / \partial y + v_x \, \partial(\rho v_z) / \partial z = 0,$$

so erhält man nach einigen Umformungen

$$d\overline{u}_x/dt - \rho^{-1} \, \partial\overline{p}/\partial x + f\,\overline{v}_y + \rho^{-1} \, \partial(-\rho \, \overline{v'_x \, v'_z}) \, \partial z + \rho^{-1} \, \partial(-\rho \overline{v'_x \, v'_y})/\partial y$$

$$+ \rho^{-1} \, \partial(-\rho \, \overline{v'_x \, v'_x})/\partial x = 0. \qquad (13.12)$$

Der Querstrich über den Produkten der Abweichungen vom Mittel hat die gleiche Bedeutung eines zeitlichen Mittels wie in (13.11a).

Sinngemäß und dimensionsgemäß haben die Klammerausdrücke die Bedeutung von Schubspannungen wie in (5.26) und werden deshalb *turbulente Schubspannungen* oder REYNOLDSsche Schubspannungen $\tau_{z,x}$, $\tau_{y,x}$ genannt. ($\tau_{x,x}$ ist eine turbulente Normalspannung, also ein Druck.) Die an den seitlichen vertikalen Begrenzungen eines Volumenelementes in Richtung x angreifende Schubspannung $\tau_{y,x}$ ist gewöhnlich klein, nur die aus v'_z resultierenden Schubspannungen $\tau_{z,x}$ und $\tau_{z,y}$ sind beachtenswert.

Auf PRANDTL geht die schon in Abschn. 5.8 erwähnte Überlegung zurück, daß die turbulente Zusatzbewegung v'_x durch vertikale Verlagerung eines Quantums um die Länge l' in dem speziell in Bodennähe stark geschichteten ausgeglichenen Bewegungsfeld $\overline{u}_x$ zurückzuführen ist. Er setzte deshalb

$$v'_x = l' \, \partial\overline{u}_x/\partial z, \qquad (13.13)$$

woraus sich ergibt

$$\tau_{z,x} = -\rho \, \overline{v'_z \, l'} \, \partial\overline{u}_x/\partial z.$$

$\tau_{z,x}$ hat das gleiche Vorzeichen wie $\partial \, \overline{u}_x/\partial z$, denn zu einem $v'_z > 0$ (Zusatzbewegung von unten) gehört ein $l' < 0$ und $v'_x < 0$ und zu $v'_z < 0$ ein $l' > 0$. Nach Feinstrukturmessungen wird weiterhin angenommen, daß die Streuung der Abweichungen v'_z gleiche Größenordnungen wie v'_x und v'_y haben. Streng genommen kann diese Gleichsetzung nur in einer indifferent geschichteten Atmosphäre gültig sein, wo keine statischen Stabilitäten oder Labilitäten existieren. Es ergibt sich dann eine   i s o t r o p e ,   d.h. in allen Koordinatenrichtungen gleich ausgebildete   T u r b u l e n z .

Allgemein haben die beiden Streuungen nur gleiche Größenordnung

$$\sigma(v_z') \approx \sigma(v_x'),$$

wo $\sigma(u)$ die Streuung oder mittlere quadratische Abweichung einer Größe u bedeutet. Zunächst ergibt sich aus (13.13)

$$\sigma(v_x') = \sigma(l_x') \, |\partial \bar{v}_x/\partial z| = l_x \, |\partial \bar{v}_x/\partial z|. \qquad (13.13a)$$

Hierin wird die mittlere quadratische Abweichung $\sigma(l_x')$ einfacher mit l_x bezeichnet. Entsprechend (13.13a) gilt dann statistisch auch

$$\sigma(v_z') = l_z |\partial \bar{v}_x/\partial z|. \qquad (13.13b)$$

Den Ausdruck für die Schubspannung in (13.12) kann man umschreiben in

$$\tau_{z,x} = -\rho \, \overline{v_z' v_x'} = -\rho \, r(v_z', v_x') \, \sigma(v_z') \, \sigma(v_x').$$

$r(u,v)$ ist der Korrelationskoeffizient zwischen den beiden Größen u und v. Damit folgt unter Verwendung der Ausdrücke für die Streuungen (13.13a und b)

$$\tau_{z,x} = -\rho \, r(v_z', v_x') \, l_x \, l_z \, (\partial \bar{v}_x/\partial z)^2. \qquad (13.14)$$

PRANDTL hat als Arbeitshypothese statt der beiden Größen l_x und l_z nur eine einzige eingeführt, die er Mischungsweg l nannte und die man wegen der hier getroffenen schärferen Unterscheidung definieren muß als

$$l = \sqrt{-r(v_z', v_x') \, l_x \, l_z} \; .$$

Damit wird (13.14) zu

$$\tau_{z,x} = \rho \, l^2 (\partial \bar{v}_x/\partial z)^2. \qquad (13.14a)$$

Vergleicht man diese Gleichung mit (5.26), so ergibt sich mit

$$A = \rho \, l^2 \, |\partial \bar{v}_x/\partial z| \qquad (13.14b)$$

eine neue Definition des Massenaustausches durch den Mischungsweg und dadurch zugleich eine Zurückführung auf die Feinstruktur

des Windes. Die Beziehung (13.14a) für die Schubspannung kann
man umschreiben in

$$\partial \,\overline{v}_x / \partial z = (\tau/\rho)^{1/2} / \, l. \qquad (13.15)$$

Der Wurzelausdruck ist dimensionsgemäß eine Geschwindigkeit, und
man bezeichnet ihn als *Schubspannungsgeschwindigkeit* u_*

$$u_* = \sqrt{\tau/\rho}. \qquad (13.16)$$

Es wurde früher darauf hingewiesen, daß der Austausch zwei Ursachen haben kann, eine dynamische und eine thermische. Beide sind
in der hier gegebenen Feinstrukturdefinition nicht erkennbar, denn
die Ursache für die Entstehung der Turbulenz könnte nur in der Entstehung der vertikalen Verlagerungen l zu suchen sein. Über die Entstehung von l ist aber in den Beziehungen nichts ausgesagt.

Unmittelbar am Boden wird in gleicher Weise vom Boden eine bremsende Schubspannung auf die Luft und von der Luft eine Schubspannung auf den Boden ausgeübt. Die auf den Boden ausgeübte Schubspannung wird z.B. in den Eispressungen im Packeis der Polargebiete
erkennbar, wo sich die Spannungen (Kräfte je Flächeneinheit) über
riesige Eisfelder summieren und die horizontalen Kräfte (nicht Bewegungen) in einer linienförmigen Bremsungszone entladen. In kleineren Dimensionen kann man die Schubspannungsübertragung zwischen Luft und Boden durch die Schubwirkung auf schwimmend
aufgehängte Teile der Erdoberfläche direkt messen.

Definiert man nach den Beobachtungen eine dünne, *bodennahe
Grenzschicht* der Luft so, daß sich τ nur wenig mit der Höhe ändert,
dann ist das gleichbedeutend mit einer (annähernden) *Konstanz der
Schubspannung* und fehlender Winddrehung.

Die Voraussetzung der höhenkonstanten Schubspannungsgeschwindigkeit gibt eine Möglichkeit, das Gesetz der *Windänderung* mit der
Höhe *in Bodennähe* zu bestimmen. Aus Messungen der Rohrströmung ist im Labor abgeleitet worden, daß

$$l = kz \qquad (13.17)$$

ist, wo $k = 0.4$ die VON KÁRMÁNsche Konstante ist. Aus mikro-
meteorologischen Experimenten hat sich für k der gleiche Zahlenwert ergeben. Damit folgt aus (13.15) durch Integration

$$\bar{v}_x = u_* \, k^{-1} \ln (z/z_0) \qquad \overline{V_x} = u_* \, k^{-1} \ln\left(\frac{z-d}{z_0}\right) (13.18)$$

für $z \geq z_0$. Die Größe z_0 wird *Rauhigkeitsparameter* genannt und
ist von den Unebenheiten des Bodens abhängig. Es gilt

für glatte Oberflächen	$z_0 =$	0.002 cm,
für Schneeflächen		0.01 . . . 0.1 cm,
für Sandflächen		0.1 . . . . 1 cm,
für Wiese		0.1 . . . 10 cm,
für Getreide		5 . . . 50 cm,
für Großstadt u. Wald		50 . . 300 cm.

Durch Einsetzen der Beziehungen (13.15), (13.17) und (13.18) in
(13.14a) ergibt sich die oben schon verwendete THORNTHWAITE-
sche Formel (6.14).

Ein *logarithmisches Profil* in Bodennähe wie (13.18) ist auch für andere Elemente wie potentielle Temperatur, Dampfdruck usw. gefunden worden, deren vertikales Profil in Bodennähe im wesentlichen durch den Austausch bestimmt ist. Sie gelten streng nur für
den Fall der isotropen Turbulenz in indifferenter Schichtung.

Für andere Schichtungen hat man als empirische Formeln Potenz-
profile gefunden, wie $v_2/v_1 = (z_2/z_1)^n$, wo n für stabile Schichtung
1/2, für indifferente 1/7, für labile 1/10 sein kann. Als Indikator für
die Stabilität wird gern die RICHARDSONsche Zahl

$$\text{Ri} = \frac{g}{T} \frac{\partial \theta / \partial z}{(\partial v / \partial z)^2} \qquad (13.19)$$

verwendet, die das Verhältnis von Stabilität (4.19, 4.20) zur kinetischen Energie der Scherung je Masseneinheit angibt. Ri ist dimensionslos. Bei adiabatischer Schichtung ist Ri = 0, bei stabiler positiv,
bei labiler negativ. Die Größe der RICHARDSONschen Zahl ist auch
für turbulente Vorgänge in der freien Atmosphäre maßgebend.

Ein anderes Maß für den *Stabilitätseinfluß* ist von MONIN und OBUCHOW aufgrund von Ähnlichkeits- und Dimensionsbetrachtungen angegeben worden. Es ist eine Länge

$$L_* = T\rho \, c_p \, u_*^3 \, (g \, k \, L)^{-1}, \qquad (13.20)$$

wobei L der vertikale Wärmeleitungsstrom etwa nach (5.27) ist. Demgemäß ist bei stabiler Schichtung, wenn $L > 0$ oder zum Erdboden hin gerichtet ist, auch $L_* > 0$; bei adiabatischer Schichtung wird $L = 0$ und $1/L_* = 0$; schließlich bei labiler Schichtung ist $L < 0$ und auch $L_* < 0$. Als Erweiterung der nur für indifferente Schichtung gültigen Gleichung (13.15) ergibt sich dann mit (13.17)

$$\partial \bar{v}_x / \partial z = u_* (kz)^{-1} \, \varphi(z/L_*). \qquad (13.21)$$

Hier ist das Argument von φ dimensionslos und φ eine zunächst noch unbekannte Funktion. Definitionsgemäß muß für $1/L_* = 0$ die Größe $\varphi(0) = 1$ sein, damit (13.15) gültig bleibt. Man kann dann für φ den Ansatz einer MAC LAURINschen Reihe versuchen, wenn $z/L_* \ll 1$ ist, und

$$\varphi(z/L_*) = 1 + \beta \cdot (z/L_*) \qquad (13.22)$$

setzen, indem man nach dem zweiten Glied abbricht. Damit ergibt sich für das Windprofil

$$\bar{v}_x = u_*/k \cdot (\ln (z/z_0) + \beta/L_* \cdot (z - z_0)) \qquad (13.23)$$

ein gemischt linear-logarithmisches Profil, das sich bei der Deutung von gemessenen Geschwindigkeitsverteilungen gut bewährt hat. Für die MONIN-OBUCHOWsche Konstante β haben diese Autoren selbst ursprünglich eine allgemeingültige Zahl $\beta = 0.6$ angegeben. Offenbar genügt aber der lineare Ansatz für φ nicht, weil verschiedene Beobachtungsserien Abhängigkeiten von der Schichtung mit Zahlenwerten zwischen 0 und 9 ergeben haben.

In den Höhen über der bodennächsten Schicht mit logarithmischem oder linear-logarithmischem Windprofil ohne Richtungsänderung finden sich in der p l a n e t a r i s c h e n G r e n z s c h i c h t Winddrehungen und Übergänge zum geostrophischen Wind in der

Höhe. Die Windänderung muß dann aus der Bewegungsgleichung abgeleitet werden. Differentiation der Schubspannung $\tau = A\, \partial v/\partial z$ nach z ergibt eine Kraft je Volumeneinheit. In der Bewegungsgleichung (5.23) ist diese für die horizontale Kraft F_h einzusetzen, woraus folgt

$$d v/d t = -f k \times v - \alpha \nabla p + \alpha\, \partial (A\, \partial v/\partial z)/\partial z. \qquad (13.24)$$

Hier sei wieder unbeschleunigte Bewegung angenommen und A, α, ∇p als unabhängig von der Höhe. Wenn in den vorausgegangenen Betrachtungen über den Wind in der bodennahen Luftschicht die Schubspannung $\tau = A\, \partial v/\partial z = $ const gesetzt wurde, so ist das nur eine — wenn auch durch Messungen gerechtfertigte — Annäherung, denn streng würde daraus folgen, daß die Reibungskraft auf die Masseneinheit $\alpha\, \partial \tau/\partial z = 0$ wäre. Man setzt in (13.24) zunächst

$$-\alpha \nabla p = f k \times v_g$$

und legt die x-Achse in die Richtung des geostrophischen Windes.

Zur Lösung der Differentialgleichung führt man den Bewegungsvektor $v(z)$ als komplexe Größe $v = v_x + i\, v_y$ ein. Dabei wird eine Vektormultiplikation mit k in der komplexen Ebene ersetzt durch eine Multiplikation mit $-i$, und man erhält die Gleichung

$$\alpha A\, \partial^2 v/\partial z^2 - i f (v - v_g) = 0.$$

Die Lösung ergibt

$$v - v_g = C \exp (\pm \beta z)(\cos \beta z \pm i \sin \beta z)$$

mit $\beta = \sqrt{f/(2\,\alpha A)}$. Nur das negative Vorzeichen ist sinnvoll, wenn nicht v mit zunehmender Höhe über alle Grenzen wachsen soll. Die Konstante C ist komplex, und es ist $C = v_0 - v_g$, wenn v_0 der Wind in der Höhe $z = 0$ ist. Diese Höhe sei hier nicht der Erdboden, sondern die obere Grenze der bodennahen Grenzschicht mit $\tau = $ const und unveränderlicher Windrichtung. In $z = 0$ muß die Richtung des Windes (und der Schubspannung) in der Unterschicht mit der Schubspannung der Oberschicht zusammenfallen. Wird der Winkel zwischen der x-Achse und der Windrichtung in z = 0 mit η bezeichnet, ergibt sich nach einigen Umformungen

$$v_x = v_{gx} (1 - \sqrt{2} \sin\eta \exp(-\beta z) \cos(\eta - \pi/4 - \beta z)$$

$$v_g = - v_{gx} \sqrt{2} \sin\eta \exp(-\beta z) \sin(\eta - \pi/4 - \beta z). \qquad (13.25)$$

Der Endpunkt des Windvektors beschreibt mit der Höhe eine logarithmische Spirale, die sich dem geostrophischen Wind nähert. Die Tangente an diese Spirale, also die Richtung $\partial v/\partial z$ bildet mit dem Vektor $v - v_g$ in jedem Punkt einen Winkel von 45°. Wäre die bodennahe Unterschicht von verschwindender Dicke, dann würde diese Spirale bereits am Boden anfangen und der Wind in geringsten Höhen bildete mit dem geostrophischen Wind einen Winkel von 45°.

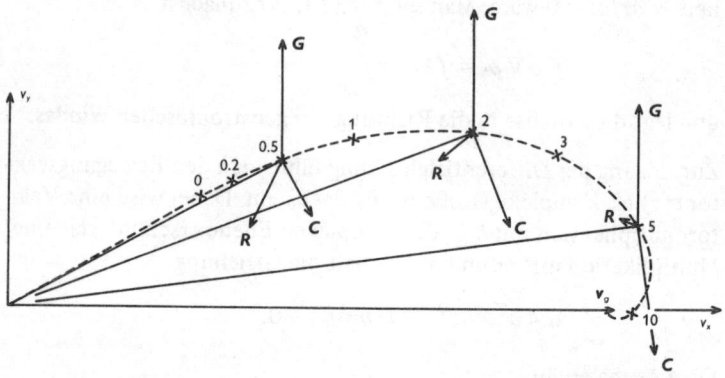

13.5   EKMAN-Spirale. Verbindungslinie der Endpunkte der Windpfeile in verschiedenen Höhen. Diese angegeben in 100 m über der Obergrenze der PRANDTL-Schicht.

Diese Verteilung wird EKMAN-Spirale und die ganze Schicht zwischen der PRANDTL-Schicht mit τ = const und der freien Atmosphäre mit $v = v_g$ EKMAN-Schicht genannt, weil sie von diesem schwedischen Ozeanographen zuerst für Strömungen im Meere definiert worden ist. Empirische Daten geben für mittlere Breiten eine Abhängigkeit des Winkels η von der Rauhigkeit des Bodens und der Stabilität der Schichtung.

Tabelle 13.1

Winkel in Grad zwischen Windrichtung am Boden
und geostrophischem Wind für 45° Breite

Schichtung	labil	indifferent	stabil
Ozean	$\eta = 15$	20	30
sehr glattes Land	25	30	40
Land mit mittlerer Rauhigkeit	30	35	45
Land mit starken Strukturen	35	40	50

In diesem Abschnitt wurde einem einzelnen Vorgang der turbulenten Übertragung, nämlich der Übertragung von Impuls in der bodennahen Luftschicht eine größere Aufmerksamkeit gewidmet. Wie schon in Abschn. 5.8 und 12.2 erwähnt, werden auch Masseneigenschaften wie der Gehalt an Enthalpie oder der Wasserdampfgehalt durch die gleichen Turbulenz- und Austauschvorgänge vom Boden an die Atmosphäre übertragen. Die Überlegungen sind vergleichsweise einfacher, weil es sich dabei um skalare, nicht um vektorielle Größen handelt. Durch die unterschiedliche Intensität der turbulenten Übertragung werden aber eine große Reihe von meteorologischen Phänomenen erklärt, wie der Wärmeübergang und die Verdunstung, die Tagesgänge dieser Größen, die Ausbreitung von Luftverunreinigungen in der turbulenten Atmosphäre bei verschiedenen Stabilitäten, die Erwärmung oder Abkühlung der Luft, z.B. wenn sie über eine anders temperierte Oberfläche strömt, wie etwa vom Meer aufs Land und umgekehrt. Alle diese Vorgänge bilden einen großen Teil der Probleme der *Mikrometeorologie,* d.h. der Meteorologie der bodennahen Luftschicht. Sie können hier nur angedeutet werden.

Der endgültige Übergang der 3 Formen der Energie in die freie Atmosphäre erfolgt wahrscheinlich durch Instabilitäten oder „Pumpen" der EKMAN-Schicht. Solche Instabilitäten können in Wolkenbildungen direkt sichtbar werden. Sie äußern sich dann bei geringen Windgeschwindigkeiten in den BÉNARD-Zellen oder bei Geschwindigkeiten über 7 - 10 m s⁻¹ in Wolkenwalzen, die parallel der Strömung orientiert sind. Bei starker Wärmeübertragung vom Boden entwickeln sich die verschiedenen Formen der Konvektion, durch die nicht nur Wasserdampf, sondern auch Wärme und kinetische Energie in die Atmosphäre übergeführt werden.

Literatur:

D. BRUNT, Physical and Dynamical Meteorology. Cambridge: The Univ. Press 1934. XXII, 411 p.

O. G. SUTTON, Micrometeorology. New York/Toronto/London: McGraw-Hill Book Comp. 1953. XII, 333 p.

C. H. B. PRIESTLEY, Turbulent Transfer in the Lower Atmosphere. Chicago: Univ. of Chicago Press 1959. VII, 130 p.

A. S. MONIN und A. M. OBUCHOW, Fundamentale Gesetzmäßigkeiten der turbulenten Durchmischung in der bodennahen Schicht der Atmosphäre. Statistische Theorie der Turbulenz. Berlin 1958, 199 - 226.

14. Synoptische Meteorologie I

14.1. Das Beobachtungssystem

Gegenstand der synoptischen Meteorologie (wörtlich Zusammenschau, Griech. syn = zusammen, Stamm opt = sehen) ist die Untersuchung des W e t t e r s , seiner Änderungen und, als Nutzanwendung, seiner Vorhersage. Notwendig ist ein System gleichzeitiger Beobachtungen. In aller Welt sind die Hauptbeobachtungstermine 06, 12, 18 und 24 Uhr MGZ (geschrieben häufig 0600 Z usw.); in Mitteleuropa also 07, 13, 19, 01 Uhr MEZ. Zur Zeit gibt es etwa 8000 synoptische Stationen auf der Nordhalbkugel, darunter 13 Wetterschiffe, die auf festen Positionen liegen (9 im Atlantischen, 4 im Pazifischen Ozean). Auf der Südhalbkugel gibt es keine stationären Wetterschiffe. Alle diese Stationen melden den Luftdruck, korrigiert auf NN, Lufttemperatur, Windrichtung und -geschwindigkeit, Taupunkt, das Wettergeschehen bzw. die auftretenden Hydrometeore, die Wolkenarten, Höhe der unteren Wolkengrenze, Bedeckungsgrad, Luftdruckänderung während der drei letzten Stunden, die Sichtweite u.a.m.

Weiterhin gibt es etwa 450 Radiosondenstationen auf der Nordhalbkugel. Radiosonden sind Meßinstrumente, die an wasserstoff- oder
heliumgefüllten Ballons bis in Höhen von 30 km (höchste erreichte
Höhe = 50 km) getragen werden und nach Platzen des geschlossenen
Ballons an einem Fallschirm wieder herabkommen. Die Geräte messen p, T und f und setzen die Meßwerte in Radiosignale um, die von
einer Bodenstation empfangen, sofort ausgewertet und weiter verbreitet werden. Der Sender wird entweder angepeilt oder ein mitge-
führter Reflektor durch Radar angemessen, so daß seine Position bestimmt werden kann. Aus der Bahn über Grund wird der Wind nach
Richtung und Geschwindigkeit in der jeweiligen Höhe des Ballons
bestimmt. Meist werden nur 00 und 12 MGZ vollständige Messungen
durchgeführt, 06 und 18 MGZ lediglich Windbestimmungen. Auch
die Wetterschiffe besitzen Radiosonden- und Radiowindstationen.

Die Meldungen werden durch Fernschreiber und Funkfernschreiber
gesammelt und weitergemeldet. Es gibt 3 Weltnachrichtenzentralen:
Washington, Moskau, Melbourne und 8 regionale Zentralen: neben
den genannten Offenbach, Neu Delhi, Tokio, Brasilia und Nairobi.
Allein die Sammlung und Verbreitung der Nachrichten ist ein erheb-
liches technisches Unternehmen, das von der Meteorologischen Welt-
organisation (World Meteorological Organization, WMO) mit Sitz in
Genf gesteuert wird. Daneben hat die WMO noch umfangreiche Aufgaben auf wissenschaftlichem Gebiet und deren weltweiter Koordi-
nation. Wie kaum in einer anderen Wissenschaft ist eine ständige Zu-
sammenarbeit der meteorologischen Dienste aller Staaten erforderlich.

Alle oben angegebenen gesammelten Daten werden in Wetterkarten
eingetragen, aber meist nur Isobaren, Fronten und Linien gleicher
Druckänderung (Isallobaren) gezeichnet; in den Höhenkarten werden
die absolute Topographie der Hauptisobarenflächen (in geopotentiel-
len Dekametern gpdm), Temperatur, Windrichtung und -geschwin-
digkeit eingetragen, aber meist nur Isohypsen der Druckflächen, gelegentlich Isothermen und Isotachen der Windgeschwindigkeit ausgezeichnet.

14.2. Die Polarfronttheorie; Fronten, Luftmassen und Gleitflächen

Für die Analyse der Bodenwetterkarte hat sich seit etwa 50 Jahren
fast überall die Methodik der Frontenanalyse nach der P o l a r -
f r o n t t h e o r i e (auch *norwegisches* oder *Bergener Zyklonenschema* genannt) eingebürgert. Sie wurde um etwa 1920 von V. und
J. BJERKNES, H. SOLBERG und T. BERGERON eingeführt und
hat sich, auch wenn im Laufe der Zeit Änderungen und Ergänzungen notwendig wurden, als sinnfälligste Analysenmethode bewährt.
Sie gilt nur für die „außertropischen" Zyklonen der gemäßigten und
polaren Breiten.

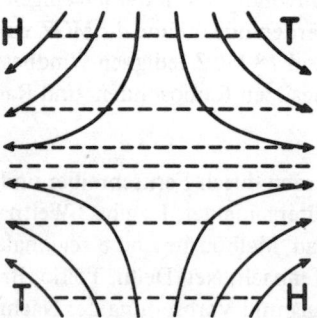

14.1   Zusammendrängen der Isothermen (gestrichelt) in einem hyperbolischen Punkt der Strömung.

Die Theorie geht von der Vorstellung aus, daß das gleichmäßige Temperaturgefälle zwischen Äquator und Pol durch mindestens eine
schmale Zone mit starker Drängelung der Isothermen, also starker
Baroklinität unterbrochen wird, wo im Idealfall einer Temperatur-
diskontinuität eine kältere und eine wärmere Luftmasse zu beiden
Seiten einer MARGULESschen Gleichgewichtsfläche aneinander
entlangströmen. Die Entstehung einer solchen Isothermen-Drängung
kann man sich in einem quasi-stationären hyperbolischen Strömungsfeld denken, das zwischen je zwei im Kreuz angeordneten Hoch- und
Tiefdruckgebieten besteht. Wenn in Abb. 14.1 die beiden rechten
Gebilde etwa das Islandtief und das Azorenhoch andeuten, dann
wird westlich von beiden, also über dem Westen des Atlantik kalte
Luft südwärts, warme nordwärts geführt, und sie strömen dann dicht

nebeneinander nach Osten. Sie befinden sich zunächst im Gleichgewicht.

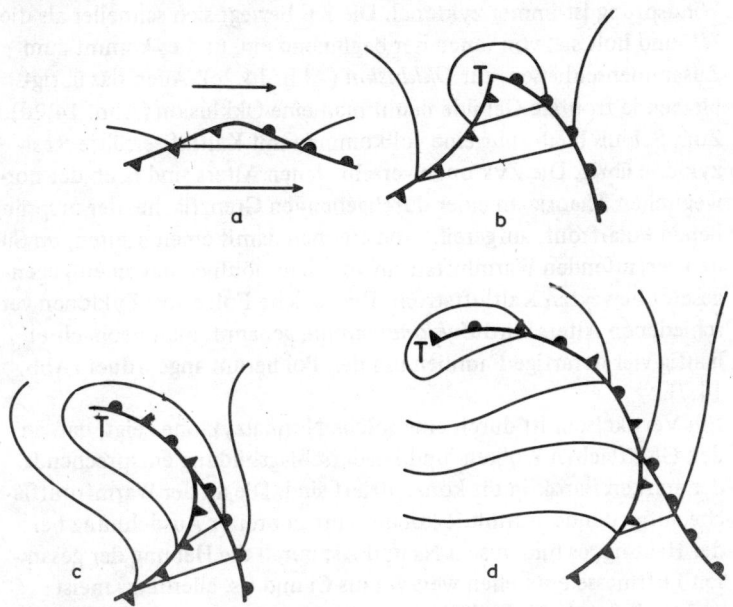

14.2a–d Entstehung und Okklusion eines Tiefs nach der Polarfronttheorie.

Eine kleine Störung im Druckfeld ruft nach den Vorstellungen der Polarfronttheorie eine *wellenförmige Ausbuchtung* der Grenzfläche hervor (Abb. 14, 2a), die sich infolge der ihr innewohnenden Labilität rasch zu einem geschlossenen Tiefdruckgebiet entwickelt (Abb. 14.2b). An der Vorderseite entsteht eine *Warmfront* (warme gegen kalte Luft vordringend), an der Rückseite eine *Kaltfront*, auch Böenfront genannt. Sie sind in der Abbildung mit den üblichen Symbolen gekennzeichnet. Beide schließen zwischen sich den warmen Sektor, erfüllt mit warmer Luft, ein. Die Front*flächen* liegen qualitativ so, wie es der MARGULESschen Grenzfläche mit überlagerter Querströmung entspricht, also schräg über der Kaltluft aufsteigend. Sie sind aber keine Gleichgewichtsflächen mehr, sondern *Gleitflächen*, an de-

nen die warme Luft aufgleitet. Die Warmfront wird zur Aufgleitfläche, die Kaltfront wird meist als Einbruchsfläche bezeichnet. Der
Windsprung ist immer zyklonal. Die KF bewegt sich schneller als die
WF und holt sie, von innen her beginnend ein, und es kommt zum
Zusammenschließen, zur *Okklusion* (Abb. 14.2c). Auch das übrig-
bleibende frontale Gebilde nennt man eine Okklusion (Abb. 14.2d).
Zum Schluß bleibt nur eine vollkommen mit Kaltluft erfüllte Rest-
zyklone übrig. Die Zyklonen verschiedenen Alters sind nach der nor-
wegischen Theorie an einer durchgehenden Grenzfläche, der ursprünglichen Polarfront, aufgereiht und trennen damit einen breiten, im Süden verlaufenden Warmluftstrom von dem nördlich davon entgegengesetzt bewegten Kaltluftstrom. Eine solche Folge von Zyklonen verschiedenen Alters wird *Zyklonenfamilie* genannt; man beobachtet
häufig vier derartige Familien um den Pol herum angeordnet (Abb.
14.7).
Ein Vertikalschnitt durch eine solche Normalzyklone zeigt, daß an
den Gleitflächen Wolken- und Niederschlagsbildung entsprechend
der starken Baroklinität konzentriert sind. Die an der Warmfrontflä-
che aufgleitende Warmluft kondensiert in breiter Ausdehnung bei
der Hebung, es bilden sich Ns und As; durch die Hebung der gesamten Luftmasse entstehen weit voraus Ci und Cs, allerdings meist
nicht mit der As-Ns-Wolkenmasse direkt verbunden. Wenn diese He-
bungswolke genügend hoch reicht — in Mitteleuropa haben die Wet-
terflugaufstiege im Mittel eine obere Wolkengrenze bei 7 - 8 km gefunden — dann wird die Grenztemperatur der Eisbildung unter-
schritten, es entstehen in den obersten Schichten Eiskristalle (As
besteht mindestens in seinen oberen Teilen immer aus Kristallen),
und es setzt der ganze Vorgang der Bildung großtropfigen Nieder-
schlages ein, der in Abschn. 9.2 beschrieben ist. Wegen der großen
horizontalen Ausdehnung des Aufgleitsystems kommt es zum Landregen oder der ihm entsprechenden Form von Schneeniederschlag.
Mit dem Durchzug der Front am Boden hört der Niederschlag auf.
Im Wetterkartenbild ist die Warmfront also gekennzeichnet durch
das im wesentlichen vor der Front liegende ausgedehnte Niederschlagsgebiet, den Luftdruckfall und den nicht immer sehr scharf
ausgeprägten zyklonalen Windsprung. Auch der Temperatursprung
ist nicht immer sehr deutlich.

An der Kaltfront schiebt sich die kalte unter die warme Luft und erzwingt deren schnelle Hebung; labile Schichtung oder latente Labilität in der Warmluft kann hinzukommen, und es entwickeln sich hochaufgetürmte Cb-Wolken mit Schauern und Gewittern, Regen- oder Schneeschauern, Graupel- oder im Sommer Hagelschlag. Auch im Winter kommt es an kräftigen Kaltfronten gelegentlich zu Gewittern; Kaltfrontgewitter sind überhaupt die einzige Form von *Wintergewittern*. In der Wetterkarte erkennt man die Kaltfront durch Schauerbewölkung, Übergang von gleichbleibendem und schwach fallendem Luftdruck vor der Front zu häufig sehr starkem Anstieg hinter ihr und durch einen meist sehr scharfen zyklonalen Windsprung; auch der Temperatursprung ist sehr schroff und der Luftdruckverlauf in der Registrierung durch eine scharfe „Böennase" (starker Druckanstieg) ausgeprägt.

Innerhalb der *Warmluft* ist die Wolken- und Niederschlagsbildung je nach Jahreszeit sehr unterschiedlich. Im Winter wird die von Süden vordringende Warmluft vom Boden her stark abgekühlt, es kommt zu Nebel, Hochnebel oder St-Bewölkung, gelegentlich auch zu Nieseln, aber gewöhnlich nicht zu großtropfigem Niederschlag oder gar Schauern. Im Sommer liegt, wie ein Blick auf die Strahlungsbilanz der Abb. 12.2 lehrt, keine Notwendigkeit für eine starke Abkühlung vor. Es bildet sich keine St-Decke, durch Sonneneinstrahlung kann die ohnehin feucht-warme Luft noch mehr labilisiert werden, und es kann zu Labilitätsschauern und Warmluftgewittern kommen.

Innerhalb des Warmsektors treten gelegentlich auch Böenlinien oder *Drucksprünge* (pressure jumps) auf, die parallel der Kaltfront, jedoch vor dieser verlaufen. Sie werden fast nur in USA beobachtet, wo subtropische Luftmassen direkt vom Golf von Mexiko ins Land einströmen mit hohen Temperaturen und Feuchtigkeiten, wie sie bei uns kaum vorkommen. Diese Böenlinien, auch Squall lines genannt, können wahrscheinlich als eine Instabilitätserscheinung in der Strömung gedeutet werden, die Ähnlichkeit mit den Schockwellen in Strömungen mit Überschallgeschwindigkeit haben.

Abb. 14.3 zeigt nach GODSKE u. a. ein sehr sorgfältig ausgearbeitetes Modell einer starken okkludierten Zyklone. An die vorausgehen-

de Gleichgewichtsgrenzfläche a-b schließt sich eine Warmfront b-c
an. Vom Okklusionspunkt c zurück reicht die Kaltfront c-d, hinter
der maritime Polarluft (mP) vorstößt; innerhalb dieser treten Cu-
Bewölkung und Schauer auf. Der Warmsektor ist mit maritimer Tropikluft (mT), mit St-Bewölkung und Nieseln erfüllt. Zum Zyklonen-
kern hin reicht eine Warmfrontokklusion c-e, die von einer auf ihr
hochlaufenden Höhenkaltfront c-e' überholt ist, und vor diese breitet sich ein ausgedehntes Landregengebiet aus.

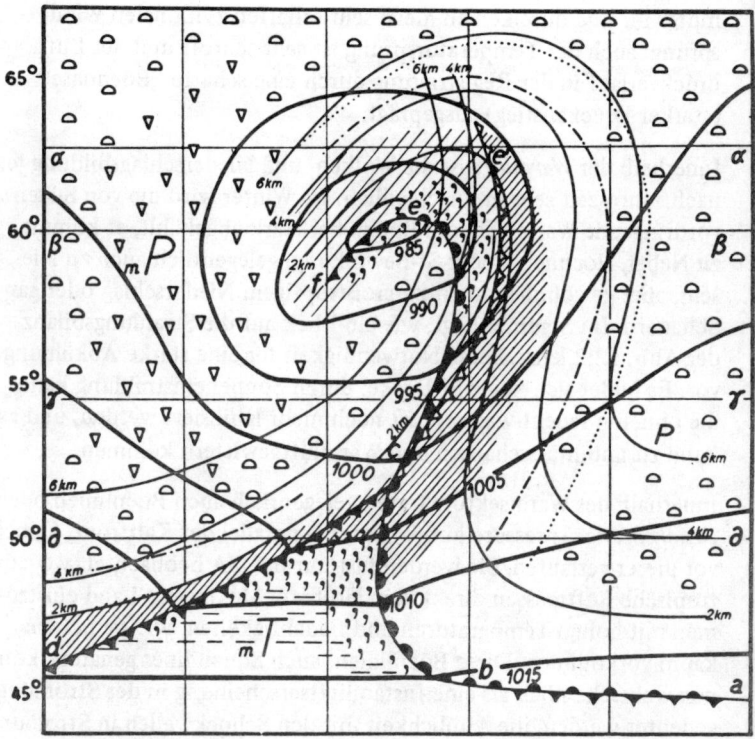

14.3   Okkludierte Zyklone nach BERGERON. Dünn Höhenlinien der Front-
flächen, strichpunktiert Vordergrenze des As, punktiert Vordergrenze
des Cs. Nach [11], S.532.

Mit Warm- und Kaltfront sind in diesem Zyklonenschema zwei unterschiedliche Aufgleitvorgänge vereinigt:

aktives Aufgleiten an der Warmfront, wo die obere Warmluft mit größerer Geschwindigkeit über der langsameren Kaltluft aufgleitet und *passives Aufgleiten*, wo die untere Kaltluft schneller bewegt ist als die obere Warmluft. Diese Bezeichnungen sind von STÜVE aufgrund seiner sorgfältigen Ausarbeitungen der täglichen Drachenaufstiege am Aeronautischen Observatorium Lindenberg geprägt worden. Entsprechend gibt es auch *Abgleitvorgänge*, bei denen sich die obere Luft entlang der Gleitfläche abwärts bewegt. Dabei erwärmt sie sich adiabatisch, und alle in ihr enthaltenen Wolken werden aufgelöst; Kerne trocknen ab und schrumpfen, wodurch eine sehr klare Fernsicht entsteht. Je nach der Windverteilung kann man auch hier passive und aktive Abgleitvorgänge unterscheiden.

MÜGGE hat deshalb aktives Aufgleiten und Abgleiten zusammengefaßt zu einem Wettertyp mit Windzunahme nach oben, den er polaren Typ nennt, und einen zweiten, subtropischen Typ mit passivem Abgleiten mit Wolkenauflösung an der Vorderseite und passivem Aufgleiten, sowie unvermitteltem Böen- oder Gewittereinbruch an der Rückseite (Abb.14.4). Der erste Typ kommt bei uns im Winter, der zweite im Sommer häufiger vor. Charakteristisch ist bei diesem das passive Absinken auf der Vorderseite des Tiefs und Rückseite eines abziehenden Hochs und auch auf der Westseite eines stationären Hochs. Die Absinkinversion ist dann häufig sehr stark ausgeprägt, die klare Fernsicht in der Höhe sehr auffallend, und man spricht häufig von einem „freien Föhn".

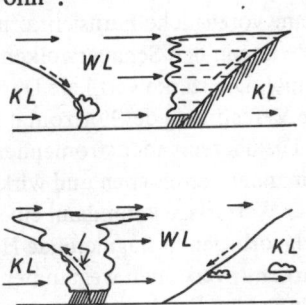

14.4   Schneller (oben) und langsamer (unten) Wettertyp nach MÜGGE.

Die *Luftmassen* haben sehr charakteristische Merkmale. Sie sind im wesentlichen horizontal barotrop im Gegensatz zu den baroklinen Frontgebieten. Ursprünglich finden wir im Polargebiet arktische und im Innertropengebiet äquatoriale Luftmassen. Bis sie in mittlere Breiten kommen, sind die Temperaturunterschiede aber schon etwas abgeschwächt, man spricht dann von Polar- und Tropik-(Subtropik-) Luft. Die Eigenschaften der *Tropikluft* wurden soeben beim Wetter im Warmsektor erwähnt. Wegen der Abkühlung entsteht zunächst Dunst, dann Nebel und St sowie Nieseln. Gleichzeitig damit ergibt sich eine stabile Schichtung, weil die Abkühlung vom Boden her erfolgt. Auch in sommerlicher Tropikluft ist zumindestens die Anreicherung mit Feuchtigkeit und Dunst ein wichtiges Massenmerkmal. In allen Fällen herrschen hohe Temperaturen und Feuchten, also Schwüle. In Süddeutschland kommt gerade bei Luftzufuhr aus Süden häufig noch föhnige Erwärmung durch die Alpen hinzu, aber trotz der Abtrocknung im Föhn erregt ein absolut hoher Dampfdruck mit Hitze und Einstrahlung körperliches Unbehagen. Auf die weiteren biologischen Wirkungen von Föhn und Warmluft kann hier nicht eingegangen werden.

Umgekehrt sind die Verhältnisse in der *Polarluft*. Sie kommt zu uns meist aus dem Raum Spitzbergen — Grönland und erwärmt sich über Nordmeer und Nordsee durch Kontakt mit der Unterlage. Es entwikkelt sich dadurch ein hoch hinaufreichendes feuchtlabiles Temperaturgefälle, es kommt verbreitet zu Schauern; das starke vertikale Absinken zwischen den Schauern läßt die Dunsttröpfchen abtrocknen, und es ergibt sich eine vorzügliche Fernsicht. Zugleich sieht man in dieser reinen Luft zwischen den Schauerwolken einen tiefblauen „RAYLEIGH"himmel. Die starke vertikale Durchmischung bringt gewissermaßen eine Verzahnung der horizontal strömenden Schichten gegeneinander. Die übereinander strömenden Massen lassen sich nicht leicht gegeneinander verschieben und wirken beinahe wie ein Block. Bei geeigneter Wetterlage kann dann eine herankommende Kaltluft auch eine davorliegende stagnierende Hochdrucklage mit vertikal stabilen starken Inversionen wegräumen. Das verursacht am Boden statt Abkühlung eine Erwärmung, und man spricht deshalb von einer „maskierten" Kaltfront (Abb. 14.5). Die Luftmassenmerkmale nach Durchzug der Front, klare Sicht, Cu oder Cu fra weisen trotzdem deutlich auf eine Kaltfront hin.

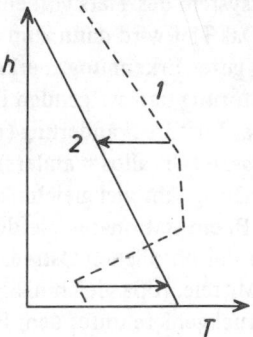

14.5   Temperaturänderung beim Durchzug einer maskierten Kaltfront.

Die Wichtigkeit der Luftmassenmerkmale, der guten Sicht in der Kaltluft und der schlechten, dunstigen Sicht in Warmluft machen begreiflich, warum in den Wettermeldungen der Sichtweite ein besonderer Platz eingeräumt wird. Alles in allem können alle Luftmassenmerkmale durch die etwas paradox klingende Definition erklärt werden: Warmluft ist eine Luft, die sich beim Transport abkühlt, Kaltluft ist eine Luft, die erwärmt wird.

Man hat leider mit dieser thermodynamischen Definition der Warm- und Kaltluftmassen auch die geographischen Begriffe Tropik- und Polarluft verbunden, was die Definition nicht klarer macht. Auf jeden Fall müssen aber hier noch die maritime und kontinentale Version der beiden Massen erwähnt werden. Die soeben gegebenen Definitionen beziehen sich im wesentlichen auf maritim-polare und maritim-tropische Massen. Polarkontinentale Luft, die etwa im Winter von Nordrußland zu uns einströmt, ist häufig wolkenlos und deshalb extrem kalt, aber im Gegensatz zur maritim-polaren Luft nicht hochreichend, Größenordnung 500 bis 1000 m. Tropisch-kontinentale Luft ist auch sehr warm, hat aber nicht den hohen Dampfdruck und ist deshalb weniger schwül.

14.3. Isallobaren und Steuerung

Gelegentlich sind die Merkmale für Fronten nicht sehr ausgeprägt oder das eigene Drucksystem des Tiefs von einem größeren „Zentral"-Tief überlagert. Das Tief wird dann zum *Teiltief*, zur „Tiefdruckstörung". Dann ist ein gutes Erkennungsmerkmal das Gebiet fallenden Druckes vor der Störung und steigenden Druckes dahinter. Man zeichnet Linien gleicher Luftdruckänderung (meist 3stündig, auch 24stündig), die *Isallobaren* (Gr. allos = anders). Die Steig- und Fallgebiete bewegen sich häufig sehr viel gleichmäßiger als die Tiefdruckgebiete selbst. Liegt z.B. ein stationäres Tiefdruckgebiet südlich Islands, ein anderes über der nördlichen Ostsee, dann wandern die Isallobaren-Gebiete über Mitteleuropa gleichmäßig von W nach E, während die großen Tiefdruckgebiete unter dem Einfluß der „Störungen" nur kleine Schwankungen nach verschiedenen Richtungen auszuführen scheinen. Ein solcher Fall wurde erstmalig von EKHOLM beschrieben. Die gleichmäßige Wanderung ist bewirkt durch eine durchgehend westöstliche Strömung in der Höhe, die die warmen und kalten Luftmassen, die Isallobaren und auch die Wolken- und Niederschlagsgebiete in dieser Richtung transportiert.

Ist die Strömung in der Höhe gestört, sind also stationäre Hochs und Tiefs vorhanden, dann werden die Isallobarengebilde in abweichenden Richtungen „gesteuert". Führt ein stationäres Hoch die Druckänderungsgebiete auf seiner Westseite von S nach N, auf der Ostseite von N nach S, spricht man von einer *antizyklonalen Steuerung*. Stationäre Tiefdruckgebiete haben weniger ausgeprägte Wirkungen, sie werden von den gesteuerten Steig- und Fallgebieten einfach durchquert. Die Auswirkungen der Isallobaren sind aber die gleichen wie in einer normalen Lage mit W-E-Bewegung. Kennzeichnend für extrem kalte Winter in Mitteleuropa kann ein steuerndes Hoch über der Nordsee sein, das in Deutschland eine Nordsteuerung (von Nord nach Süd) bewirkt. Luftmassen, die westlich des Hochs über dem Atlantik nach N und etwa um das Nordkap herum wieder nach S geführt werden, wirken als (relativ kühle) Warmluft, während Massen aus dem weißen Meer als (äußerst kalte) Kaltluft auftreten. Es ist einfach das Zyklonenschema mit seinen wandernden Gebilden um 90° gedreht.

Das stationäre Hoch kann dabei in der Bodenkarte über Skandinavien liegen; da aber seine Westseite im ganzen warm, die Ostseite im ganzen kalt ist, ist es in der Höhe stark nach W verschoben, und die Nordsteuerung der Isallobaren kann quer durch das Bodenhoch hindurch verlaufen (Abb. 14.6).

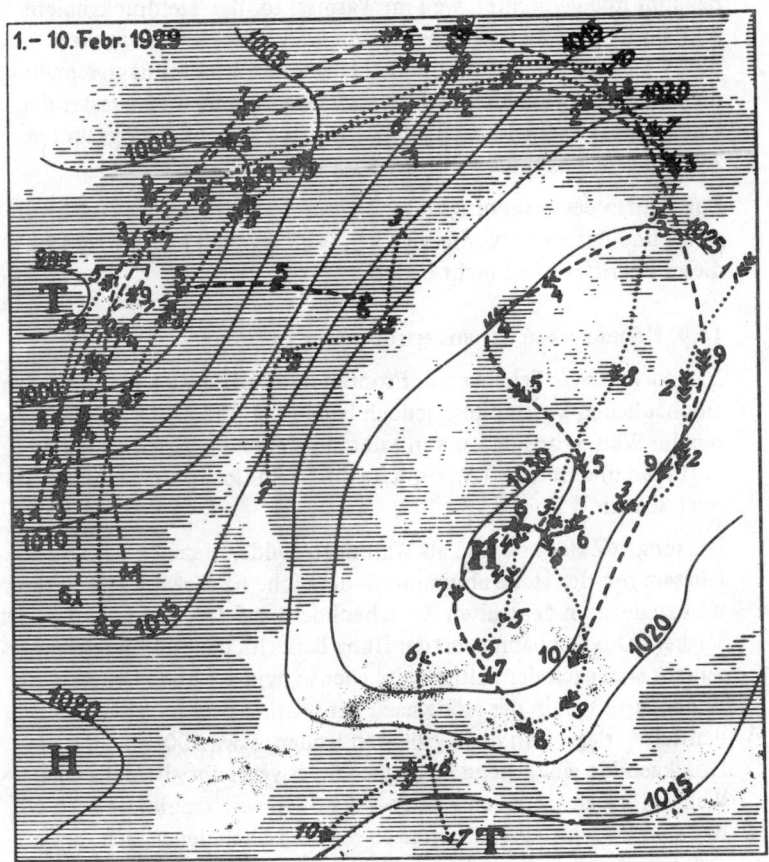

14.6   Zug der Isallobarengebiete bei antizyklonaler Steuerung, während der Kältewetterlage 1.-10.2.1929. Nach G. STÜVE, Handbuch der Geophysik. Berlin Gebr. Borntraeger 1937, Bd. 9, S.519.

Eine besondere Art der Steuerung ist die *Trogsteuerung*, bei der ein Tiefdrucktrog in der Höhe über Europa liegt und die Steig- und Fallgebiete etwa vom Nordatlantik nach Südfrankreich und Norditalien, dann über Österreich und das Odergebiet wieder nordwärts geführt werden. Dieser nordwärts gerichtete Zweig war früher nach einer Klassifikation VAN BEBBERS unter dem Namen „Zugstraße V b" bekannt und gefürchtet, weil im Warmsektor der Tiefdruckgebiete sehr warme und dampfreiche Massen direkt aus dem Mittelmeer nordwärts geführt werden und bei langsamer Wanderungsgeschwindigkeit tagelang anhaltende Niederschläge, Sommerhochwasser der Oder und im Frühjahr auch Schneebruchkatastrophen ungeahnten Ausmaßes hervorrufen.

Das Prinzip der Steuerung trägt viel zum Verständnis der Wettervorgänge und der Wettervorhersage bei, wenn es auch heute vielleicht dieses Begriffes nicht mehr bedarf.

14.4. Höhenaufbau der außertropischen Zyklonen

Das norwegische Schema von Fronten und Luftmassen dient gut dem anschaulichen Verständnis, jedoch haben sich Erklärungsmöglichkeiten der Wettervorgänge erst mit der zunehmenden Erforschung der mittleren und oberen Troposphäre durch Radiosonden gewinnen lassen (Abschn. 15).

Die jungen Zyklonen sind als Warmluftgebilde, in denen der Druck langsam mit der Höhe abnimmt, in der Höhe nach rückwärts verlagert, weil zugleich in den kalten Zwischenhochs auf der Rückseite der Tiefs stärkere Druckabnahme mit der Höhe herrscht; der Tiefdruckkern verschiebt sich nach der kalten Seite ebenso, wie der hohe Druck in der Bodenkarte sich in der Höhe nach der warmen Vorderseite des Bodentiefs verlagert. In noch größeren Höhen, etwa 300 mb, sind die Druckgebilde weitgehend ausgeglichen, es verbleibt allenfalls eine Wellenstörung. Über den großen Vorstößen von Tropikluft nach NE und den Polarluftausbrüchen nach SW, zwischen denen sich ganze Zyklonenfamilien befinden, entwickeln sich dagegen ausgeprägte Höhenkeile hohen und Tröge tieferen Druckes. Wie man am Boden oftmals vier Zyklonenfamilien um den Pol herum angeordnet findet, so hat man auch in der Höhe häufig eine Viererwelle von großen Trögen, die vom polaren Tief ausgeht (Abb. 14.7). Ihre Zahl kann jedoch zwischen 2 und 5 schwanken.

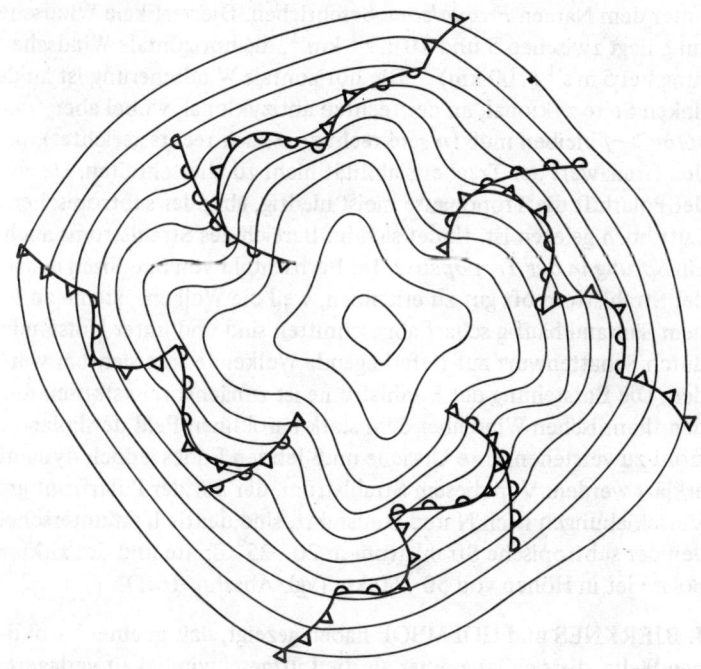

14.7 Viererwelle der Höhentröge und Zyklonenfamilien. Nach PALMÉN, [14], S.33.

Für die Dynamik der Druckgebilde sind die Strömungen in der Höhe ausschlaggebend. In einer jeden Frontalzone mit ihrer baroklinen Anordnung besteht ein besonders starker thermischer Wind, so daß in der Höhe auf der kälteren Seite der Polarfront besonders stürmische Winde bestehen. Man spricht von einem S t r a h l s t r o m (jet stream), wenn die Windgeschwindigkeit über 30 m s^{-1} liegt. Nicht selten werden in diesen Situationen 100 m s^{-1} erreicht, als Maximum sind 140 m s^{-1} beobachtet worden (500 km h^{-1}). Strahlströme sind meist als verhältnismäßig schmale Streifen von einigen 100 km Breite und einigen 1000 km Länge und auch nur geringer vertikaler Mächtigkeit von wenigen Kilometern ausgebildet. Ihr Kern liegt bei 250 - 300 mb. Sie wurden schon in den 30iger Jahren durch SEILKOPF unter dem Namen *Frontalzone* beschrieben. Die vertikale Windscherung liegt zwischen 5 und $10 \, m \, s^{-1} \, km^{-1}$, die horizontale Windscherung bei $5 \, m \, s^{-1} \, (100 \, km)^{-1}$. Die horizontale Windscherung ist an der linken Seite zyklonal, an der rechten antizyklonal, wobei aber $\partial v / \partial n > -f$ bleiben muß (n senkrecht zu v nach rechts gerichtet), um den Grenzwert der Trägheitslabilität nicht zu überschreiten. Da über der Polarluft die Tropopause meist niedrig, über der subtropischen Luft hoch gelegen ist, findet sich im Bereich des Strahlstroms auch ein *Sprung in der Tropopause*. Im Fernsehbild von Satelliten aus ist der Strahlstrom oft gut zu erkennen, weil die Wolkensysteme an seinem Südrand häufig scharf abgeschnitten sind und unter Umständen durch Schattenwurf auf tieferliegende Wolkendecken sichtbar werden. Die Entstehung der Strahlströme ist zunächst rein statisch durch den thermischen Wind über dem stark baroklinen Feld der Polarfront zu verstehen. Ihre Ursache muß letzten Endes jedoch dynamisch erklärt werden. Von diesem Strahlstrom, der mit der Polarfront große Verschiebungen nach N und S ausführt, sind deutlich zu unterscheiden der subtropische Strahlstrom in 20 - 25° Breite und der zirkumpolare jet in Höhen von 50 - 60 km (vgl. Abschn. 16.1).

J. BJERKNES und HOLMBOE haben gezeigt, daß in einer baroklinen Welle, die sich langsamer als die Luftgeschwindigkeit verlagert, auf der Vorderseite eines Troges in der Höhe Massendivergenz und in unteren Schichten Konvergenz auftritt, auf der Rückseite oben Konvergenz und unten Divergenz. Unabhängig von der Existenz einer Front, bestenfalls gelenkt durch diese, treten somit die typischen Wettererscheinungen an der Vorderseite und Rückseite auf, auch wenn kontinuierliche Temperaturübergänge zwischen den Luftmassen vorliegen.

In Abb. 14.8 sind nach PALMÉN die räumlichen Luftbahnen in einer Zyklone angegeben. Die Topographien der 1000 und der 600 mb-Fläche sind durch dünne ausgezogene und gestrichelte Linien angegeben, die Lage der Fronten am Boden und in der Höhe durch die üblichen Symbole. Man erkennt den Höhentrog oberhalb der Rückseiten-

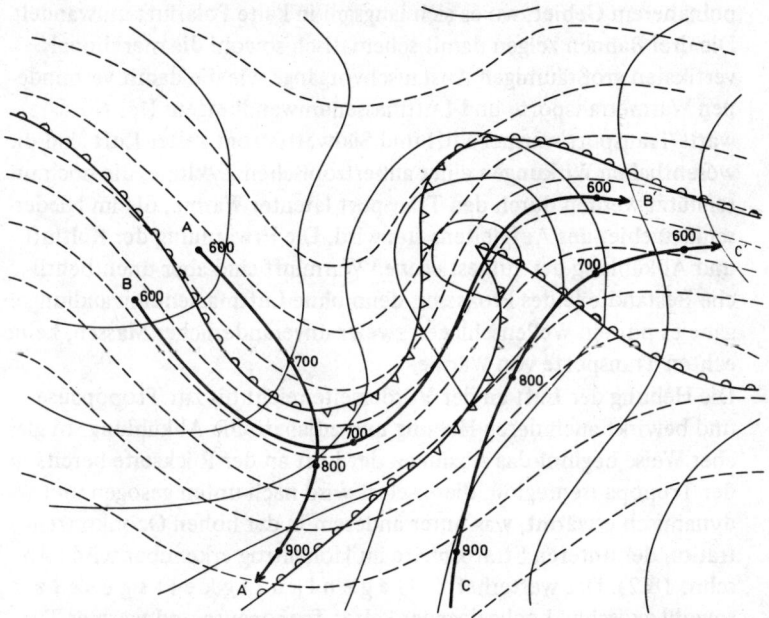

14.8   Beispiele für dreidimensionale Trajektorien der Luft in einer Polarfront-
zyklone. Nach PALMÉN, [14], S. 36.

kaltluft des Tiefs und die antizyklonale Isobarenkrümmung über der
Vorderseite und der Warmfront. An beiden Stellen kreuzen sich Bo-
den- und Höhenisobaren etwa senkrecht (vgl. Abschn. 13.3). Dick
ausgezeichnet sind drei Luftbahnen A A', B B', C C'. Das Luftteilchen A liegt auf der kalten Seite der Front in der Höhe. Es steigt unter ständiger antizyklonaler Krümmung von 600 bis etwa 900 mb ab,
erwärmt sich dabei dynamisch und nimmt auch durch Austausch
Wärme vom Boden her auf. Seine Bahn entspricht etwa MÜGGEs
polarem Typ. B liegt auf der warmen Seite der Höhenfront, sinkt auf
der Westseite des Höhentrogs zunächst ab und steigt dann auf der
Vorderseite etwa bis zum Ausgangspunkt wieder auf. Das Teilchen C
schließlich startet bei 900 mb im warmen Sektor und steigt unter antizyklonaler Krümmung über der Aufgleitfläche wieder auf, setzt dabei Kondensationswärme frei und landet schließlich in der Höhe in

polnäherem Gebiet, wo es sich langsam in kalte Polarluft umwandelt. Die drei Bahnen zeigen damit schematisch sowohl die meridional-vertikalen großräumigen Austauschvorgänge wie die damit verbundenen Wärmetransporte und Luftmassenumwandlungen. Der Nordwärts-Transport warmer Luft und Südwärtsstrom kalter Luft sind die wesentlichen Wirkungen einer außertropischen Zyklone, die noch unterstützt werden durch den Transport latenter Wärme, die im Niederschlagsgebiet des Aufgleitens frei wird. Die Erwärmung der Kaltluft und Abkühlung der aufgestiegenen Warmluft sind aber unentbehrliche Bestandteile des Prozesses, denn ohne Luftmassenumwandlungen gäbe es nur ein Wellenschlagen zweier unveränderlicher Massen, keine echten Transporte von Wärme.

Die Hebung der Luft an der Vorderseite reicht bis zur Tropopause und bewirkt auch deren Hebung und adiabatische Abkühlung. In gleicher Weise beginnt das Absinken der Luft an der Rückseite bereits in der Tropopausenregion, diese selbst wird nach unten gesogen und dynamisch erwärmt, was unter anderem in der hohen Ozonkonzentration der unteren Stratosphäre im Höhentrog erkennbar wird (Abschn. 18.2). Das wetterhafte G e g e n l ä u f i g k e i t s g e s e t z sowohl zwischen hochgelegener kalter Tropopause und warmer Troposphäre wie zwischen tiefliegender warmer unterer Stratosphäre und kalter Troposphäre wird zum größten Teil durch diese Vertikalbewegungen, zum Teil aber auch durch horizontale Transporte der meridional unterschiedlichen Atmosphären bewirkt.

Unabhängig von diesen Vorgängen nimmt der Strahlstrom an den *großen Wellen* der Bewegung der oberen Troposphäre teil, er führt nach ROSSBY Mäanderbewegungen aus. Wie in einem Mäandermuster gibt es auch hier ein Überschlagen der Wellen, so daß sich die nordwärts strömende Warmluft der Vorderseite wieder westwärts wendet und einen *Kaltlufttropfen* abschnürt. Die über solchen Kaltlufttropfen anzutreffenden Höhentiefs sind in ihrem Verhalten bisher noch nicht vollständig erklärt. Sie sind sehr wetterwirksam, aber frontenlos. Sie erscheinen gelegentlich nicht oder fast nicht im Bodendruckfeld und bewegen sich mit der dort erkennbaren gleichmäßigen Drift west- oder südwestwärts, so daß also ein Höhentief gewissermaßen von Bodenisobaren gesteuert wird. Sie sind aus sehr kalter Luft aufgebaut und reich an Niederschlägen.

Das Gegenstück dazu sind Abschnürungen der nach N vorgedrungenen Warmluft durch die nach S und dann nach E stoßende Kaltluft, die sich in Hochdruckgebieten am Boden, vor allem aber in der Höhe zu erkennen geben, stationär liegenbleiben und die Westströmung „blockieren". Diese *blockierenden warmen Hochs* sind die eigentlichen Steuerungszentren bei antizyklonaler Steuerung. Sie können u. U. in weiten Gebieten die Witterung für mehrere Monate bestimmen. Auf die blockierenden Hochs und ihre Rolle in der allgemeinen Zirkulation wird in Abschn. 16.2 noch eingegangen werden.

Literatur:

R. SCHERHAG und L. KLAUSER, Grundlagen der Wettervorhersage in F. LINKE u. F. BAUR, Herausg., Meteorologisches Taschenbuch, Neue Ausg., 1. Bd., 2. Aufl. Leipzig: Akad. Verlagsges. Geest & Portig 1962, 1 - 263.

15. Dynamik der Wettersysteme

15.1. Die vorticity-Gleichung

Die synoptischen Gebilde, die im vorigen Kapitel beschrieben sind, dienen zwar vorzüglich der Veranschaulichung der Wettervorgänge, es erwies sich jedoch als sehr schwierig, mit den Anschauungen der Polarfront zu einer Klärung des Entstehens der Zyklonen zu gelangen. Lediglich ließ sich zeigen, daß linearisierte Schwingungen an einer Grenzfläche in einem Wellenlängenbereich zwischen 100 und 1000 km instabil werden. Außerhalb dieses Bereiches sind sie stabil und werden sofort gedämpft, können sich also nicht zu Zyklonen und Antizyklonen entwickeln. Nur instabile Wellen sind synoptisch sinnvolle Lösungen.

Der eigentliche Durchbruch zur *dynamischen Erklärung* der Wettervorgänge gelang erst, nachdem ein genügend dichtes aerologisches Netz aufgebaut war, um die Bewegungsvorgänge in der Höhe den Überlegungen zugrunde zu legen, etwa in der 500 mb-Fläche, wo

Fronten nur schwer auszumachen sind. Darauf wurde in Abschn. 14.4 schon hingewiesen. ROSSBY gelang mit der Einführung des Begriffes der vorticity (die deutsche Bezeichnung Wirbelstärke hat sich nicht eingebürgert) zunächst die Erklärung der langen Wellen in der Höhendruckverteilung, also der Zyklonenfamilien, aber nicht der Zyklonen selbst.

Gleichung (5.23) lautet unter Weglassung der äußeren Kräfte F

$$\partial v/\partial t + v \cdot \nabla v + f k \times v + \alpha \nabla p = 0, \qquad (15.1)$$

wobei unter den Vektoren v und ∇ nur deren horizontale Komponenten verstanden seien. Durch Umschreibung des zweiten Gliedes erhält man

$$\partial v/\partial t + \nabla v^2/2 + (\nabla \times v) \times v + f k \times v + \alpha \nabla p = 0. \quad (15.2)$$

Im dritten Glied geht nur die vertikale Komponente des Klammerausdruckes ein. Bildet man von (15.2) die vertikale Komponente des Rotors, dann ergibt sich

$$\nabla \times (\partial v/\partial t) + \nabla \times ((\nabla \times v + f k) \times v) + \nabla \alpha \times \nabla p = 0.$$

Vertauscht man im ersten Glied die rein räumliche und rein zeitliche Operation und addiert $\partial(f k)/\partial t = 0$, so erhält man mit der Schreibweise

$$\nabla \times v + f k = \eta k \qquad (15.3)$$

$$d\eta/dt + \eta \nabla \cdot v + k \cdot \nabla \alpha \times \nabla p = 0. \qquad (15.4)$$

Man nennt η die a b s o l u t e v o r t i c i t y und $k \cdot \nabla \times v = \zeta$ die r e l a t i v e v o r t i c i t y, was nach der obigen Definition die vertikale Komponente des Rotors des Strömungsfeldes ist und ebenso wie η als Skalar geschrieben werden kann. Sie kann, wie oben schon gezeigt wurde, in einer Krümmung der Stromlinien v/r und in einer Änderung der Geschwindigkeit quer zur Richtung $\partial v/\partial n$ bestehen, wobei zyklonale Krümmung und zyklonale Scherung positiv gerechnet werden, also das gleiche Vorzeichen haben wie f. Gleichung (15.4) wird als *vorticity-Gleichung* bezeichnet. Das dritte Glied darin ist die Differentialform der aus Absch. (5.3) bekannten Zirkulationsbeschleunigung bzw. deren vertikale Komponente, die sich aus p, α-

Solenoiden in der horizontalen Ebene ergibt. Sie kann Zirkulationen oder Wirbel hervorrufen, wie ebenfalls schon oben gezeigt war. Dieses Glied kann jedoch hier vernachlässigt werden, weil es gegenüber den beiden anderen Gliedern in erster Näherung verschwindet.

Damit lautet die vereinfachte vorticity-Gleichung

$$\mathrm{d}\eta/\mathrm{d}t + \eta \, \boldsymbol{\nabla} \cdot \boldsymbol{v} = 0. \tag{15.5}$$

Sie ist identisch mit dem HELMHOLTZschen Wirbelsatz, daß in inkompressiblen Flüssigkeiten ($\boldsymbol{\nabla}\alpha = 0$) keine Wirbel entstehen können. Ihre angenäherte Gültigkeit für synoptische Vorgänge ist jedoch neu und wichtig.

In Abschn. 14.4 war gezeigt, daß auf der Vorderseite eines Tiefs oder eines Troges in unteren Schichten Konvergenz, in hohen Schichten Divergenz auftritt, auf der Rückseite umgekehrt. In mittleren Höhen liegt ein divergenzfreies Niveau, meist in etwa 600 mb. Dies ist ziemlich nahe zur 500 mb-Fläche, die die Mitte der Atmosphäre repräsentiert. In diesem Niveau verschwindet dann das zweite Glied von (15.5), so daß nur die Bedingung einer individuellen zeitlichen *Konstanz der absoluten vorticity*

$$\mathrm{d}\,(\zeta + f)\,/\,\mathrm{d}t = 0 \tag{15.6}$$

verbleibt.

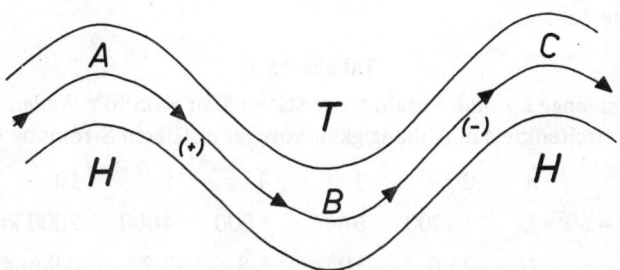

15.1 Wellenförmige Stromlinien. A und C sind Orte geringer, B großer absoluter Vorticity. Dazwischen horizontale Konvergenz (+) und Divergenz (−).

Wendet man diese Beziehung auf eine annähernd zonale Strömung mit überlagerten Wellen an (Abb. 15.1), dann wird bei einer polwärts gerichteten Bewegung $v_y > 0$:

$$df/dt = v_y \, \partial(2\Omega \sin\varphi)/\partial t > 0.$$

Damit wird $d\zeta/dt < 0$. Sieht man von Scherung ab, muß eine antizyklonale Bahnkrümmung eintreten, die Strömung kehrt nach niedrigeren Breiten zurück. Umgekehrt wird nun bei Strömung äquatorwärts

$$df/dt < 0$$

und entsprechend $d\zeta/dt > 0$,

es tritt zyklonale Krümmung ein. So ergibt sich aus dem Prinzip der konstanten absoluten vorticity in divergenz- und scherungsfreier Strömung die Existenz von Wellenbewegungen. Deren Wellenlänge wurde von ROSSBY, HAURWITZ und ERTEL zu

$$L_s = 2\pi \sqrt{U/\beta} \tag{15.7}$$

abgeleitet, wo U die mittlere Geschwindigkeit der zonalen W-E-Bewegung ist, die man etwa durch Mittelbildung der W-Komponente des Windes in 500 mb entlang eines Breitenkreises erhält, β ist die Änderung des Coriolis-Parameters mit der Breite $\beta = \partial f/\partial y = 2\Omega \cos\varphi/R$ mit $R = $ Erdradius. Diese Wellen sind stationär, da Divergenzfreiheit und damit nach Abschnitt 13.1 fehlende Druckänderungen vorausgesetzt worden sind. Da β sehr klein ist, ergeben sich für L_S große Werte bzw. für die Zahl n der in einer Breite φ möglichen Wellen kleine Zahlen.

Tabelle 15.1

Wellenlänge L_S und Anzahl n der stationären ROSSBY-Wellen auf einem Breitenkreis in Abhängigkeit von der mittleren Strömung U.

n	2	3	4	5	10
$\varphi = 60°$ L_S	10000	6666	5000	4000	2000 km
U	23.0	10.0	5.8	3.7	0.9 m s^{-1}
$\varphi = 50°$ L_S	12850	8560	6430	5140	2580 km
U	62	27.4	15.5	9.9	2.5 m s^{-1}

Man erkennt, daß bei mittleren Geschwindigkeiten von etwa $10\,\mathrm{m\,s^{-1}}$ 3-5 Wellen auf einen Erdumfang in mittleren Breiten kommen; das entspricht der Zahl der Zyklonenfamilien oder oberen langen Wellen.

Geht man von der Voraussetzung der Divergenzfreiheit ab, dann führt Gleichung (15.5) auf die Beziehung

$$C = U - \beta\,(L/2\pi)^2 \qquad (15.8)$$

mit C = Wanderungsgeschwindigkeit der Welle. (15.7) geht hieraus hervor, wenn $C = 0$ oder die Welle stationär ist. Kurze Wellen mit kleinen L wandern danach mit einer Geschwindigkeit $C \approx U$, sie schwimmen mit der Grundströmung. Das bedeutet aber, daß an ihrer Vorderseite lokaler Druckfall auftritt oder nach Abschn. 13.1 Divergenz, an der Rückseite Druckanstieg und Konvergenz. Die vorticity-Gleichung ist also bereits in der Lage, eine Erklärung für das Entstehen wandernder Druckwellen zu geben. Man muß deshalb die Entstehung von abgeschlossenen Hoch- und Tiefdruckgebieten und von Fronten als eine Folgeerscheinung der Vorgänge in der Höhe ansehen.

Ist umgekehrt die Wellenlänge größer als die der stationären Wellen, die zur Grundströmung U gehören, dann zeigt eine Umformung von (15.8), daß

$$C = (L_S^2 - L^2)\,\beta/4\pi < 0$$

oder die Wellen rückläufig (retrograd) werden. Entsprechend sind die Konvergenzen und Divergenzen umgekehrt angeordnet. Stationäre und retrograde Wellen treten also ebenfalls als Lösungen der vorticity-Gleichung auf. Wir finden sie in den blockierenden Hochs und in den oftmals nach W wandernden Kaltlufttropfen wieder (S. 132ff.), die für Wettergeschehen und Wettervorhersage als Steuerungszentren oder Schlechtwetterzentren von sehr großer Bedeutung sind.

15.2. Die zusammengesetzten Zyklonen und Antizyklonen

Die ROSSBY-Gleichung mit gegebenem L und C gilt streng nur für *das* Niveau in der baroklinen Atmosphäre, wo die Grundströmung den Wert U besitzt. Die am Boden beobachteten Hochs und Tiefs sind aber Auswirkungen der Dichte und der zeitlichen Dichteänderungen in allen Höhen. Soll die ROSSBY-Gleichung für die gesamte Atmosphäre gültig sein, dann müßte U in allen Höhen gleiche Größe und gleiche Richtung haben, es müßte mit anderen Worten eine barotrope Atmosphäre vorhanden sein. Die mittlere Strömungsgeschwindigkeit U ist aber im baroklinen Feld der mittleren Breiten nicht höhenkonstant, sondern nimmt nach oben bis zur Tropopause zu. Man muß annehmen, und das wird auch durch Beobachtungen bestätigt, daß die synoptischen Gebilde, die in Abschn. 14 beschrieben waren, in allen Höhen die gleichen Wellenlängen oder, allgemeiner gesagt, gleiche horizontale Abstände zwischen Hoch und Tief und gleiche Wanderungsgeschwindigkeit C besitzen, weil sonst am Boden keine über mehrere Tage bestehenden Zyklonen und Antizyklonen bestehen würden. Dann wird die ROSSBY-Formel (15.8), aus der sich L bestimmt, nur für *ein* Niveau Gültigkeit haben, und zwar für das, in dem die Divergenzen ihr Minimum erreichen und horizontale Scherungsfreiheit besteht. Dieses bei etwa 600 mb gelegene Niveau ist von CHARNEY als äquivalent-barotropes Niveau bezeichnet worden. Die Vorgänge in höheren und tieferen Schichten müssen auf ein Koordinatensystem bezogen werden, das mit dem Tief im äquivalent-barotropen Niveau mitschwimmt. Daraus ergibt sich dann, daß in unteren Schichten, wo $U - C < \beta \, (L/2\pi)^2$ wird, vor der Trogachse Konvergenzen und dahinter Divergenzen auftreten, während in den höheren Schichten, oberhalb der ROSSBY-Wellen, wo $U - C > \beta \, (L/2\pi)^2$ ist, auf der Vorderseite Divergenzen und auf der Rückseite Konvergenzen bestehen. Das muß zu Vertikalbewegungen führen, die im äquivalent-barotropen Niveau ihren größten Wert erreichen; dies steht durchaus mit den Beobachtungen im Einklang, die Aufsteigen an der Vorderseite ergeben, Absinken an der Rückseite eines Tiefdruckgebietes, wobei die Wanderungsrichtung durch Divergenzen in der Höhe bestimmt wird.

Es bleibt zu erklären, warum die oberen und nicht die unteren Kon- und Divergenzen für die Druckänderungen am Boden und die Wanderung der Gebilde den bestimmenden Einfluß haben. Gleichung (13.4a) gab Aufschluß über die Entstehung der Druckänderung am Boden aus der Dichteänderung in allen Schichten. Für die überwiegende Bedeutung der hohen Schichten muß die Existenz der Strahlströme (S. 129) beachtet werden. Diese verlaufen fast parallel den Isohypsen der absoluten Topographie, die auch nahezu mit den Isohypsen der relativen Topographie zusammenfallen. Es besteht dann fast keine Dichteadvektion (erstes Glied in Gleichung (13.4a)). Zur Bestimmung des zweiten Gliedes (13.4a), der Strömungsdivergenz, wird wiederum die vorticity-Gleichung (15.5) herangezogen, weil sich die vorticity in Wetterkarten wesentlich leichter bestimmen läßt als die Divergenz der Strömung. Gleichung (15.5) kann zerlegt werden in

$$\partial\eta/\partial t \, + \, \boldsymbol{v}\cdot\boldsymbol{\nabla}\,\eta \, + \, \eta\,\boldsymbol{\nabla}\cdot\boldsymbol{v} = 0. \qquad (15.9)$$

In den Strahlströmen ist die Windgeschwindigkeit erheblich größer als die Verlagerungsgeschwindigkeit der Windfelder und der mit ihnen verbundenen vorticity-Felder. Man kann deshalb in (15.9) das erste Glied gegenüber dem zweiten und dritten vernachlässigen und die Divergenz im 3. durch das 2. Glied bestimmen. Es seien zwei schematische Fälle betrachtet. In einem Strömungsfeld mit Krümmung, aber ohne Windscherung (Abb. 15.1) muß η an der zyklonalen Umbiegungsstelle B groß, in den antizyklonalen A und C klein sein. Dann ist zwischen A und B das zweite Glied in (15.9) positiv, infolgedessen die Divergenz von $\boldsymbol{v}$ negativ, es herrscht Konvergenz und Druckanstieg. Zwischen B und C herrscht Advektion großer vorticity, infolgedessen Divergenz und Druckfall. Im zweiten Beispiel sei ein gestrecktes zonales Starkwindfeld gegeben (Abb. 15.2). Unmittelbar oberhalb des Zentrums der Abbildung muß η sein Maximum haben, weil hier die stärkste zyklonale Windscherung herrscht; rechts der Stromachse besteht antizyklonale Scherung $\eta<0$. Dann ist in Quadrant I und IV das Advektionsglied $\boldsymbol{v}\cdot\boldsymbol{\nabla}\,\eta$ negativ und es besteht Divergenz, im Quadrant II und III Konvergenz. Dies deckt sich mit empirischen Regeln, die SCHERHAG schon vor längerer Zeit aufgestellt hat. Er nannte den linken Teil das Einzugsgebiet und den rechten das Delta eines Strahlstromes und fand, daß im Delta regelmäßig starker Druckfall auftritt, wenn nicht eine antizyklonale Isobaren- (oder Stromlinien-)Krümmung dies kompensiert (Quadrant III). Besonders deutlich können die Effekte werden, wenn in einem Trog nach Abb. 15.1 ein Starkwindfeld nach Abb. 15.2 liegt. Solche Anordnungen sind gerade beim Polarfrontjet nicht selten. Bei einer meridionalen Ausrichtung der Strömungsfelder der Abbildungen (15.1 und 2) müssen außerdem noch die Änderungen von f beachtet werden, die wir hier vernachlässigt haben. In einem atmosphärischen Stromfeldaufbau setzen sich also die Divergenzen der oberen Troposphäre wegen der hohen Windgeschwindigkeiten gegenüber den darunterliegenden Konvergenzen der unteren Troposphäre durch. Trotz dem aus der Höhe stammenden Druckfall ergibt sich das Aufgleiten an der Warmfront, das auf die untere Konvergenz zurückzuführen ist. Die einfache Vorstellung, daß an der Vorderseite der Zyklone die aufgleitende Warmluft die Kaltluft verdrängt und daß deshalb der Luftdruck fällt, ist also nicht ausreichend und falsch.

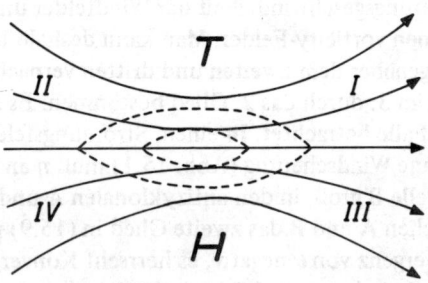

15.2   Schema einer Frontalzone mit Einzugsgebiet links und Delta rechts. Gestrichelt: Linie gleichen Betrages der absoluten Vorticity, über der Mittellinie positiv, darunter negativ.

Alles zusammengenommen ergibt sich etwa folgendes Bild, Abb. 15.3. Im Steiggebiet des Bodendruckes setzt zwischen oberer Konvergenz und unterer Divergenz eine absteigende Bewegung mit dynamischer Erwärmung ein, in der wir das Hoch (seine Rückseite) mit Absinken und Abgleitinversionen wiedererkennen; im Boden-Druckfallgebiet finden sich entsprechend Hebung und Abkühlung. Oberhalb der Starkwindzone der oberen Troposphäre werden auch Luftmassen von oben in die Kon- und Divergenzgebiete mit einbezogen, und daraus ergibt sich die dynamische Abkühlung durch Hebung mit einer kalten und hochgelegenen Tropopause oberhalb der troposphärischen Erwärmung; umgekehrt Absinken und Erwärmung in der Stratosphäre über der unteren kalten Troposphäre und die tiefgelegene warme Tropopause der Zyklone (Rückseite), der sogenannten Tropopausentrichter. Das *Gegenläufigkeitsgesetz* zwischen Troposphäre und Stratosphäre ist also thermodynamisch begründet, während das äußerlich ganz ähnliche planetarische Gegenläufigkeitsgesetz auf Strahlungsvorgänge zurückgeht, auch wenn dynamische Vorgänge mit hineinspielen mögen.

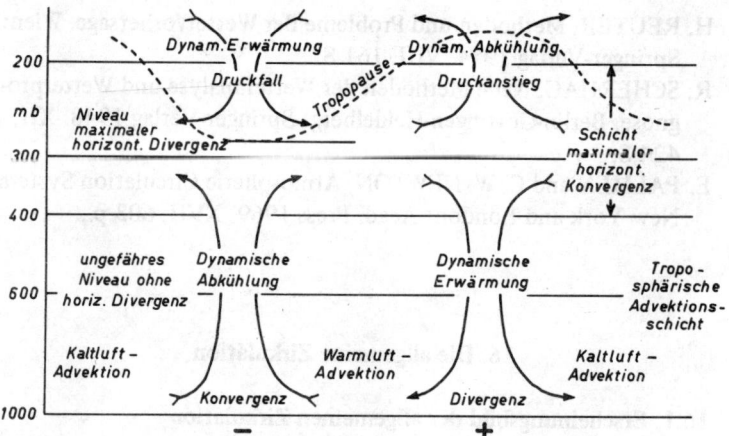

15.3 Zur Zyklonendynamik.

Die Advektionsvorgänge warmer und kalter Luft und die dadurch hervorgerufene Rückwärtsneigung der Achse von Hochs und Tiefs mit zunehmender Höhe machen die Verhältnisse verwickelter, so daß sich mehr eine schräge Anordnung als die vertikale in der Abb.15.3 ergibt: Der Tropopausentrichter liegt beispielsweise etwas hinter dem Kern der Bodenzyklone, also über dem Bodensteiggebiet, und auch die antizyklonale Abgleitfläche liegt mit ihrer stärksten Inversion und mit der hohen, kalten Tropopause mehr auf der Rückseite des Bodenhochs. Durch die Advektion werden noch viel mehr barokline Felder im Aufbau der Druckgebilde erzeugt, und damit kommen die Zirkulationsbeschleunigungen, die bisher außer Acht gelassen wurden, stark zur Geltung. Sie bewirken Neuentwicklungen von Zyklonen. Die sehr stark vereinfachte Darstellung der Zyklonendynamik, die wir bisher aufgezeigt haben, verliert ihre Anwendbarkeit.

Hier liegen auch die Gründe für ernsthafte Fehleinschätzungen der kommenden Wetterentwicklung. Meist sind Fehlvorhersagen nur in Tempofehlern zu suchen. Der Laie kann die Unterschiede zwischen Tempo- und Entwicklungsfehlern kaum erkennen.

Literatur:

H. REUTER, Methoden und Probleme der Wettervorhersage. Wien: Springer-Verlag 1954. VIII, 161 S.

R. SCHERHAG, Neue Methoden der Wetteranalyse und Wetterprognose. Berlin-Göttingen-Heidelberg: Springer-Verlag 1948. XII, 424 S.

E. PALMÉN and C. W. NEWTON, Atmospheric Circulation Systems. New York and London: Acad. Press 1969. XVII, 603 p.

16. Die allgemeine Zirkulation

16.1. Erscheinungsbild der allgemeinen Zirkulation

Wie schon mehrfach erwähnt, kann die allgemeine Zirkulation der Erdatmosphäre, worunter man den mittleren Strömungsverlauf mit seinen regelmäßigen und unregelmäßigen Schwankungen versteht, in mehrere Zonen eingeteilt werden, die eine mehr oder weniger breitenkreisparallele Anordnung besitzen.

In der Nähe des *Äquators* befindet sich eine Zone *niedrigen Luftdruckes*, von der aus nach beiden Polen hin der Luftdruck steigt, bis in etwa 30 - 35° Breite Druckmaxima, die Hochs der *Roßbreiten*, erreicht werden. In der Zwischenzone wehen die *Passate*, auf der Nordhalbkugel der NE-, auf der Südhalbkugel der SE-Passat. Bei sehr beständigen Windgeschwindigkeiten von etwa 10 m s^{-1} beträgt die Komponente zum Äquator etwa 4 m s^{-1}. In der Konvergenzzone dazwischen erfolgt Aufsteigen, aber nicht in gleichmäßiger Hebung, sondern in Cb-Systemen oder über hunderte von Kilometern ausgedehnten Wolkenklumpen (Clusters), die man vor allem von Satelliten aus entdeckt hat. Zwischen diesen liegen wolkenfreie Räume, so daß die über die ganze Innertropenzone gemittelte Aufstiegsgeschwindigkeit nur wenige cm s^{-1} beträgt. Polwärts der Roßbreitengürtel wehen Westwinde, unterbrochen durch stationär ortsgebundene und durch wandernde abgeschlossene Hoch- und Tiefdruckgebiete oder wellenförmige „Störungen". In der *subpolaren Tiefdruckfurche* werden über den Meeren (Islandtief, Alëutentief, ringförmige subantarktische Furche) die niedrigsten Drücke überhaupt erreicht. Innerhalb der Polargebiete selbst ist der Luftdruck wieder etwas höher, jedoch ist das Gebiet so von Hoch- und Tiefdruckgebieten durchsetzt, daß die Druckzunahme mit E-Winden nur im Mittel herauskommt; auch haben diese E-Winde sehr flache Vertikalerstreckung.

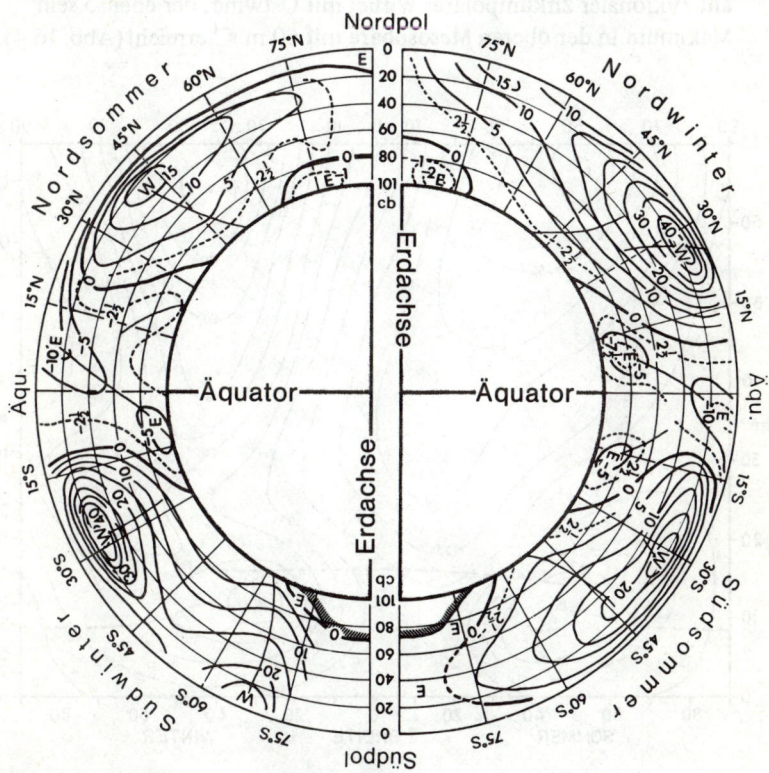

16.1 Meridianschnitt der zonalen Windkomponente. Nach Y. MINTZ. Bull. Amer. Meteor. Soc. 35, 208, 1954.

In der Höhe wird das Windsystem durch den thermischen Wind im meridionalen Temperaturgefälle bestimmt, es wird ein bis zur Tropopause zunehmender Westwind beobachtet, der in der unteren Stratosphäre wieder nach oben hin abnimmt (Abb. 16.1). In der *polaren Stratosphäre* sind die Verhältnisse jahreszeitlich sehr verschieden. Im Winter ist auch die Stratosphäre kalt, und entsprechend besteht ein polarer Tiefdruckwirbel mit Westwinden, die erst in der Mesosphäre ihre höchsten Werte (100 m s^{-1}) erreichen. Man bezeichnet sie als oberen polaren Jet (Abb. 16.2). Im Sommer ist die Temperatur der polaren Stratosphäre hoch, es entwickelt sich oberhalb 20 km ein antizyklonaler zirkumpolarer Wirbel mit Ostwind, der ebenso sein Maximum in der oberen Mesosphäre mit 60 m s^{-1} erreicht (Abb. 16.4).

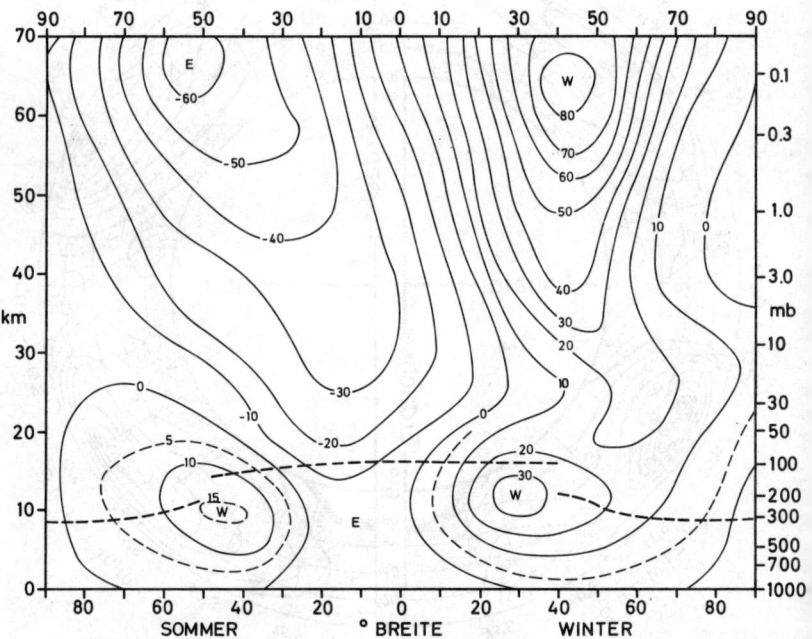

16.2   Meridianschnitt der zonalen Windkomponente bis 70 km Höhe.

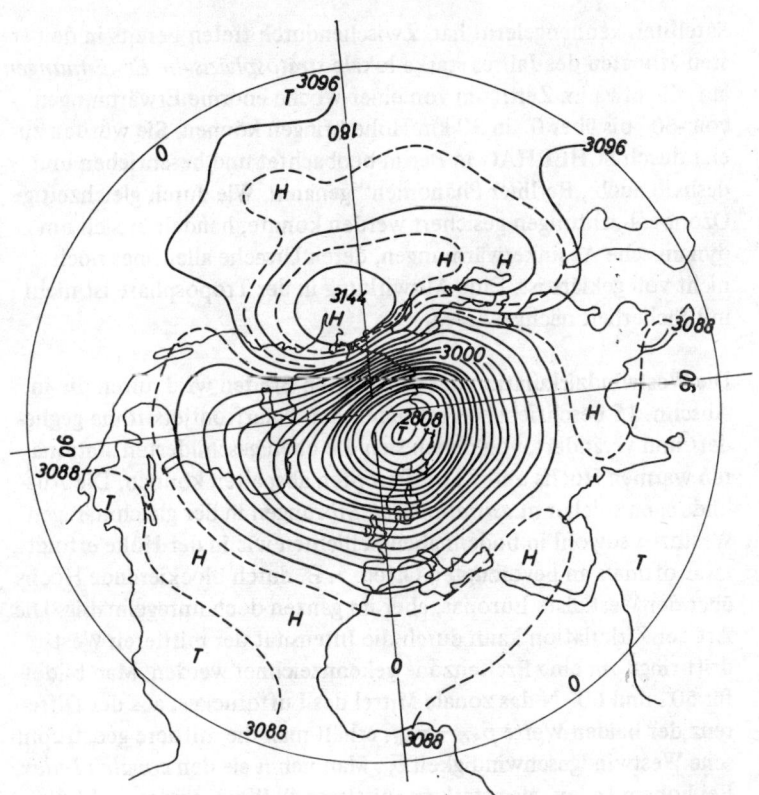

16.3   Topographie der 30 mb-Fläche am 28.1.1966, 0000 Z. Geopot. Iso-
hypsen im Abstand von 160 gpm. Polarwirbel und Alëutenhoch. Nach
R. KIRSCH, B. KRIESTER, K. LABITZKE, R. SCHERHAG, R. STUHR-
MANN, Meteor. Abh. Inst. Meteor. Geoph. FU Berlin 68, 1966/67.

Der Umschwung vom winterlichen W-Regime zum sommerlichen E-
Wind in hohen Breiten geht nicht durch Windstille. Bereits im Frühjahr entwickelt sich auf der Nordhalbkugel ein warmes stratosphäri-
sches Hoch über den Alëuten, das häufig im Spätwinter (April) den
zyklonalen Polarwirbel teilt oder verdrängt (Abb. 16.3). Ihm scheint auf
der Südhalbkugel eine stratosphärische Wärmeinsel südwestlich von Austra-
lien zu entsprechen, die man erst aus den Temperaturmessungen durch

Satelliten kennengelernt hat. Zwischendurch treten bereits in den ersten Monaten des Jahres starke lokale *stratosphärische Erwärmungen* auf, die etwa im Zeitraum von einer Woche enorme Erwärmungen von -60° bis über 0° in 30 km Höhe bringen können. Sie wurden zuerst durch SCHERHAG in Berlin beobachtet und beschrieben und deshalb auch „Berliner Phänomen" genannt. Wie durch gleichzeitige Ozonbeobachtungen gesichert werden konnte, handelt es sich um dynamische Absinkerwärmungen, deren Ursache allerdings noch nicht voll geklärt ist. Eine Auswirkung in der Troposphäre ist nicht mit Sicherheit nachgewiesen.

Die Westwindzirkulation der gemäßigten Breiten wird durch die in Abschn. 15 beschriebenen mäandernden Polarfrontjetströme gegliedert und verändert, von denen sich die oben geschilderten stationären warmen Hochs und Kaltlufttropfen abspalten können. Die Ausbildungen solcher *quasistationären* Störungen in der gleichmäßigen Westdrift sowohl in bodennahen Schichten wie in der Höhe erfolgt zwar oftmals an bevorzugten Orten, z. B. durch blockierende Hochs über der Westküste Europas, aber im ganzen doch unregelmäßig. Die Art der Zirkulation kann durch die Intensität der mittleren Westdrift rings um eine Breitenzone gekennzeichnet werden. Man bildet für 50° und 60° N das zonale Mittel des Luftdruckes; aus der Differenz der beiden Werte $\bar{p}_{50} - \bar{p}_{60}$, erhält man die mittlere geostrophische Westwindgeschwindigkeit $\bar{u}_x$. Man nennt sie den *zonalen Index*. Bei hohem Index, also starkem mittleren W-Wind, sind sowohl die Subtropenhochs wie die subpolaren Tiefs kräftig entwickelt, in der Höhe finden sich wenige (3 - 4) lange Wellen mit geringer Amplitude. Bei niedrigem Index zerfällt der Subtropenhochdruckgürtel, und auch die stationären Tiefdruckgebiete sind schwach ausgebildet, es entstehen blockierende Hochs und Kaltlufttiefs mit vorzugsweise meridionalen Strömungen; die Höhenströmung zeigt sehr starkes Mäandern und zahlreiche (5 - 7) Wellen mit großer Amplitude. Zwischen den beiden Typen hat man Indexzyklen mit einer Gesamtdauer von 6 - 8 Wochen gefunden. Da diese mit mehr oder weniger ausgedehnten Kaltluftvorräten im Polargebiet verbunden sind, gekennzeichnet etwa durch das Flächengebiet, das eine bestimmte Grenz-Isohypse der relativen Topographie 500 über 1000 mb umfaßt, muß man vermuten, daß Störungen in der Wärmebilanz als Ursache zugrunde liegen. Nachweise dafür, die man etwa aus Karten der extraterrestrischen Strahlungsbilanz (Abschn. 12.1) gewinnen könnte, sind bisher noch nicht beigebracht worden. Erkenntnisse über diese Zirkulationsschwankungen könnten eine wichtige Vorleistung für Langfristvorhersagen abgeben.

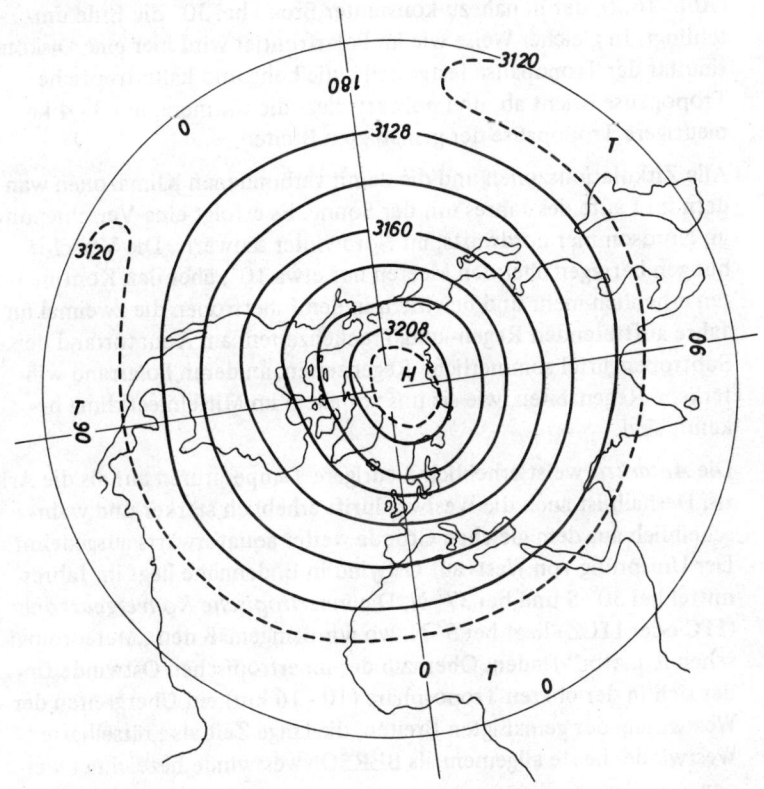

16.4   Topographie der 30 mb-Fläche am 16.6.1966, 0000 Z, Geopot. Isohypsen im Abstand von 160 gpm. Sommerliches Polarhoch. Nach R. KIRSCH, B. KRIESTER, K. LABITZKE, R. SCHERHAG, R. STUHRMANN. Meteor. Abh. Inst. Meteor. Geoph. FU Berlin 68, 1966/67.

Als stationäre festliegende Ausbuchtung sind der Westwinddrift überlagert die *winterlichen Bodenhochs* und *sommerlichen Bodentiefs*
über den *Kontinenten*, an deren Stelle in der Höhe jeweils Höhentiefs
(über Bodenhochs) und Höhenhochs (über Bodentiefs) treten. Deren
Ausbildung muß bei der Beurteilung von Indexzyklen berücksichtigt
werden. In der Höhe über den Roßbreiten erreichen die Westwinde
ihre größten Geschwindigkeiten in dem *subtropischen Strahlstrom*
(Abb. 16.2), der in nahezu konstanter Breite bei 30° die Erde um-
schlingt. In gleicher Weise wie im Polarfrontjet wird hier eine Diskontinuität der Tropopause festgestellt: die hohe und kalte tropische
Tropopause bricht ab, und polwärts liegt die wärmere, um 3 - 4 km
niedrigere Tropopause der gemäßigten Breiten.

Alle Zirkulationszonen und die damit verbundenen Klimazonen wandern im Laufe des Jahres mit der Sonne. Es erfolgt eine Verschiebung
im Nordsommer nordwärts, im Nordwinter südwärts. Die Verschiebungen betragen über den Meeren nur etwa 10°, über den Kontinenten erheblich mehr und bewirken in den Innertropen die zweimal im
Jahre auftretenden Regen- und Trockenzeiten, am Äquatorrand der
Subtropengürtel sommerliche Regenzeiten, an deren Polarrand winterliche Regenzeiten, wie sie uns vor allem im Mittelmeerklima bekannt sind.

Die *Antarktis* weist erheblich niedrigere Temperaturen auf als die Ark-
tis. Deshalb ist auch die Westwinddrift erheblich stärker und wahrscheinlich aus dem gleichen Grunde weiter äquatorwärts ausgedehnt.
Der Umsprung von West- auf Ostwind in Bodennähe liegt im Jahresmittel bei 30° S und bei 37° N. Die *innertropische Konvergenzzone*
(ITC oder ITCZ) liegt bei 5° N, wo wir demgemäß den „Meteorologischen Äquator" finden. Oberhalb der innertropischen Ostwinde findet sich in der oberen Troposphäre (10 - 16 km) ein Übergreifen der
Westwinde der gemäßigten Breiten, die lange Zeit als „rätselhafte"
Westwinde heute allgemein als BERSONwestwinde bezeichnet werden.

Eine auffallende Besonderheit zeigen die hohen Schichten oberhalb
der Tropopause in den Tropen. Im Rhythmus von 2-3 Jahren, im
Mittel *26 Monate*, wechselt die Windrichtung zwischen W und E, wobei die maximalen Geschwindigkeiten etwa bei 20 m s^{-1} in 25 bis

30 km Höhe liegen (Abb. 16.5). Dieser Rhythmus ist auch im Ozongehalt gefunden worden. Er verliert sich polwärts von 30° Breite. Die Erklärung ist trotz mancher Versuche noch nicht gelungen. Es ist jedoch eine merkwürdige Parallelität hierzu, daß die stratosphärischen Erwärmungen mittlerer und hoher Breiten in aufeinanderfolgenden Wintern nach W oder E zu wandern pflegen. Auch hier scheint die Periode etwas länger als 24 Monate zu sein, so daß gelegentlich Winter mit unklarer Zugrichtung und erst danach wieder mit der entgegengesetzten auftreten.

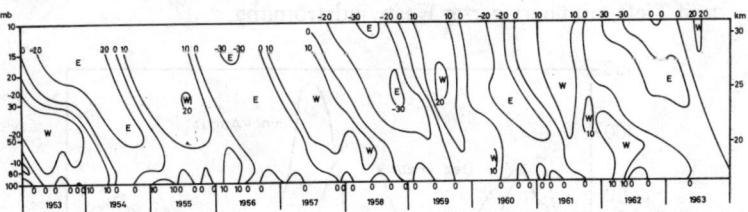

16.5   26monatige Windperiode in den Tropen, Canton Island (3° S), 1953 - 1963. Nach R. REED, Bull. Amer. Meteor. Soc. 46, No. 7 Titelbild, 1965.

16.2. Energetik der allgemeinen Zirkulation

Der Antrieb für die allgemeine Zirkulation liegt in der unterschiedlichen *Strahlungsbilanz* der verschiedenen Breiten, wie in Abb. 12.9 dargestellt. Die überwiegende Einstrahlung in Tropen und Subtropen, der überwiegende Strahlungsverlust in höheren und hohen Breiten verlangen im Mittel einen Ausgleich durch Wärmetransporte, wenn die mittlere Temperaturverteilung unveränderlich bleiben soll. Auch Zufuhr und Entzug von latenter Wärme zum System Erde + Atmosphäre sind in ihrer meridionalen Verteilung Ursache und zugleich Folge der Bewegungsvorgänge (Abb. 16.6). Der Ausgleich wird zum Teil gegeben durch Meeresströmungen, zum größten Teil durch Luftbewegungen (Abb. 16.7).

Eine Wärmequelle an einer Stelle, eine Kältequelle an einer benachbarten bewirken zunächst eine Zirkulationsbeschleunigung zwischen

beiden. HALLEY und HADLEY haben zuerst gezeigt, daß die Passat-
strömungen zum Äquator hin und entgegengesetzte, polwärtsgerich-
tete Bewegungen in der Höhe, die sogenannten Antipassate, diesen
Ausgleich liefern können. Im unteren Zirkulationszweig wird die Luft
erwärmt, steigt über dem Äquator auf, wird auf ihrem Weg zu den
Roßbreiten in der Höhe durch langwellige Strahlung abgekühlt und
schließt durch Absinken den Kreislauf. HADLEY glaubte noch, daß
sich diese Zirkulation bis zu den Polen fortsetzt. Jedoch wird sie polwärts der Subtropenhochs ersetzt durch ein Nebeneinander von warmen und kalten Strömungen in ortsfesten und wandernden Hochs
und Tiefs mit überlagerter Westwindströmung.

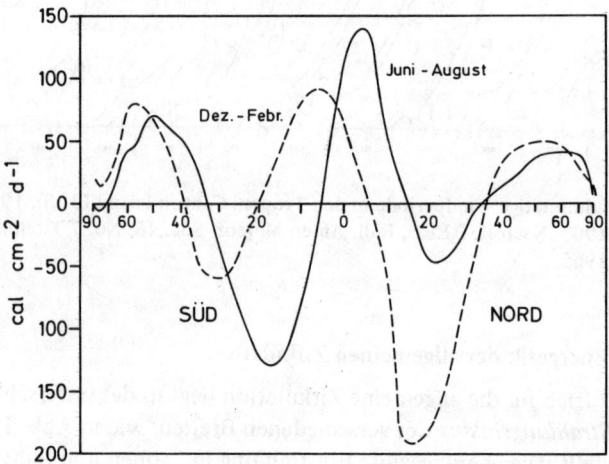

16.6   Meridianverteilung der Zufuhr von latenter Wärme $L_v N - V$ zum System
der ozeanisch-atmosphärischen Zirkulation. Mittelwerte der Breitenkreise für 2 Jahreszeiten. Nach Zahlenwerten von R. E. NEWELL et al.,
in The Global Circulation of the Atmosphere (G. A. CORBY ed.), London: Roy, Meteor. Soc. 1969.

Bildet man Mittelwerte der meridionalen Bewegungen über alle Län-
gengrade, dann findet man auch die HADLEY-*Zelle* nur in der Passatzirkulation. Jedoch sind auch hier die zonalen Bewegungen stark
überwiegend. Die Strömungen laufen keineswegs in einer meridiona-

len Ebene, sondern die Luft wird durch die tropischen Ostwinde weit verschleppt und sinkt erst tausende von Kilometern westlich des Aufstiegsortes wieder ab. Zudem gibt es weite Längengebiete mit äquatorialen Westwinden, wo Monsune die planetare Zirkulation stören.

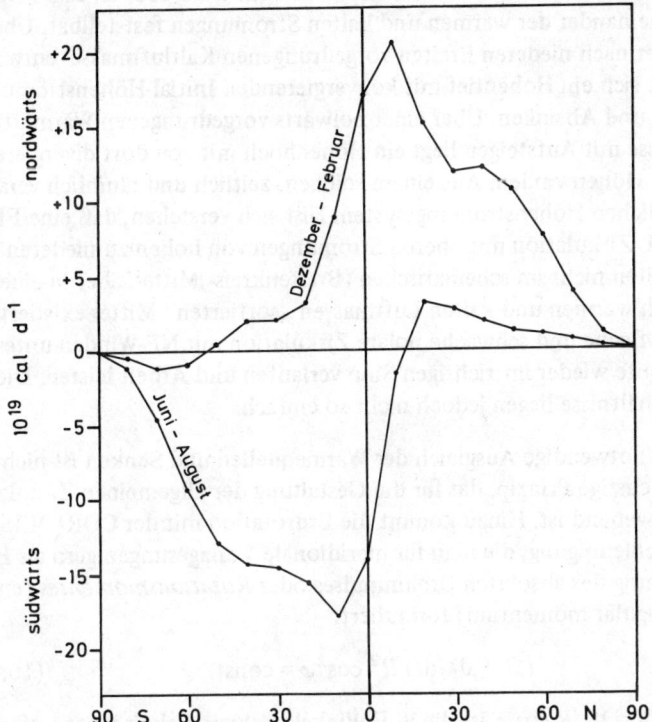

16.7 Wärmeströme in Ozean + Atmosphäre über die Breitenkreise, südwärts negativ, nordwärts positiv. Nach Zahlenwerten von R. E. NEWELL et al., in The Global Circulation of the Atmosphare (G. A. CORBY ed.), London = Roy. Meteorol. Soc. 1969.

Viel Mühe ist darauf verwendet worden, in den Bewegungen mittlerer Breiten durch entsprechende Mittelbildung meridionale Zirkulationen zu finden, und man glaubte, ein mittleres Zirkulationsrad mit entgegengesetztem Drehsinn, unten von warm zu kalt, oben von kalt zu warm, zu finden, das also gegen die thermische Zirkulationsbeschleunigung angetrieben sein müßte und Arbeit verbraucht. Dieses Zirkulationssystem, das zum Unterschied von der HADLEY-Zirkulation als FERREL-Zirkulation bezeichnet wird, ist allerdings in einem einfachen Meridianschnitt nicht zu finden. Wohl aber ist es im Nebeneinander der warmen und kalten Strömungen feststellbar. Über einer nach niederen Breiten vorgedrungenen Kaltluftmasse entwikkelt sich ein Höhentief mit konvergierenden Initial-Höhenströmungen und Absinken. Über einer polwärts vorgedrungenen Warmluftmasse mit Aufsteigen liegt ein Höhenhoch mit von dort divergierenden Höhenwinden. Aus einem solchen, zeitlich und räumlich veränderlichen Höhenströmungssystem läßt sich verstehen, daß eine FERREL-Zirkulation mit oberen Strömungen von hohen zu niederen Breiten nicht im schematischen (Breitenkreis-)Mittel, aber in einem nach warmen und kalten Luftmassen „sortierten" Mittel existiert. Die flache und schwache polare Zirkulation mit NE-Winden unten könnte wieder im richtigen Sinn verlaufen und Arbeit leisten. Die Verhältnisse liegen jedoch nicht so einfach.

Der notwendige Ausgleich der Wärmequellen und Senken ist nicht das einzige Prinzip, das für die Gestaltung der allgemeinen Zirkulation maßgebend ist. Hinzu kommt die Erdrotation mit der CORIOLIS-Beschleunigung, die man für meridionale Verlagerungen gern als Erhaltung des absoluten Drehimpulses oder *Rotationsmomentes* (engl. = angular momentum) formuliert.

$$(\Omega + d\lambda/dt)\, R^2 \cos^2\varphi = \text{const.} \qquad (16.1)$$

$d\lambda/dt = v_x/R \cos\varphi$ ist die W-E-Winkelgeschwindigkeit eines Luftquantums (nach Osten positiv). (16.1) ist nichts anderes als das zweite KEPLERsche Gesetz. Das bedeutet, daß ein Quantum, das zu höheren Breiten verschoben wird ($\cos\varphi$ abnehmend), eine höhere Winkelgeschwindigkeit relativ zur Erde erhalten muß, also eine Westkomponente erhält. Diese würde, wenn am Äquator $v_x = -10\,\mathrm{m\,s^{-1}}$ ist, in 30° Breite bereits $+91\,\mathrm{m\,s^{-1}}$ erreichen. Hierin dürfte die Ursache für den *subtropischen Strahlstrom* zu sehen sein. Er besitzt nicht die ausgeprägte Mäanderbildung des Polarfrontjets, sondern weist nur geringe

Wellenbildungen auf, besitzt aber gerade in den antizyklonalen
Schwingungen, die am weitesten polwärts verschoben sind, seine
größten Geschwindigkeiten. Dies bestärkt die Ansicht, daß seine Entstehung auf die Erhaltung des absoluten Drehimpulses zurückgeht,
während die Entstehung des Polarfrontjets, der meist gerade in den
zyklonalen Krümmungen die größten Geschwindigkeiten besitzt, anders erklärt werden muß. Das Abbrechen des einfachen Meridional-
transportes von absolutem Drehimpuls in den Subtropen ist dadurch
gegeben, daß die Geschwindigkeitszunahme im räumlichen Nebeneinander zum Pol hin schließlich so groß wird, daß der Grenzfall der
Scherungslabilität $\partial v_x / \partial y = f$ erreicht wird. Von dieser Stelle an wird
das stationäre Übereinander mit noch größeren Geschwindigkeiten
instabil; es muß für den Transport ein anderer Mechanismus einsetzen.

Polwärts der subtropischen Hochdruckgebiete wird die reine HAD-
LEY-Zirkulation instabil und bricht in Wirbel mit vertikaler Achse
auseinander. Zunächst ist zu zeigen, daß diese Westwinddrift mit ein-
gelagerten Hoch- und Tiefdruckgebieten die beiden Forderungen,
meridionaler *Transport von Wärme* und von Rotationsmoment, zu
befriedigen vermag. A. DEFANT hat gezeigt, daß man Hoch- und
Tiefdruckgebiete mit ihrem Warmlufttransport polwärts und Kalt-
lufttransport äquatorwärts als einen horizontalen *Austausch*vorgang
riesigen Ausmaßes ansehen kann, bei dem die Wärme zum Pol, d.h.
in Richtung des Temperaturgefälles transportiert wird, ohne daß insgesamt Masse in dieser Richtung strömt. Damit ist die Forderung des
Ausgleiches der Strahlungsbilanzunterschiede befriedigt. Es kommt
hinzu, daß gleichzeitig auch Wärme in latenter Form verfrachtet wird,
denn die Luft nimmt in den Roßbreiten über dem Meer durch Verdunstung viel Wasserdampf auf, und beim Ausregnen in höheren
Breiten wird die latente Wärme wieder frei (Abb. 16.6). Die Notwendigkeit eines *Transportes von Drehimpuls* läßt sich folgendermaßen
zeigen: Zwischen Atmosphäre und Erdoberfläche besteht bei Bewe-
gungsunterschieden ein Schubspannungspaar, durch das Impuls aus-
getauscht wird. Der E-Wind der Passate ist, absolut gesehen, eine
langsamere Rotation als die der Erde. Es wird also von der Atmosphäre der Drehimpuls der Erde gebremst, oder die Erde gibt Drehimpuls an die Atmosphäre ab. In der Westwindzone wird umgekehrt

die Erde durch die Atmosphäre beschleunigt, es wird durch die
Schubspannung an der Oberfläche Drehimpuls an die Erde übertragen. Insgesamt müssen beschleunigende und verzögernde Wirkungen
sich aufheben. Der Fluß vom Rotationsmoment, der im unteren
Zweig der HADLEY-Zirkulation von der Erde an die Atmosphäre
geht, muß also in dieser meridianwärts geleitet und in der Westwindzone wieder nach unten abgegeben werden. Der obere Ast der HAD-
LEY-Zirkulation leistet dies, indem er Drehimpuls bei der Polwärts-
bewegung mitnimmt. Polwärts der Roßbreiten muß dann mit dem
Wechselspiel der Bewegungen nach N und S im Mittel ein *Transport
gegen das Gefälle* des Rotationsmomentes geleistet werden. Die größte Westwindgeschwindigkeit in der Höhe tritt erst in 40° Breite auf,
und in Bodennähe liegt das Westwindmaximum sogar erst zwischen
50 und 55° Breite. In der Tat ist solcher Transport möglich in Strö-
mungssystemen, deren Trog- und Rückenachsen äquatorwärts nach-
schleppen (Abb. 16.8). Dies wird in der Atmosphäre beobachtet. Da
hier ein Strom von Bewegungsgröße entgegengesetzt zur Richtung
des Gefälles gerichtet ist, hat man auch von einer negativen Reibung
(Viskosität, Scheinreibung) gesprochen. Jedenfalls ist das einfache
Bild DEFANTS von dem horizontalen Großaustausch, wie es sich
beim Wärmetransport bewährt hat, hier nicht anwendbar.

Die Annahme, daß die HADLEY-Zirkulation in Breiten $\varphi > 30°$ instabil wird und zusammenbricht, ist in einfacher Form theoretisch
nicht zu beweisen. Sie kann aber durch Simulationsexperimente von
zweierlei Art gestützt werden. Das eine sind *numerische Experimente*, in denen die Bewegungsvorgänge der Atmosphäre im Computer
nachgeahmt werden (vgl. Abschn. 17). Ein solches Experiment wurde erstmalig 1956 von N. PHILLIPS beschrieben und ist seitdem in
mehreren, zumindest eine Halbkugel umfassenden Rechnungen wie-
derholt worden (SMAGORINSKY, MINTZ u.a.). Man geht aus von
einer in Ruhe befindlichen Atmosphäre, läßt die Strahlungsvorgänge
einwirken, bis sich die meridionale Temperaturverteilung eingestellt
hat, wobei aber zunächst die Entwicklung von meridionalen Bewegungen unterbunden wird. Dann werden kleine Störungen im Druckfeld, die nach einer Zufallsverteilung angeordnet sind, überlagert.
Nach kurzer Zeit entwickeln sich daraus Druck- und Windsysteme,

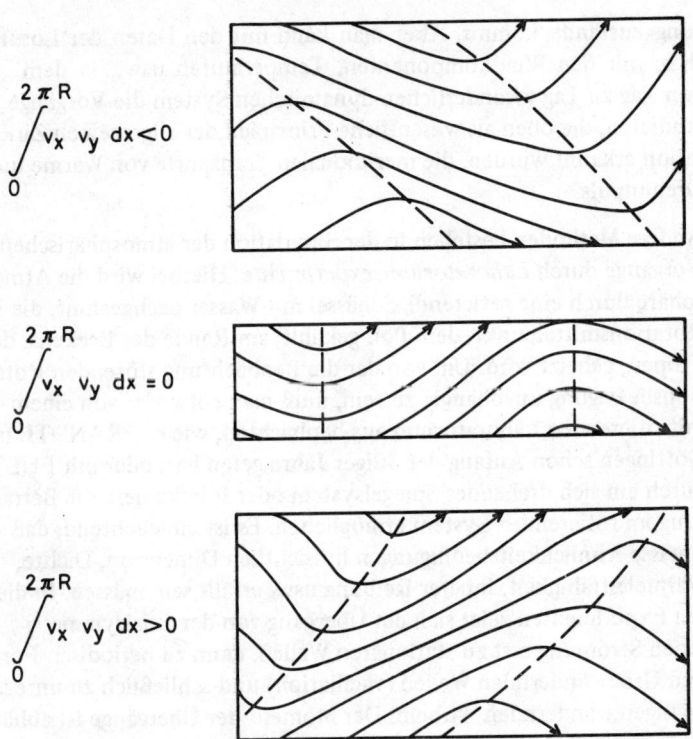

16.8 Stromlinien bei meridionalem Transport von zonalem Impuls: polwärts, verschwindend, äquatorwärts (oben, Mitte, unten). Nach A. u. F. DE-FANT, Physikalische Dynamik der Atmosphäre. Frankfurt/M.: Akad. Verlagsges. 1958, S. 335.

die geordnet und sinnvoll sind, und zwar entwickeln sich in etwa 30° Breite Hochdrucksysteme, äquatorwärts davon eine Passatzirkulation vom HADLEY-Typ ohne Unterschiede in zonaler Richtung, während sich polwärts der Subtropenhochs wandernde Hoch- und Tiefdruckgebiete zeigen, wie wir sie kennen. Man kann nicht sagen, daß man durch Betrachtung der Lösung dieser für einige tausend Punkte in der Atmosphäre formulierten simultanen 7 Differential-gleichungen (Abschn. 17) den Mechanismus versteht, wie diese Lö-

sung zustande kommt. Aber man kann mit den Daten der Lösung,
d. h. mit den Windkomponenten, Temperaturen usw., in dem
von Tag zu Tag veränderlichen dynamischen System die Vorgänge
studieren, die oben als wesentliche Prinzipien der allgemeinen Zirkulation erkannt wurden, die meridionalen Transporte von Wärme und
Drehimpuls.

Andere Methoden bestehen in der Simulation der atmosphärischen
Vorgänge durch *Laboratoriumsexperimente.* Hierbei wird die Atmosphäre durch eine rotierende Schüssel mit Wasser nachgeahmt, die im
Rotationsmittelpunkt, dem Pol, gekühlt, am Rande des Beckens, den
Tropen, geheizt wird. Um von der die Beobachtung störenden Rota-
tionsbewegung unabhängig zu sein, muß man entweder von einem
mitrotierenden Laboratorium aus beobachten, wie es PRANDTL in
Göttingen schon Anfang der 30iger Jahre getan hat, oder mit FULTZ
durch ein sich drehendes Spiegelsystem oder Filmkamera die Betrachtung im rotierenden System ermöglichen. Es ist einleuchtend, daß
gewisse Ähnlichkeitsbedingungen hinsichtlich Dimension, Dichte,
Wärmeleitfähigkeit, innerer Reibung usw. erfüllt sein müssen. In diesen Experimenten zeigt sich ein Übergang von der axialsymmetri-
schen Strömung erst zu stationären Wellen, dann zu periodisch Form
und Größe ändernden Wellen (vacillation) und schließlich zu unregelmäßigen wandernden Wirbeln. Der Moment der Übergänge ist abhängig von der Rotationsgeschwindigkeit und dem Temperaturgradien-
ten in radialer Richtung, also von der Temperaturdifferenz Äquator-
Pol. Die beobachteten Übergänge sind in Übereinstimmung mit der
Theorie: je langsamer die Rotation, desto größer kann der Tempera-
turgradient werden, bis Wellenbildung eintritt; oder je größer der ra-
diale Temperaturgegensatz, desto weiter zum Äquator ausgedehnt
ist bei gleicher Rotationsgeschwindigkeit das Gebiet mit Wirbeln um
vertikale Achsen.

Sowohl numerische wie Laboratoriumssimulierungen, vor allem aber
auch statistische Auswertung der Beobachtungen in der Atmosphäre
selbst geben die Möglichkeit, die *Transportprinzipien quantitativ*
nachzuprüfen. Hier sollen vor allem Ergebnisse beschrieben werden,
die aus weltumspannenden Beobachtungsnetzen mit Radiosonden
und Radiowinden gewonnen wurden. Die Entstehung der potentiel-

len Energie ist durch die Strahlungsbilanz der Atmosphäre und die
anderen Wärmequellen, wie Freisetzung latender Wärme und Wärmeübertragung vom Boden an die Lufthülle, bedingt. Hierbei spielt der
Begriff der verfügbaren potentiellen Energie (available potential ener-
gy) eine besondere Rolle, der nach früheren Arbeiten von MARGU-
LES (Arbeitsvorrat) vor allem durch E. N. LORENZ geprägt worden
ist (in Anlehnung an beide Bezeichnungen mit A bezeichnet). Die kinetische Energie der gesamten Atmosphäre ist nur ein kleiner Bruchteil der potentiellen und inneren Energie, was gleichzeitig bedeutet,
daß die Produktion durch die Strahlungsvorgänge, verglichen mit allen anderen Energieformen, ungeheuer groß ist. Die gesamte potentielle Energie kann offenbar nicht in kinetische umgewandelt werden.
Die verfügbare potentielle Energie A ist deshalb definiert als die Differenz zwischen der totalen potentiellen Energie und einem Bezugs-
wert, der beschrieben ist als diejenige eines hypothetischen Zustan-
des, bei dem die Flächen konstanter potentieller Temperatur und die
isobaren Flächen horizontal liegen und dem mittleren Zustand der
Atmosphäre entsprechen. Aufbau von potentieller Energie durch
Wärmezufuhr infolge Reibung verändert in gleicher Weise die totale
potentielle Energie der wirklichen und der Bezugsatmosphäre, so daß
beim Aufbau verfügbarer potentieller Energie nur Erwärmung durch
andere als Reibungsprozesse in Betracht gezogen zu werden brauchen.
Das sind wie oben erwähnt, Strahlungsbilanz, Niederschlagswärme
und Wärmeübergang vom Boden.

Der Aufbau zusätzlicher verfügbarer Energie kann sowohl der zonalen Strömung zugutekommen, wie sich in den Störungen oder Wirbeln auswirken, also zonale Temperatur- und Druckgradienten erzeugen. Man muß deshalb zwischen den potentiellen (A) und kinetischen
Energien (K) der zonalen (Z) und der Wirbelvorgänge (E, Hoch- und
Tiefdruckwirbel, im Englischen Eddies) unterscheiden, zumal sich
ganz charakteristische Unterschiede dieser Strömungsformen und
kennzeichnende Wege der Umwandlung ineinander haben zeigen lassen. Die Umwandlung in kinetische Energie berührt nicht die Bezugsatmosphäre, so daß nur verfügbare potentielle Energie in kinetische
umgewandelt werden kann. Die endgültige Senke der kinetischen
Energie ist die Dissipation, d.h. Umwandlung in Wärme durch Rei-

158   *III. Komplexe meteorologische Phänomene*

bung. Im Mittel über lange Zeit muß infolgedessen Zufuhr oder Aufbau von verfügbarer potentieller Energie gleich sein der Vernichtung von kinetischer Energie durch Reibungsdissipation, weil die Umwandlung von potentieller in kinetische Energie durch adiabatische Prozesse erfolgt, die prinzipiell reversibel sind.

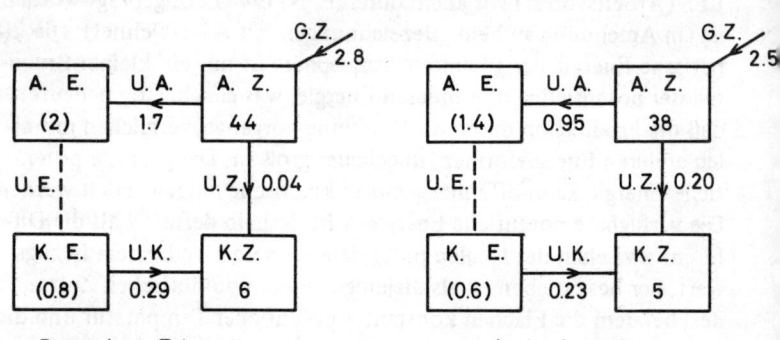

Dezember – Februar   Juni – August

16.9   Energiekreislauf für 90° N bis 90° S, 1000 bis 100 mb.
A = verfügbare potentielle, K = kinetische Energie, G = Erzeugung von Energie, Z für glatte zonale Strömung, E für großturbulente Wirbel, U = Umwandlung. Energieeinheiten in $10^5 \, \mathrm{J \, m^{-2}}$, Umwandlungen in $\mathrm{W \, m^{-2}}$. Nach R. E. NEWELL et al., in The Global Circulation of the Atmosphere (G. A. CORBY, ed.), London: Roy. Meteor. Soc. 1969.

Abb. 16.9 gibt Schemata, wie sie durch empirische Untersuchungen der Atmosphäre von R. E. NEWELL u. a. gefunden worden sind. Sie beziehen sich auf das Sommer- und das Wintervierteljahr und auf die gesamte Atmosphäre von 90° N bis 90° S in der Schicht von 1000 - 100 mb. Die Energieeinheiten in den Kästen sind in $10^5 \, \mathrm{J \, m^{-2}} = 10^5$ $\mathrm{Ws \, m^{-2}}$ gegeben, die Umwandlungen in $\mathrm{W \, m^{-2}}$ (diese Zahlen würden sich nur um den Faktor 0.86 verkleinern, wenn man sie als $\mathrm{Ws \, m^{-2} \, d^{-1}}$ liest; es fällt bei dieser Bezugnahme auf den Tag als Zeiteinheit der Unterschied der 5 Zehnerpotenzen weg). Aus den eingezeichneten Pfeilen geht hervor, daß im Mittel verfügbare potentielle und kinetische Energie der Wirbel entnommen werden aus der potentiellen Energie der zonalen Strömung. Das kann bei barotroper Labilität dadurch geschehen, daß die Wirbel direkt kinetische Energie aus der

Grundströmung aufnehmen, während sie bei barokliner Labilität die verfügbare potentielle Energie den horizontalen Temperaturgegensätzen entnehmen. Andererseits geben die Wirbel ihre kinetische Energie an die kinetische Energie der Grundströmung ab, dabei auch ihre eigene verfügbare potentielle Energie in kinetische Energie umwandelnd. Das geschieht beispielsweise bei der Okklusion einer Zyklone. Außerdem wurde oben gezeigt, daß durch die horizontalen Transporte von absolutem Drehimpuls kinetische Wirbelenergie dorthin transportiert wird, wo die zonale Strömung bereits am stärksten ist, also entgegen dem Gefälle. Es ist zu beachten, daß in allen Zahlen sowohl die HADLEY- wie die FERREL-Zellen einbegriffen sind.

Literatur:

E. N. LORENZ, The Nature and Theory of the General Circulation of the Atmosphere. W.M.O. TP 115, 1967. 161 p.

E. R. REITER, Meteorologie der Strahlströme (Jet Streams). Wien: Springer Verlag 1961. XI, 473 S.

G. A. CORBY (ed.), The Global Circulation of the Atmosphere. London: Roy. Meteor. Soc. 1969. 257 p.

17. Die numerische Wettervorhersage

Im Rahmen dieser Einführung in die Physik der Atmosphäre kann auf eine Erwähnung der numerischen Wettervorhersage ebenso wenig verzichtet werden, wie auf die theoretischen Ableitungen ausführlich eingegangen werden kann. Man versteht unter diesem Verfahren eine physikalische Vorhersage mit *mathematischen Methoden*, die erst möglich geworden ist, als man die großen programmgesteuerten Rechenmaschinen, kurz Computer genannt, zur Verfügung hatte.

Über die sogenannten konventionellen Methoden der Vorhersage wurde oben bereits gesprochen. Sie benutzen den Anfangszustand des Druckfeldes und die 6- oder 12stündigen Isallobarenfelder und verschieben die letzteren nach den Regeln der Steuerung und gewissen Regeln für deren Intensivierung oder Abschwächung, die insbesondere von SCHERHAG angegeben worden sind. Die so umgewandelten oder extrapolierten Druckänderungen werden über die momentane Druckkarte überlagert und damit eine Vorhersagekarte gewonnen. Dieses Verfahren kann durch geeignete Programmierung noch mehr objektiviert werden.

Bei der eigentlichen numerischen Wettervorhersage werden keine beobachteten Änderungen (Tendenzen) benutzt, sondern nur der *Anfangszustand* der Atmosphäre, der durch die drei Komponenten der Geschwindigkeit, den Luftdruck, Luftdichte und Lufttemperatur gegeben ist. Dabei fehlen typische kennzeichnende Wettererscheinungen wie Bewölkung, Niederschlag oder Nebel. Man glaubt oder hofft jedoch, aus einem vorhergesagten Luftdruckfeld diese Erscheinungen erschließen zu können. Für die Bestimmung der genannten sechs unbekannten Veränderlichen als Funktionen des Ortes und der Zeit sind 6 Gleichungen notwendig. Diese sind verfügbar in den drei Bewegungsgleichungen, der Kontinuitätsgleichung, dem ersten Hauptsatz der Wärmelehre und der Gasgleichung. Dies sind z.T. nichtlineare partielle Differentialgleichungen, für die eine analytische Lösung nicht möglich ist. Sie müssen deshalb numerisch gelöst werden. In Abschn. 13.3 war bereits gezeigt, daß gewisse Beziehungen der Dynamik einfachere Gestalt annehmen, wenn man statt der vertikalen Koordinate z den Luftdruck p einführt, also das x, y, z, t-System durch ein x, y, p, t-System ersetzt. In diesem System wird z oder besser das Geopotential $\phi = \int g \, dz$ des Druckes eine abhängige Veränderliche, wodurch die Einführung einer verallgemeinerten Vertikalbewegung ω erforderlich wird:

$$\omega = dp/dt.$$

Dabei ist ein positives ω nach unten gerichtet. Differentiationen nach x oder y erfolgen entlang den Flächen gleichen Druckes. Die 6 Gleichungen lauten dann

$$\partial v_x/\partial t = -\boldsymbol{v} \cdot \nabla v_x - \omega \, \partial v_x/\partial p + f v_y - \partial \phi/\partial x; \qquad (17.1)$$

$$\partial v_y/\partial t = -\boldsymbol{v} \cdot \nabla v_y - \omega \, \partial v_y/\partial p - f v_x - \partial \phi/\partial y; \qquad (17.2)$$

$$\partial \phi/\partial p = -\alpha; \qquad (17.3)$$

$$\partial \omega/\partial p + \partial v_x/\partial x + \partial v_y/\partial y = 0; \qquad (17.4)$$

$$\partial T/\partial t = -\boldsymbol{v}\cdot\nabla T + p\sigma\omega R_L^{-1} + Q_A/c_p; \tag{17.5}$$

$$R_L\, T = p\alpha. \tag{17.6}$$

Die dritte Gleichung ist die statische Grundgleichung, die beim Fehlen vertikaler Beschleunigungen an die Stelle der dritten Bewegungsgleichung tritt.

$$\sigma = -(\rho\theta)^{-1}\,\partial\theta/\partial p$$

ist ein Ausdruck für die statische Stabilität mit $\sigma > 0$ bei stabiler Schichtung. Q_A ist die auf die Masseneinheit bezogene Wärmezufuhr und muß als bekannt vorausgesetzt werden. Im Falle der Strahlung kann Q_A nach den in Abschn. 10 und 11 gegebenen Gesetzen bestimmt, im Falle der Freisetzung latenter Wärme muß es aus Vertikalbewegung und Änderung der spezifischen Feuchte längs der Feuchtadiabaten ermittelt werden. Die Gleichungen (17.1,2,5) sind *prognostische* Gleichungen, durch die Änderungen mit der Zeit angegeben werden. Die drei anderen verknüpfen einige Veränderliche miteinander, sind also *diagnostische* Gleichungen. Insbesondere dient die Kontinuitätsgleichung (17.4) dazu, die wichtige Vertikalbewegung aus der isobaren Divergenz der Geschwindigkeiten abzuleiten. Das Gleichungssystem läßt sich so umformen, daß nur die Veränderlichen v_x, v_y und ϕ in drei Gleichungen erfaßt werden. Die Randbedingungen werden so formuliert, daß für $p = 0$ gilt $\omega = 0$ und daß am Erdboden die Strömung sich der Erdoberfläche anschmiegt.

Eine weitere Schwierigkeit ist dadurch gegeben, daß die unabhängigen Veränderlichen nicht als stetige Funktionen vorgegeben sind, sondern nur an einer endlichen Anzahl von *Gitterpunkten* gemessen sind. Das bedeutet, daß aus einem System von Differentialgleichungen ein solches von Differenzengleichungen wird. Das Gleichungssystem ist auch nicht für beschränkte Teilgebiete der Erdkugel zu lösen, weil dann seitliche Randbedingungen auftreten würden. Es muß für die ganze Erdkugel oder wenigstens für eine Halbkugel gelöst werden, wobei im letzteren Falle wegen der am Äquator meist auftretenden W- oder E-Winde eine gedachte vertikale Wand verhältnismäßig wenig Schaden anrichtet. Wünscht man ein Gitternetz von 300 km × 300 km Abstand, so ergibt sich eine Anzahl von 2800 Gitternetzpunkten auf der Halbkugel und ein entsprechendes Vielfaches davon, wenn man in mehreren (2 bis 10) isobaren Flächen rechnen will. Es ist verständlich, daß für die Lösung eines Systems von drei simultanen Differenzengleichungen an 6 - 30000 Gitterpunkten die größten Computer eingesetzt werden müssen, über die die Rechenmaschinentechnik verfügt.

Die Lösung des Systems (17.1) bis (17.6) birgt noch weitere Tücken in sich. Beispielsweise sind die Gleichungen so allgemein, daß sie nicht nur die Zyklonenwellen langsamer Fortbewegungsgeschwindigkeit, vergleichbar den ROSSBY-Wellen, enthalten, sondern auch Gravitations-(Stabilitäts-)Wellen und Trägheitswellen hoher Frequenz. Diese Wellen bezeichnet man als „*meteorologischen Lärm*". Ihr Auftreten in den Lösungen der Gleichungen ist sehr unerwünscht, obwohl solche Wellen auch in der Erdatmosphäre vorkommen, z.B. in der Form von Gezeitenschwingungen und Schallwellen. Ihre Amplituden sind aber in der Natur so klein, daß sie in den Wetterkarten nicht erscheinen. Auch beeinflussen sie, soweit uns bekannt ist, das großräumige Wettergeschehen nicht. Leider bleiben sie in den numerischen Lösungen der Gleichungen nicht klein. Man kann verschiedene Wege einschlagen, um sie zu unterdrücken. Einesteils kann man die Gleichungen so verändern, daß sie nur synoptische Wellen und keinen Lärm enthalten, man wendet also gewisse Filtermethoden an. Oder man kann den Anfangszustand innerhalb der Meßgenauigkeit so modifizieren, daß die Lärmwellen auf kleiner Amplitude gehalten werden. Das geschieht etwa dadurch, daß man nicht den beobachteten Wind verwendet, sondern einen aus der Konfiguration des Druckfeldes abgeleiteten Wind. Es wurde oben schon gezeigt, daß hierzu der geostrophische Wind ungeeignet ist. Man kann aber eine allgemeinere Gleichung aufstellen, die unter dem Namen *Balance-Gleichung* bekannt ist, in der einige der in Abschn. 13.1 besprochenen Glieder der Feldbeschleunigungen berücksichtigt sind. Der durch diese Gleichung gelieferte Wind wird dann als Anfangszustand eingeführt.

Die Gleichungen (17.1 - 6) werden häufig als *primitive* (d.h. ursprüngliche) *Bewegungsgleichungen* bezeichnet. Sie unterscheiden sich dadurch von abgeleiteten Gleichungen, die zwar auch die Bewegungsgleichungen zum Inhalt haben, aber in einer abweichenden Form. Ei-

ne solche Gleichung wurde in Abschn. 15.1 in der vorticity-Gleichung
vorgestellt. Eine entsprechende zweite kann man durch Bildung der
Divergenz der Bewegungsgleichung erhalten. Damit sind noch keine
wesentlichen neuen Annahmen in das Gleichungssystem gebracht.
Annahmen über das physikalische Verhalten der Atmosphäre, durch
die z.B. der meteorologische Lärm ausgeschaltet wird, nennt man
Modellannahmen und spricht in diesem Sinne von einem Modell der
Atmosphäre. Daneben kann jedoch ein solches Modell auch durch das
mathematische Rechenverfahren bestimmt sein, so daß mathematische und physikalische Modelle unterschieden werden müssen.

Ein solches physikalisches ist das *barotrope Modell*. In einer barotro-
pen Atmosphäre ist nach Abschn. 13.3 $\rho = \rho(p)$ und deswegen
$\partial v/\partial p = 0$. Die gleichzeitige Verlagerung der statischen Grundgleichung in das Koordinatensystem bedeutet, daß man die Luft als eine
inkompressible Flüssigkeit auffaßt. Diese Annahme kann etwas ge-
lockert werden, indem man ein vertikales Windprofil zuläßt

$$v = A(p)\,\bar{v}.$$

wo $\bar{v}$ der vertikal gemittelte Windvektor ist. Dann werden die Gleichungen für ein bestimmtes Niveau p^*, in dem $A(p^*) = \overline{A^2}$ ist, nahezu identisch mit den Gleichungen für das barotrope Modell. Man
nennt sie das *äquivalent-barotrope Modell* und nennt das Niveau p^*
das äquivalent-barotrope Niveau. Es liegt zwischen 500 und 600 mb
und ist fast identisch mit dem divergenzfreien Niveau (Abschn. 15.2).
Die Vorhersagegleichung lautet in diesem Falle

$$\frac{\partial}{\partial t}\nabla^2\phi - A(p_0)\,\mu^2\,\frac{\partial\phi}{\partial t} = -J\left(\phi, \frac{1}{f}\nabla^2\phi + f\right) - g\,f^1 A(p_0)\,\mu^2\,J(\phi, h). \quad (17.7)$$

Hierbei ist $h(x,y)$ die Höhenverteilung der Erdoberfläche,

$\mu^2 = \dfrac{f}{gH}\left(f + \dfrac{1}{f}\nabla^2\phi\right)$, H die Höhe der homogenen Atmosphäre und

$J(v,u) = (\partial v/\partial x)\cdot(\partial u/\partial y) - (\partial v/\partial y)\cdot(\partial u/\partial x)$ der JACOBIsche Ope-
rator.

Erstaunlicherweise haben sich das barotrope und das äquivalent-barotrope Modell in der numerischen Vorhersage gut bewährt, d.h., sie

liefern verhältnismäßig gute Übereinstimmung zwischen vorhergesagter und eingetroffener Luftdruckverteilung, obwohl dabei der von der Baroklinität herrührende Zirkulationsbeschleunigungsterm als klein vernachlässigt wird. Für alle Untersuchungen, in denen man die Neuentwicklung von Drucksystemen berücksichtigen muß — das sind gerade diejenigen, die bei der Wettervorhersage die ernsthaften Schwierigkeiten bereiten —, kann man auf diese Glieder nicht verzichten. Es müssen *barokline Modelle* eingeführt werden, auf deren genauere Behandlung hier nicht eingegangen werden kann.

Die numerische Wettervorhersage wird heute (1970) in allen größeren Wetterdiensten der Welt in der einen oder anderen Form angewandt, im Deutschen Wetterdienst in der Form einer 96stündigen gemischt baroklin-barotropen Vorhersage, d.h., eine 48stündige barokline Vorhersage wird als Ausgangslage für eine weitere 48stündige barotrope Vorhersage benutzt. Bei der Beurteilung der Treffsicherheit muß man bedenken, daß mit den konventionellen Methoden eine Vorhersage für 4 Tage überhaupt nicht gewagt werden konnte. Die numerischen Methoden bieten die derzeit einzige Hoffnung, das Problem der Wettervorhersage auch über mittlere Zeitspannen von mehreren Tagen oder gar Wochen und für Zirkulationsschwankungen zu lösen.

Literatur:

G. FISCHER, Numerische Wettervorhersage. Meteorologisches Taschenbuch, Herausg. F. LINKE und F. BAUR. Leipzig: Akad. Verlagsges. Geest & Portig. Neue Ausgabe, 2. Bd., 2. Aufl. 1970, 335 - 364.

IV. ERGÄNZENDE METEOROLOGISCHE PHÄNOMENE

18. Die obere Atmosphäre

Die Erscheinungen in der oberen Atmosphäre, d.h. in Stratosphäre und Mesosphäre, wurden schon mehrfach erwähnt. In diesem Abschnitt soll nur auf *einige wenige auffallende* Phänomene hingewiesen werden, die indirekte Aufschlüsse über die hohen Schichten geben können. Sie dienen nur als Beispiele; es ist keine Vollständigkeit angestrebt. Erscheinungen der Thermosphäre, insbesondere die Ionosphäre, werden nicht berührt, da diese im Rahmen der Geophysik II (B·I-Taschenbuch No. 335/a/b) ausführlich besprochen werden.

18.1. Der anomale Schall

Die Beobachtungen und Messungen des anomalen Schalles gaben in den ersten vier Jahrzehnten dieses Jahrhunderts die ersten Anhaltspunkte dafür, daß über der durch Registrierballone und Radiosonden erschlossenen Troposphäre und unteren Stratosphäre eine wärmere Schicht liegen muß, die wir heute als obere Stratosphäre und Stratopausenregion kennen.

Die direkte Hörbarkeitsgrenze von lauten Schallquellen, Explosionen oder Gewittern, liegt bei etwa 30 km. Bei zahlreichen Vorkommnissen meist unerfreulicher Art, wie einer Explosion beim Bau der Jungfraujochbahn 1908, bei der großen Explosion in Oppau im Jahre 1921, bei schwerem Geschützfeuer im ersten Weltkriege beobachtete man, daß der Schall wiederum hörbar wurde in einer Entfernung von etwa 100 bis 200 km um die Schallquelle. Zwischen dem Gebiet des direkten und dieses *anomalen Schalles* lag eine *„Zone des Schweigens"*. Die Notwendigkeit, große Mengen Munition des ersten Weltkrieges zu vernichten, wurde deshalb ausgenutzt, um auf den Schießplätzen Jüterbog und Kummersdorf geplante Sprengungen durchzuführen und ein Netz von Schallbeobachtungen teils mit einfachen Horchposten, teils mit Druckschwingungsmessern einzurichten, um das Eintreffen des Schalles festzustellen (Abb. 18.1). Wegen der Absorption des Schalles für hohe Frequenzen liegt der anomale Schall an der unteren Frequenzgrenze der Hörbarkeit und wird manchmal mehr als Vibration, denn als Ton empfunden.

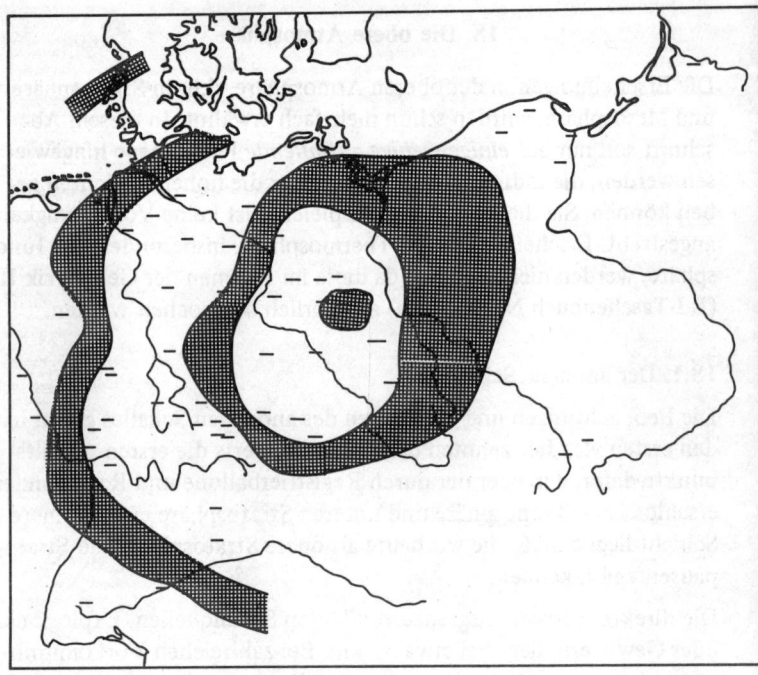

18.1   Ausbreitung des anomalen Schalles bei einer Sprengung am 18.12.1925 in Kummersdorf. Hörbarkeitszonen gerastert.

Schallwellen sind Longitudinalwellen der Luft. Man kann zu ihrem Verhalten alle Begriffe der Wellenoptik verwenden, Wellenflächen, Schallstrahlen, Reflexion, Brechung, das HUYGHENSsche Prinzip und das SNELLIUSsche Gesetz. Die Schallgeschwindigkeit ist gegeben durch

$$c = (\kappa \, R^* T / m_L)^{1/2}. \tag{18.1}$$

Sie ist also bei gleicher Luftzusammensetzung nur von der Temperatur abhängig. Nach SNELLIUS gilt für den Übergang zwischen Schichten verschiedener Geschwindigkeit das Brechungsgesetz

$$c/\sin i = \text{const}, \tag{18.2}$$

wobei i der Winkel zwischen Schallstrahl und der Normalen zur Grenzfläche ist. Der Schallstrahl wird beim Übergang von einer Schicht hoher Geschwindigkeit zu einer mit niedrigerer Geschwindigkeit oder Temperatur zum Lot gebrochen und umgekehrt. Das bedeutet, daß ein unter dem Winkel i_0 von der Erdoberfläche ausgehender Strahl in der Troposphäre nach oben gekrümmt wird, in der isothermen Stratosphäre geradlinig verläuft und bei Temperaturumkehr nach unten konkav wird. Dann kann er so weit gekrümmt werden, daß er in einer Höhe h wieder horizontal verläuft, wobei die Temperatur mindestens gleich der Temperatur am Boden sein muß. Für den ungünstigsten Fall, daß $i_0 = 90°$ ist, muß in der Höhe bei $i_h = 90°$ auch $c_h = c_0$ oder $T_h = T_0$ sein. Dann kann es zu einer Umkehr des Schallstrahles und seiner Rückkehr zum Boden kommen, was im anomalen Schall beobachtet wird. Aus dieser einfachen Beziehung kann man zwar die Temperatur in der Umkehrschicht bestimmen, aber noch nicht die Höhe h dieser Schicht. Das Problem ist das gleiche wie bei

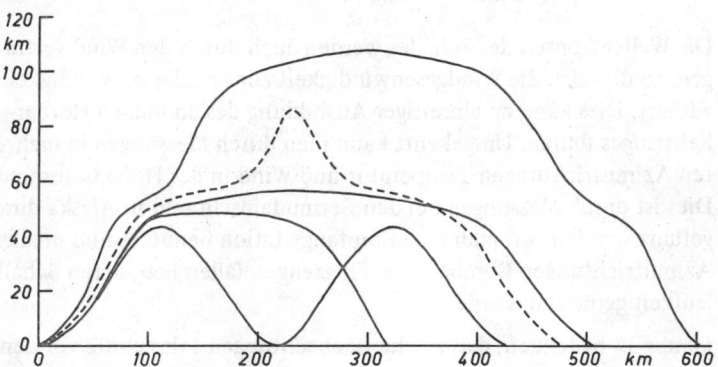

18.2 Verlauf der Schallstrahlen bei der Helgolandsprengung am 18.4.1947. Nach E. F. COX et al., J. Meteor. 6, 300, 1949.

der Ausbreitung der elastischen Erdbebenwellen im Erdinnern, und es sind auch die gleichen mathematischen Verfahren angewandt worden wie zur Bestimmung des Geschwindigkeitsprofils der elastischen Wellen im Erdkörper.

Tritt nach einer zweiten Zone des Schweigens eine zweite äußere Hörbarkeit auf, dann wurde der rückkehrende Strahl am Boden reflektiert und durchlief ein zweites Mal den Ausbreitungsweg. In seltenen Fällen sehr starker Explosionen, wie bei der Sprengung Helgolands am 18.4.1947, konnte nachgewiesen werden, daß der Schall bis zur Mesopause vorgedrungen und endgültig erst in der unteren Thermosphäre umgelenkt wurde, um in einer zweiten äußeren Hörbarkeitszone herunter zu kommen (Abb. 18.2).

Die Auswertung der Schallmessungen ergab in diesem Falle

$$
\begin{array}{rl}
32 \text{ km} & -\ 52^\circ \text{ C (durch Radiosonden)} \\
42 \text{ km} & +\ 12^\circ \text{ C} \\
55 \text{ km} & +\ 21^\circ \text{ C} \\
64\text{-}79 \text{ km} & -100^\circ \text{ C (angenommen)} \\
86 \text{ km} & +\ 23^\circ \text{ C} \\
172 \text{ km} & +126^\circ \text{ C}
\end{array}
$$

Die Wellenfronten des Schalles werden auch durch den Wind vertragen, so daß sich die Windgeschwindigkeit zur Schallgeschwindigkeit addiert. Dies kann zu einseitiger Ausbildung des anomalen Hörbarkeitsringes führen. Umgekehrt kann man durch Messungen in mehreren Azimutrichtungen Temperatur und Wind in der Höhe bestimmen. Dies ist durch Messungen bei den Bermudainseln und in Alaska durchgeführt worden, wo man eine Empfangsstation benutzte und in allen Azimutrichtungen Bomben von Flugzeugen fallen ließ, deren Schalllaufzeit gemessen wurde.

Man muß bedenken, daß solche Beobachtungen Jahrzehnte vor den ersten Raketenmessungen durchgeführt wurden und man darauf angewiesen war, ohne Kenntnis der vertikalen Temperaturverteilung eine Erklärung zu finden.

18.2. Ozon

Das Ozon ist ein Gas, das nur einen sehr geringen Bruchteil der Masse der Atmosphäre ausmacht (vgl. Tab. 2.1), aber vor allem durch seine *optischen* Eigenschaften bedeutsam ist und in der Art seiner Entstehung ein Musterbeispiel für die *photochemischen* Prozesse der oberen Atmosphäre bietet. Auch die vertikale Schichtung ist ungewöhnlich; das Ozon, O_3, hat die relative Molekülmasse 48, besitzt aber als so schweres Gas ein Konzentrationsmaximum erst in 20 - 25 km, in den Tropen in 28 km Höhe mit etwa dem Zehnfachen seines Wertes in der unteren Troposphäre. Der Partialdruck in Bodennähe ist etwa 20×10^{-6} mb, in der Höhe des Maximums 150 - 300 $\times 10^{-6}$ mb. Die mittlere Gesamtmenge über einem Ort der Erde liegt zwischen den Werten 0.25 und 0.44 cm NTP, ist also kleiner als 1/2 000 000 der Atmosphäre.

Die Absorptionsbanden des Ozons liegen im UV (HARTLEY-und HUGGINS-Banden), im Sichtbaren (CHAPPUIS-Bande) und im Infrarot. Die Absorption der HARTLEY-Bande zwischen 2000 und 3200 Å ist außerordentlich stark, im Maximum bei 2553 Å wird eine einfallende Strahlung durch eine Schicht von nur 0.007 cm NTP bereits auf 1/10 ihrer Intensität geschwächt. Die zwischen 3200 und 3600 Å anschließenden HUGGINS-Banden wurden 1890 im Spektrum des Sirius entdeckt, aber erst 27 Jahre später als dem Ozon zugehörig erkannt. Die CHAPPUIS-Bande hat ihr Maximum im Grünen und ist nicht sehr stark; die Gesamtmasse des Ozons absorbiert hier nur etwa 5 % der Sonnenstrahlung bei senkrechtem Einfall, aber da diese Absorption nahe dem Maximum der Sonnenstrahlungsintensität liegt, ist der absorbierte Strahlungsbetrag doch der Absorption im UV vergleichbar (vgl. Abb. 10.8).

Diese Bande besitzt einen merkwürdigen Effekt. Das *Himmelsblau* kommt durch die Streuung des Sonnenlichtes in der Atmosphäre nach RAYLEIGH zustande. Bei sehr tiefstehender Sonne würde durch diese Extinktion bereits so viel Blau im Sonnenspektrum ausgelöscht sein, daß nach der Theorie der Himmel bei Sonnenuntergang im Zenit grün aussehen müßte. Das Grün wird aber gerade bei dem großen optischen Lichtweg der einfallenden Strahlung durch die CHAPPUIS-Bande so stark absorbiert, daß der Himmel doch wieder blau erscheint. Das Auge merkt den Unterschied zwischen Streuung und Absorption nicht. Eine ähnliche Einwirkung auf die Färbung hat diese Bande bei *Mondfinsternissen*. Das Sonnenlicht am Rande des Erdschattens, das die höchsten Atmosphärenschichten durchdrungen hat, hat einen optischen Weg im Ozon zurückgelegt, der etwa 40 mal so groß ist wie die vertikale Dicke. Das bewirkt auf der „Projektionswand" des Mondes eine deutliche Verfärbung des Lichtrandes um den Erdschatten, aus dem man bei sehr sorgfältiger Farbmessung die Höhenabhängigkeit des O_3 in der Erdatmosphäre bestimmen kann (PAETZOLD). Statt des Mondes kann man als Lichtempfänger bzw. -reflektor auch künstliche Erdsatelliten verwenden, die in den Erdschatten eintreten.

Im Infraroten hat das Ozon Absorptionsbanden bei 4.8, 9.6 und eine schwache bei 15 μm. Nur die mittlere ist bemerkenswert, weil sie im Fensterbereich des langwelligen IR liegt und ihre Absorption deshalb gut zur Geltung kommt (Abb. 11.11). Sie kann zur Messung des Ozonbetrages von Satelliten aus benutzt werden.

Der Anstieg der Ozonabsorption unterhalb etwa 3000 Å ist außerordentlich stark, wie die folgende Tabelle anhand der am Erdboden ankommenden Sonnenstrahlung zeigt.

λ	3 143	3 052	3 022	2 997	2 963	2 946 Å
I_λ ($m_r = 1$)	22 400	10 200	2 700	1 320	132	25
I_λ ($m_r = 2$)	3 230	410	46	8	0.1	0.005

Die spektrale Strahldichte geht bei senkrechtem Einfall ($m_r = 1$) von 3 143 bis 2 946 Å auf etwa 1/1000 zurück, bei 60° Zenitdistanz der Sonne ($m_r = 2$) auf 1/600 000. Unterhalb 3000 Å kommt kaum noch meßbare Sonnenstrahlung zum Boden, obwohl die extraterrestrische Strahlung im Wellenlängen-Bereich der Tabelle nur um 1/4 zurückgeht.

Dieser Intensitätsabfall wird auch zur Messung der *Gesamtmenge* des Ozons verwendet. Die Strahldichte der direkten Sonnenstrahlung ist in Angleichung an (10.17) gegeben durch

$$I_\lambda = I_{0\lambda} \exp(-f(z) \, a_{O\lambda} \, x - a_{R\lambda} \, m/H_0 - a_{D\lambda} \, m_r). \tag{18.3}$$

Hierbei tritt $f(z)$, eine Funktion der Zenitdistanz z, an die Stelle der relativen Luftmasse, weil in einer hochgelegenen Schicht wegen der Erdkrümmung eine wesentlich kürzere optische Länge durchmessen wird als in einer dem Boden aufliegenden von der gleichen vertikalen Dicke. x ist die Ozonmasse in cm NTP und a_O der Absorptionskoeffizient. Da die extraterrestrische Strahlung I_0 nicht genügend genau bekannt ist, bildet man zur Messung den Quotienten von zwei Wellenlängen 1 und 2 und erhält

$$x(a_{O2} - a_{O1}) f(z) = \ln(I_{01} - I_{02}) - (m/H_0)(a_{R2} - a_{R1}) - m_r(a_{D2} - a_{D1}).$$
$$(18.4)$$

Ein von DOBSON entwickeltes Spektrometer gestattet Messungen in drei Wellenlängenpaaren, von denen jeweils eine Wellenlänge (2) bei sehr hoher Absorption und eine (1) bei niederer liegt. Um auch noch den unbekannten Einfluß der Dunstextinktion a_D auszuschalten, verwendet man meist die Differenz der logarithmischen Intensitäten von zwei Wellenlängenpaaren. Mit dem DOBSON-Spektrometer ist ein die ganze Welt umspannendes Beobachtungsnetz ausgerüstet.

Mit dem Gerät kann auch eine Angabe über die *vertikale Verteilung* des Ozons erhalten werden. Dieses von GÖTZ angegebene *„Umkehrverfahren"* verwendet Messungen in zwei Wellenlängen des diffusen Zenithimmelslichtes. Man mißt dabei Strahlungen, die durch RAYLEIGHstreuung in der gesamten vertikalen Luftsäule nach unten gestreut werden. In der Messung wird also Streulicht aus den Höhen über und unter der Ozonschicht erfaßt. Beide erfahren eine Absorption durch Ozon auf dem schrägen Strahl der Sonne zum streuenden Element und auf dem vertikalen Weg zwischen Streuung und Meßgerät. Bei Sonne nahe dem Horizont rückt der Schwerpunkt der streuenden Schicht höher, und zwar von Gebieten *unter* der Ozonschicht *über* diese. Gleichzeitig geht die Absorption durch O_3 vom schrägen Weg mit der optischen Masse $a_O f(z) x$ auf den vertikalen mit der Masse $a_O x$ über. Dies erfolgt in Wellenlängen mit sehr verschiedenen Absorptionskoeffizienten bei verschiedenen Sonnenhöhen. Wenn man den Quotienten der beiden Strahldichten logarithmisch über der Zenitdistanz der Sonne aufträgt, ergibt sich eine Überschneidung der beiden Kurven, die sogenannte Umkehr. Man kann daraus Rückschlüsse auf die Höhenlage und sogar auf die Höhenverteilung des Ozons ziehen.

Neuerdings mißt man die vertikale Verteilung besser durch direkte Messungen von Ballons aus, wobei sowohl optische wie chemische wie Methoden der Messung der Infrarotstrahlung eingesetzt werden. Auch von Satelliten aus sind — wie erwähnt — unter Verwendung der Infrarotemission schon Messungen des gesamten Ozongehaltes wie Messungen der vertikalen Verteilung durchgeführt worden, diese allerdings mit nur wenig Auflösungsdetails.

Das Ozon e n t s t e h t durch Dissoziation des O_2-Moleküls und Anlagerung eines Atoms an ein Molekül. Folgende Reaktionen sind beteiligt:

$$O_2 + h\nu' \rightarrow O + O \quad (\lambda < 2423 \text{ Å}). \tag{18.5}$$

Die Absorption erfolgt in HERZBERG-Kontinuum um 2200 Å. Die bei noch kürzeren Wellenlängen (1300 - 1760 Å) liegende SCHU-MANN-RUNGE-Bande wird schon oberhalb 100 km für die (bleibende) Dissoziation wirksam.

$$O_2 + O + M \rightarrow O_3 + M. \tag{18.6}$$

Dies ist eine rein chemische Reaktion, wobei ein Molekül M als Katalysator erforderlich ist. Dieses kann ebenfalls O_2 oder N_2 sein. Ozonzerfall erfolgt auch photochemisch

$$O_3 + h\nu' \rightarrow O + O_2 \quad (\lambda < 11\,000 \text{ Å}). \tag{18.7}$$

Hier kann also die Dissoziation durch Absorption in der HARTLEY-, CHAPPUIS- und sogar in den Infrarotbanden hervorgerufen werden. Schließlich ist der sogenannte thermische Ozonzerfall wichtig.

$$O_3 + O \rightarrow 2O_2. \tag{18.8}$$

Diese vier Reaktionen können zu einer photochemischen Gleichgewichtsverteilung führen. Bezeichnet man die Anzahl je Volumeinheit der O-Atome mit n_1, der O_2-Moleküle mit n_2, der O_3-Moleküle mit n_3 und der Moleküle M mit n_M, die Anzahl der in Reaktion (18.5) absorbierten Quanten mit q_2 und in (18.7) mit q_3, so ergeben sich folgende Gleichungen

$$\mathrm{d}n_3/\mathrm{d}t = -q_3 + K_{1,2}\, n_1\, n_2\, n_\mathrm{M} - K_{1,3}\, n_1\, n_3 \qquad (18.9)$$

$$\mathrm{d}n_1/\mathrm{d}t = \ q_3 + 2\,q_2 - K_{1,2}\, n_1\, n_2\, n_\mathrm{M} - K_{1,3}\, n_1\, n_3, \qquad (18.10)$$

wobei $K_{1,2}$ und $K_{1,3}$ die Reaktionskonstanten für (18.6) und (18.8) sind. Im stationären Falle müssen die linken Seiten verschwinden. Addition ergibt dann $\quad 2\,q_2 = 2\,K_{1,3}\, n_1\, n_3$

oder $\qquad\qquad\qquad n_1 = q_2/(K_{1,3}\, n_3). \qquad (18.11)$

Durch Einsetzen von (18.11) in (18.10) erhält man

$$q_3 + 2\,q_2 - K_{1,2}\, n_2\, n_\mathrm{M}\, q_2(K_{1,3}\, n_3)^{-1} - q_2 = 0.$$

Hieraus ergibt sich schließlich

$$n_3 = \frac{K_{1,2}}{K_{1,3}}\, n_\mathrm{M}\, n_2\, \frac{q_2}{q_2 + q_3}\ . \qquad (18.12)$$

Die q_3-Werte sind selbst von der Menge des in der Höhe vorhandenen O_3 abhängig. Außerdem sind alle absorbierenden Wellenlängen in q_2 und q_3 mit ihren verschiedenen Absorptionskoeffizienten zu berücksichtigen, so daß nur eine numerische Berechnung des Profils von n_3 im Gleichgewicht möglich ist. Die Lösung wird auch dadurch noch komplizierter, daß in höheren Schichten noch andere Reaktionen, vor allem solche mit O_2, H, OH, H_2O, N_2, N_2O und anderen Gasen wirksam werden. Die kleine Rechnung von (18.5) bis (18.12) kann aber zeigen, wie man den sämtlichen in der oberen Atmosphäre sich abspielenden chemischen und photochemischen Reaktionen beikommen kann.

Die Rechnungen ergeben zwar ein Maximum in etwa 25 km Höhe und darüber einen exponentiellen Abfall um 1 Zehnerpotenz auf 10 km. Die Halbwertszeit der Einstellung dieses Gleichgewichtes ist in 50 km etwa 1.5 h, in 25 km 5 Monate bis einige Jahre und in 20 km 10 Jahre. Die Verteilung oberhalb des Maximums ist verhältnismäßig wenig veränderlich. Der Ozongehalt in der unteren Stratosphäre wird dagegen nicht allein durch die Photochemie, sondern maßgeblich durch Transporte, sei es durch Absinken, durch turbulente Durchmischung oder horizontale Advektion hervorgerufen und ist deshalb sehr stark von der Wetterlage abhängig und von Tag zu Tag veränderlich. Die größten Schwankungen treten zwischen 15 und 20 km auf, wo sich gelegentlich eine starke Verbreiterung des Maximums nach unten oder auch sekundäre Maxima einstellen (vgl. Abb. 18.3). Es hat sich schon in den ersten Ozon-Meßreihen gezeigt, daß an der Rückseite eines Tiefdruckgebietes, wo die Tropopause tief liegt, hohe Ozongehalte auftreten, zweifellos durch Absinken hervorgerufen. Die enge Korrelation mit der Druckverteilung in der Höhe ist auch bei den globalen Karten des O_3-Gehaltes, die von Satelliten gewonnen wurden, wiedergefunden worden.

Die bemerkenswerteste Wirkung des Ozons ist jedoch die starke *Erwärmungswirkung*, die in Begleitung der Reaktion (18.7) auftritt und sich nicht bei der größten Konzentration, sondern wegen der starken Absorption schon 20 bis 30 km höher an der Stratopause findet. Sie ist die Ursache der warmen Stratopause (vgl. Abschn. 12.3).

Die zweite wichtige Wirkung ist die Absorption aller Wellenlängen $\lambda < 3000\,\text{Å}$, in denen die Strahlung starke biologische Effekte ausübt: 1. erzeugt diese Strahlung das Sonnenerythem (Sonnenbrand), und zwar in seiner schwersten entzündlichen Form; deshalb muß man große Vorsicht walten lassen, wenn man sich vor einer Quarzlampe diesen kurzwelligen Strahlen ungeschützt aussetzt, die in der Atmosphäre nur oberhalb 30 km vorkommen. Langwelliges UV mit $\lambda > 3000\,\text{Å}$ ist weniger gefährlich. 2. wirkt diese Strahlung eiweißzerstörend, was mit dem Vorigen zusammenhängt, und bakterientötend. Deshalb entwickelte sich auf der festen Erde Leben in der heutigen Form erst, als genügend Sauerstoff zur Bildung der schützenden Ozonschicht vorhanden war.

In der Troposphäre zerfällt Ozon äußerst langsam und ist deshalb als Tracer zur Verfolgung von Lufttransporten gut zu verwenden.

Schließlich darf nicht unerwähnt bleiben, daß Ozon giftig ist und bei Berührung mit fester Materie, z.B. dem Erdboden, zerstört wird. Gerade in Wäldern mit der stark gegliederten Oberfläche der Pflanzen gibt es also nur Ozonzerstörungen, keine Ozonbildung (vgl. Abschn. 2.5).

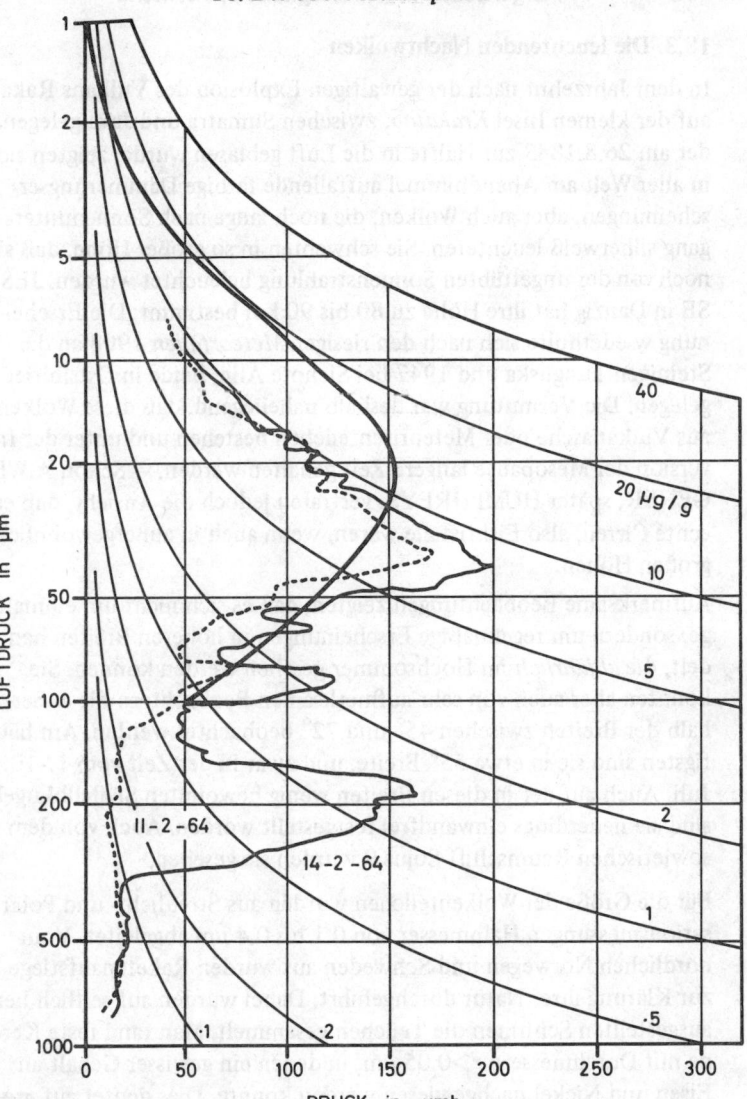

18.3 Vertikale Ozonverteilungen nach Beobachtungen und nach der photochemischen Theorie (glatte, stark ausgezogene Kurve) im Ozonagramm nach Godson. Nach H. U. DÜTSCH, [14], S. 1176-1191.

18.3. Die leuchtenden Nachtwolken

In dem Jahrzehnt nach der gewaltigen Explosion des Vulkans Rakata auf der kleinen Insel *Krakatoa*, zwischen Sumatra und Java gelegen, der am 26.8.1883 zur Hälfte in die Luft geblasen wurde, zeigten sich in aller Welt am Abendhimmel auffallende farbige Dämmerungserscheinungen, aber auch Wolken, die noch lange nach Sonnenuntergang silberweiß leuchteten. Sie schwebten in so großer Höhe, daß sie noch von der ungetrübten Sonnenstrahlung beleuchtet wurden. JESSE in Danzig hat ihre Höhe zu 80 bis 90 km bestimmt. Die Erscheinung wiederholte sich nach den riesigen *Meteorfällen* 1908 an der Steinigen Tunguska und 1947 bei Sichote Alin, beide in Ostsibirien gelegen. Die Vermutung war deshalb naheliegend, daß diese Wolken aus Vulkanasche oder Meteoritenteilchen bestehen und unter der Inversion der Mesopause längere Zeit gehalten werden. – Schon A.WEGENER, später HUMPHREYS, vertraten jedoch die Ansicht, daß es echte Cirren, also Eiskristalle wären, wenn auch in außergewöhnlich großen Höhen.

Aufmerksame Beobachtungen zeigten, daß es sich nicht um einmalige, sondern um regelmäßige Erscheinungen in höheren Breiten handelt, die *alljährlich* im Hochsommer gesehen werden können. Sie konnten aber auch von sehr aufmerksamen Beobachtern nie außerhalb der Breiten zwischen 45° und 72° beobachtet werden. Am häufigsten sind sie in etwa 55° Breite, und zwar in der Zeit vom 1.-10. Juli. Auch auf der in diesen Breiten wenig bewohnten Südhalbkugel sind sie neuerdings einwandfrei festgestellt worden. Auch von dem sowjetischen Raumschiff Sojus 9 wurden sie gesehen.

Für die Größe der Wolkenteilchen wurden aus Streulicht- und Polarisationsmessungen Halbmesser von 0.1 bis 0.4 μm abgeleitet. Vom nördlichen Norwegen und Schweden aus wurden Raketenaufstiege zur Klärung ihrer Natur durchgeführt. Dabei wurden auf seitlich herausgestellten Schirmen die Teilchen gesammelt. Man fand feste Kerne mit Durchmessern $r>0.05$ μm, in denen ein gewisser Gehalt an Eisen und Nickel nachgewiesen werden konnte. Dies deutet auf *meteoritischen* Ursprung. Außerdem zeigten sich auf den Sammelplatten Höfe um diese Kerne, von denen man vermutet, daß sie von Eis herrühren, welches bis zur Untersuchung im Labor am Boden allerdings verdampft ist. Außerdem wurde festgestellt, daß in den Zeitperioden, in denen LNW beobachtet wurden, die Mesopause extrem niedrige Temperaturen von 130°K (-143°C) besaß. Beide Beobachtungen legen folgende Hypothese nahe: Es dringt ein ständiger Strom von kleinsten Meteoriten in die Lufthülle ein. Wenn aus besonderen Gründen, wahrscheinlich Hebung, die Temperaturen an der Mesopause extrem tief absinken, wird auch der sehr niedrige Wasserdampfgehalt der hohen Schichten ausreichend zur Kondensation. Die Teilchen dienen als Kondensationskerne, und es bilden sich in der Tat echte Eiswolken, also Cirren, die bei geeigneter Beleuchtung in hellen Sommernächten in hohen Breiten sichtbar werden.

Bei der Auswertung eines neueren Raketenaufstieges wurde zwar gleiche Leuchtdichte der Wolken und damit gleiche Teilchenzahl festgestellt wie früher, jedoch ergab die elektronenmikroskopische Untersuchung der aufgefangenen Teilchen eine viel geringere Zahl fester Kerne als erwartet. Es wurde deshalb die Hypothese entwickelt, daß photochemisch gebildete Ionen wie NO^+, NO_2^+ und H_3O^+, deren Existenz nachgewiesen ist, wie in der WILSONkammer als Ansatzpunkte für Kondensation in fester Form (Deposition) dienen können. Die benötigte vielfache Übersättigung in Bezug auf Eis ist bei den niedrigen Temperaturen vorhanden. Danach bestünden die leuchtenden Nachtwolken aus Klumpen (cluster) wie $H_3O^+ \cdot (H_2O)_n$. Eine Entscheidung zwischen beiden Theorien ist zur Zeit noch nicht möglich. Von besonderem meteorologischen Interesse sind die LNW geworden, weil sie durch ihre Zugrichtung nach West den ersten Anhaltspunkt für die sommerlichen hohen Ostwinde der hohen Breiten gaben (Abb. 16.2, 4).

Außerdem ließen sich Wellenerscheinungen in den Wolken als Gravitationswellen (HELMHOLTZwogen) in der besonderen Temperaturschichtung der Mesopause deuten.

18.4. Das Nachthimmelsleuchten

Der mondlose nächtliche Himmel wird erhellt durch das Leuchten aller Sterne, durch das Zodiakallicht, durch Polarlichter und durch ein E i g e n l e u c h t e n der atmosphärischen Gase, das Nachthimmelslicht (NHL). Erstaunlicherweise ist die letztere Lichtquelle stärker als alle vorher genannten. Die Schätzungen gehen von 2/3 des Gesamtlichtes im photographischen Bereich (3500 - 4500 Å) über 4/5 im Sichtbaren bis 9/10 im Gesamtspektrum von UV bis IR. Das Nachthimmelslicht ist also spektral sehr verschieden zusammengesetzt, vor allem in IR liegen sehr starke Emissionsbanden. Sowohl sowjetische wie amerikanische Astronauten haben es deutlich als einen etwa 1° breiten leuchtenden Streifen 3° über dem Horizont gesehen; die Färbung erscheint für das Auge etwa grünlich, die Leuchtdichte liegt jedoch nahe der Empfindlichkeitsschwelle des Auges für das Farbensehen. Es ist keineswegs auf die Nachtzeit beschränkt, sondern durch spektrale Messungen auch bei Tage nachweisbar. Bestimmte Erscheinungen treten verstärkt in der Dämmerung auf, und bei Tage ist das Leuchten wahrscheinlich doppelt so stark als bei Nacht. Es handelt sich um Resonanz- oder Fluoreszenzleuchten verschiedener Gase, das durch Sonneneinstrahlung angeregt wird, z.T. auch Rekombinationsleuchten dissoziierter Gase.

Fast kein Spektralbereich ist frei von NHL, was für astronomische Untersuchungen lichtschwacher Erscheinungen wie Zodiakallicht oder das Leuchten der Milchstraße störend wirken kann. Die Leuchtdichte der Erscheinung wird meist in Rayleigh (R) angegeben. 1 R entspricht 10^{-6} Photonen je cm^{-2}, Sekunde und Raumwinkel 4π. Die Einzelphänomene gibt die Tabelle 18.1.

Im Kontinuum sind wahrscheinlich mehrere schwache Molekülbanden zusammengeschlossen; es macht 60 % der Helligkeit im Sichtbaren aus. Die einzelnen Erscheinungen sind fast nicht mit anderen geophysikalischen Erscheinungen wie Polarlicht, magnetischen Störungen oder auch nur mit den gleichen Erscheinungen an benachbarten Beobachtungsorten zeitlich korreliert. Es bestehen jedoch Parallelitäten zwischen dem Kontinuum, der O-Linie 5577 Å und den O_2-Herzberg-Banden. Dagegen sind diese nicht mit dem O-Dublett 6300/6364 Å korreliert. Zusammenhänge bestehen wiederum zwischen dem Na-Leuchten und den OH-Banden.

Wie von der schon vor 100 Jahren beobachteten grünen „Nordlicht"-linie bei 5577 Å bekannt, handelt es sich bei fast allen Übergängen um sogenannte verbotene Linien. Die angeregten *metastabilen Zustände* haben eine so große natürliche Strahlungslebensdauer, daß un-

ter Normaldruck vor der Wiederemission regelmäßig ein Zusammen-
stoß erfolgt, der die Anregungsenergie davonträgt. Nur im höchsten
Vakuum, in der hohen Atmosphäre und im interplanetarischen Raum,
wo die Zahl der Stöße gering ist, kann das Leuchten auftreten.

Tabelle 18.1

Ursprung, Helligkeit und Emissionshöhe verschiedener Arten des
Nachthimmelsleuchtens

Wellenlänge	Quelle	Zenitleuchtdichte		Emissionshöhe
		R	erg$(\text{cm Luftsäule})^{-2} \text{s}^{-1}$	km
3000 - 4000 Å	O_2-Herzberg-banden	1500	$8{,}8 \cdot 10^{-3}$	90 - 105
5577 Å	O	250	$8{,}9 \cdot 10^{-4}$	90-110 und 220-280
5890 / 5896 Å	Na	30 - 300	$1{,}0\text{-}6{,}8 \cdot 10^{-4}$	80 - 100
6300 / 6364 Å	O	200	$6{,}2 \cdot 10^{-4}$	220-380 und 350-450
8645 Å	O_2	500	$1{,}1 \cdot 10^{-3}$	?
3800 - 45000 Å	OH	$5 \cdot 10^{6}$	3,6	60 - 80
4000 - 7000 Å	„Continuum"	900	$5 \cdot 10^{-3}$	90 - 110

Das OH-Radikal (Tab. 18.1) entsteht hauptsächlich durch die Reaktion

$$H + O_3 \rightarrow OH + O_2,$$

wobei die intensive IR-Bande des OH ausgesandt wird. Obwohl das
Ozon in diesen Höhen äußerst geringe Konzentration besitzt, ist die
Zahl der Moleküle doch noch ausreichend, um diese auch optisch auffallende Reaktion hervorzurufen. Die Vielzahl der Reaktionen, die
sich in den Schichten um und über 100 km abspielen, hat die Bezeichnung „chemische Küche" für diese Höhen geliefert und einen

eigenen Wissenschaftszweig, die *Aeronomie* entstehen lassen, die sich mit den Vorgängen in den Höhen der Atmosphäre beschäftigt, wo Dissoziation und Ionisation die ausschlaggebende Rolle spielen. Es versteht sich, daß für jedes beteiligte Atom oder Molekül Gleichgewichtsbetrachtungen wie für das O_3 in Abschn. 18.2 aufgestellt werden können.

Das Nachthimmelslicht ist nur von fern von Großstädten, wo kein Widerschein der künstlichen Beleuchtung stört, mit dem bloßen Auge zu sehen, und nur wenn es Strukturen besitzt. C.HOFFMEISTER hat es von der Sternwarte Sonneberg im Thüringer Wald jahrelang beobachtet und die Strukturen unter dem Namen *„Leuchtstreifen"* beschrieben, sogar deren Zugrichtung bestimmt.

Literatur:

R. M. GOODY, The Physics of the Stratosphere. Cambridge: University Press 1954. X, 187 p.

R. A. CRAIG, The Upper Atmosphere, Meteorology and Physics. New York and London: Acad. Press (Internat. Geophysics Series Vol. 8) 1965. XII, 509 p.

19. Atmosphärische Optik

In diesem Abschnitt sollen kurz die optischen Erscheinungen besprochen werden, die durch Teilchen hervorgerufen werden, die groß im Vergleich zur Wellenlänge sind, also durch Regen- und Wolkentropfen oder Eiskristalle, außerdem die mit der geschichteten Atmosphäre verbundenen Erscheinungen und die Theorie der Sichtweite. Nicht dagegen werden die Streuung des Lichtes an Molekülen und Dunst und die durch Absorption in Gasen hervorgerufenen Erscheinungen erwähnt, die schon in Abschn. 10.3 bis 10.5 behandelt wurden. Die meisten der Erscheinungen, vor allem die farbigen Phänomene, die im folgenden unter 19.1-3 beschrieben sind, sind zwar sehr schön, aber meteorologisch ziemlich bedeutungslos, so daß man sie als Schmuckstücke oder Ornamente des Himmels bezeichnen könnte. Wie jede Naturerscheinung verdienen sie aber Interesse.

19.1. Regenbogen

Die auf DESCARTES zurückgehende rein geometrische Erklärung des Regenbogens durch Brechung des Sonnenlichtes beim Eintritt in einen Tropfen, Totalreflexion an der Rückseite des Tropfens, und nochmalige Brechung beim Wiederaustritt sind aus jedem Physiklehrbuch bekannt. Dieser *Hauptregenbogen* hat einen ungefähren Halbmesser von 42° um den Gegenpunkt der Sonne mit Rot außen, Violett innen. Der *Nebenregenbogen* entsteht analog bei zweimaliger Spiegelung im Tropfeninneren und hat einen Halbmesser von 51° mit Violett innen und Rot außen. Bögen mit 3- und mehrfacher innerer Reflexion würden auf der Sonnenseite des Himmels liegen und sehr lichtschwach sein.

Bei aufmerksamer Beobachtung stellt man zwei Erscheinungen fest:
1. Die Farbfolge ist keineswegs immer gleich, die Farben sind gelegentlich sehr leuchtend und das Spektrum vollständig, in anderen Fällen sind sie verwaschen und das Rot fehlt; in letzterem Falle ist auch der ganze Bogen sehr breit.
2. An der violetten Seite, also innen beim Haupt-, außen beim Nebenregenbogen treten parallel dazu schwach leuchtende Sekundärbögen auf.

Beides sind Erscheinungen, die mit der einfachen Theorie DESCARTES' nicht zu erklären sind und die auf die *Interferenz* des Lichtes und die spektrale Zusammensetzung des Sonnenlichtes zurückzuführen sind. Monochromatisches Licht, das an verschiedenen Stellen der Peripherie des Tropfens auftritt, verläßt ihn unter etwas verschiedenen Richtungen, und es kommt zwischen benachbarten Strahlen zu Interferenzen. Das äußert sich darin, daß bei einem Schnitt in der Brechungsebene durch den monochromatischen Regenbogen die Intensitätskurve ein Maximum und zahlreiche an Intensität abnehmende Nebenmaxima aufweist. Diese Maxima liegen bei großen Tropfen enger beieinander als bei kleinen, außerdem ist die Lage des Hauptmaximums und der Abstand der Nebenmaxima abhängig von der Wellenlänge. Die Überlagerung der verschiedenen Farben des Sonnenspektrums führt dann dazu, daß durch große Tropfen ein schmales Band mit leuchtenden Farben erzeugt wird, durch kleine Tropfen ein breites Band mit weißlichen Farben und schließlich bei sehr kleinen

Wolkentröpfchen der sogenannte *Nebelbogen*, ein breiter weißer Bogen mit schwachgelblichem äußeren und schwachviolettem inneren Saum. Damit Sekundärbögen sichtbar werden, ist eine möglichst einheitliche Tropfengröße nötig; man sieht sie deshalb meist in der Nähe des Scheitelpunktes des Regenbogens, also in den nahe der Wolke befindlichen Tropfen. Die meteorologische Voraussetzung des Auftretens von Regenbogen ist nur, daß Sonnenlicht auf eine Regenwand fallen kann, also Schauerwetter. Da Schauer nachts sehr viel seltener sind als bei Tage, sind Mondregenbögen sehr selten (Schiller, „Wilhelm Tell", 2. Aufzug, 2. Szene).

Die geometrische und Beugungsoptik sind nur Grenzfälle für große Tropfen der elektromagnetischen Theorie, die das sekundär von einem beleuchteten Tropfen ausgehende Licht beschreibt. Deshalb ist es nicht verwunderlich, daß man auch bei der Streuung des Lichtes im Dunst (MIE-Streuung) durch sorgfältige Ausmessung der Helligkeitsindikatrix die Maxima der beiden Nebelbögen feststellen kann, die allerdings für das Auge nicht erkennbar sind. Bei gleicher Teilchengröße treten jedoch auch Streufunktionen ohne diese Maxima auf. Diese können dann nicht in wäßrigen Dunsttröpfchen, sondern müssen in „trockenen" Aerosolteilchen entstanden sein. Eine Unterscheidung zwischen feinstem Staub und feinsten Tröpfchen bei gleicher Dunstdichte oder Sichtweite wird durch solche Messungen möglich.

19.2. Halo-Erscheinungen

Eine optische Erscheinung, die auf Lichtbrechung und -spiegelung in Eiskristallen, die in der Luft schweben, zurückzuführen ist, nennt man einen Halo (griech. Halos = runde Fläche). Das Eis kristallisiert im hexagonalen System und die einzelnen Kristalle können bei stärkerer oder schwächerer Entwicklung der Hauptachse als sechseckige Prismen und Säulchen oder als Plättchen ausgebildet sein (Abb. 19.1). Für einen auftreffenden Lichtstrahl gibt es zwischen einer Basisfläche und einer Seitenfläche einen brechenden Winkel von 90° mit Lichtstrahlablenkung von 46°, zwischen einer und der übernächsten Seitenfläche einen solchen von 60° mit Ablenkungswinkel 22°. Brechung an einem Winkel von 120° zwischen zwei benachbarten Seitenflächen führt zu innerer Totalreflexion.

Die Lage des in der Luft schwebenden Kristalles ist für die Gestalt der sichtbar werdenden optischen Erscheinung entscheidend. Die Kristalle können in regelloser Anordnung schweben. Im allgemeinen werden aber entsprechend dem Prinzip des größten Widerstandes Plättchen bevorzugt waagerecht schweben, so daß die kristallographische Hauptachse senkrecht steht, und Säulchen ebenfalls waagerecht, so daß die Hauptachse waagerecht liegt (Abb. 19.1). Mit der verschiedenen Lage der Kristalle und den verschiedenen Möglichkeiten der brechenden Winkel und einer alleinigen oder zusätzlichen Spiegelung an den Kristallflächen wird eine reiche Fülle von Strahlengängen möglich, die zu gänzlich verschiedenartigen Figuren der Halos am Himmel führen. Grundsätzlich gilt nur, daß Brechungshalos farbig sind, reine Spiegelungshalos weiß. Eine Ansicht der mannigfaltigen Haloformen gibt Abb. 19.2. Ohne auf die geometrische Erklärung einzugehen, ist in Tabelle 19.1 eine kurze Zusammenfassung über die Entstehungsursachen gegeben.

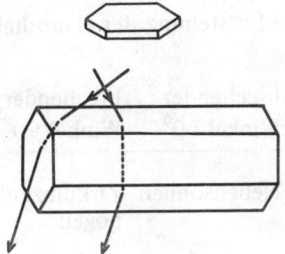

19.1   Eiskristalle und Strahlengang an den brechenden Winkeln von 90° und 60°.

Am bekanntesten und häufigsten sind der kleine Ring von 22° und die Nebensonnen, die bei Stellung der Sonne im Horizont ebenfalls 22° Abstand haben (Strahldurchgang in einer Normalebene zur Hauptachse); bei höherer Sonne besitzen sie einen geringen Abstand vom 22°-Ring. Der obere und untere Berührungsbogen des kleinen Ringes ändern ihre Gestalt stark mit der Höhe der Sonne über dem Horizont. Bei tiefstehender Sonne sind sie getrennt, bei hochstehender schließen sie sich zum umschriebenen Halo zusammen, der etwa elliptisch den kleinen Ring umschließt.

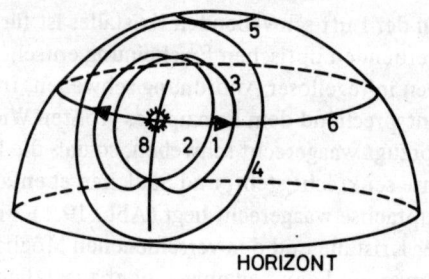

HORIZONT

19.2   Die Haupthalos: 1. Nebensonnen, 2. Kleiner Ring, 3. Umschriebener Halo, 4. Großer Ring, 5. Zirkumzenitalkreis, 6. Horizontalkreis, 7. Untersonne, 8. Lichtsäule.

Tabelle 19.1

Die Entstehung der Haupthalos

Lage des Kristalles	brechender Winkel 60°	brechender Winkel 90°	Spiegelung
Hauptachse senkrecht	Nebensonnen	Zirkumzenitbogen	Horizontalkreis (Sp. an Seiten)
			Untersonne (Sp. an Basis)
Hauptachse waagerecht	umschriebener Halo oberer und unterer Berührungsbogen zum 22°-Ring	-----	Lichtsäule (Sp. an Seiten)
			Horizontalkreis (Sp. an Basis)
Hauptachse beliebig	22°-Ring	46°-Ring	kein Halo, Himmelshelligkeit

Es braucht wohl nicht betont zu werden, daß Halos zwar die „Regenbogenfarben" zeigen, aber keine Regenbogen sind.

19.3. Kränze und Glorien

Ein Kranz besteht aus einer Anzahl von farbigen Ringen um Sonne und Mond, im allgemeinen mit Radien kleiner als $10°$. Man vermeidet das gängige Wort Hof, weil man darunter sowohl den kleinen Ring (Halo) oder einen Kranz verstehen könnte. Der innerste Teil der Kranzerscheinung ist eine helle weißleuchtende Scheibe um die Lichtquelle, die Aureole. Glorien sind ganz ähnliche Erscheinungen um den Gegenpunkt der Sonne, also um den Schatten des Beobachters auf einer Wolke und können oftmals beim Flug über einer Wolkendecke gesehen werden. Kränze und Glorien treten nur in Wasserwolken auf, ihr Vorkommen in Eiswolken ist nicht mit Sicherheit nachgewiesen.

Es handelt sich um *Beugungserscheinungen*, die mittels der von G. MIE gegebenen Theorie erklärt werden müssen. Diese Theorie war schon in Abschn. 10.5 erwähnt worden und ist streng aus den MAXWELLschen Gleichungen für den Fall zweier in einer Kugelfläche aneinandergrenzenden Dielektrika abgeleitet. Sie umfaßt alle Erscheinungen der sekundär von einem beleuchteten Tropfen beliebiger Größe ausgehenden Strahlung, also sowohl die RAYLEIGHstreuung, die Streuung im Dunst, die hier genannte Beugung an Wolkentröpfchen und die Entstehung des Regenbogens, nur hat das Verhältnis von Tropfenradius zu Wellenlänge r/λ in den 3 Fällen die Größenordnung 1, 10 und 10^3. Die Theorie ist zu kompliziert, um in dieser kurzen Übersicht verständlich dargestellt zu werden. Deshalb sind hier die Begriffe der geometrischen und der Wellenoptik als Sonderfälle der MIE-Theorie für große Teilchen verwendet. Grundsätzlich könnte sie auch für Eiskristalle aufgestellt werden, die mathematischen Schwierigkeiten wachsen dann jedoch ins Unermeßliche.

Für Tropfen in der Größe der Wolkenelemente und die Wellenlänge des sichtbaren Lichtes ergibt die Theorie eine sehr starke Vorwärtsstreuung und unter geringen Winkeln zwischen einfallendem und gestreutem Strahl aufeinanderfolgende Maxima und Minima, die sich im monochromatischen Licht als scharfe Ringe, im vielfarbigen Sonnenlicht als bunte Ringe um das Gestirn erkennen lassen. Entsprechend den Gesetzen der Beugung liegt bei den Ringen Blau innen, Rot außen. Je homogener die Tropfengrößenverteilung in der Wolke, umso deutlicher sind die Kränze; die Ringradien sind umso größer, je kleiner die Tropfenradien, so daß man aus einer Messung der Radien der Kränze auf die Größe der Wolkentröpfchen schließen kann.

Glorien sind hervorgerufen durch die Rückwärtsbeugung des Lichtes an den Tropfen. Qualitativ gilt für ihre Abhängigkeit von Tropfenradius und Wellenlänge das gleiche wie für Kränze, jedoch sind die quantitativen Zusammenhänge nur durch die exakte Theorie faßbar und deutlich von denen der Kränze verschieden.

In die Gruppe der Beugungserscheinung gehören auch die i r i s i e - r e n d e n W o l k e n, die in Abständen von mehr als 20° von der Sonne gesehen werden. Wahrscheinlich sind sie nicht anders zu erklären als die Kränze, jedoch setzt ihr Auftreten eine sehr einheitliche Tropfengrößenverteilung voraus.

19.4. Refraktionserscheinungen

In einer planparallelen homogenen Atmosphäre verlaufen alle von einem Gestirn kommenden Lichtstrahlen geradlinig und unter unveränderlichem Winkel gegen die Vertikale. Die relative durchstrahlte Luftmasse ist sec z. Bei einer homogenen, aber kugelförmigen Atmosphäre von H = 8 km Dicke würde ein am Erdboden tangential eintreffender Strahl am Oberrand der Atmosphäre mit der Normalen auf die Flächen gleicher Dichte einen Winkel von 89° 38,5' einschließen. Der Lichtweg in der Atmosphäre ist dann etwa 40 H. Nach geringeren Zenitdistanzen hin nimmt der Unterschied dieser relativen Luftmasse gegen sec z rapide ab und ist bei $z = 60°$ bereits unmerklich.

In der realen Atmosphäre tritt der von außen kommende Lichtstrahl allmählich von Schichten geringer Luftdichte in solche größerer ein und wird dabei zum Lot gebrochen, er wird also nach unten konkav. Dadurch wird der Unterschied zwischen der außerhalb der Atmosphäre gemessenen Zenitdistanz und der des am Erdboden tangential ankommenden Strahles geringer, er beträgt nicht mehr 21,5', sondern etwa 36'. Bei der homogenen Atmosphäre ist der Lichtstrahl gerade und die Winkeländerung nur durch die Erdkrümmung bedingt. In der realen Atmosphäre ergibt sich eine echte Zenitdistanzänderung.

Ein unendlich weit entfernter Stern ist (bei klarster Sicht) noch sichtbar, wenn er bereits etwa 0,6° unter dem Horizont steht. Diesen Winkel nennt man die *astronomische Refraktion*. Auch das Sonnenbild wird in gleicher Weise gehoben. Die Sonne (Durchmesser 30') steht in Wirklichkeit bereits vollständig unter dem Horizont, wenn ihr Unterrand für den Beobachter gerade zu verschwinden beginnt. Diese Hebung infolge der Strahlkrümmung ist nur bei sehr geringen Gestirnhöhen über dem Horizont bemerkenswert und ist schon bei 1° scheinbarer Höhe sehr viel geringer. Das bedeutet, daß bei sehr tiefstehender Sonne deren Oberrand weniger gehoben wird als der Unterrand, wodurch die bekannte *scheinbare Abplattung* der Sonnenscheibe beim Sonnenaufgang oder -untergang hervorgerufen wird.

Allgemein gilt für den Lichtstrahl das Gesetz, daß

$$(R + h)\, n\,(h)\, \sin z(h) = \text{const}, \qquad (19.1)$$

wo n der von der Höhe abhängige Brechungsindex der Luft und z die Zenitdistanz sind. Setzt man

$$n = 1 + (n_0 - 1)\, \rho/\rho_0,$$

dann ergibt sich bei Vernachlässigung kleiner Größen höherer Ordnung

$$\sec z(h) = (\cos^2 z_0 + 2\kappa \sin^2 z_0)^{-1/2} \qquad (19.2)$$

mit

$$2\kappa = (h/R) - (n_0 - 1)\, (1 - (\rho/\rho_0)).$$

z_0 ist die Zenitdistanz des Gestirns am Erdboden. Die relative Luftmasse ist

$$m = \int_0^\infty \sec z(h)\, dh. \qquad (19.3)$$

Für die Normatmosphäre ergeben sich folgende Zahlen

z_0	90°	88°	85°	80°	70°	60°
m	36.3	19.5	10.32	5.595	2.902	1.994
sec z_0	∞	28.7	11.47	5.764	2.924	2.000

Bei den sehr langen Lichtwegen durch die Atmosphäre wird der Strahl nicht nur gekrümmt, sondern durch die RAYLEIGH-Streuung auch stark extingiert, die tiefstehende Sonne erscheint deutlich rot. Wenn bei freiem Horizont — am Meer oder im Hochgebirge — das allerletzte Segment der Sonne verschwindet oder beim Aufgang der allererste schmale Streifen der Sonne sichtbar wird, ist er für die Dauer von etwa 1 Sekunde deutlich smaragdgrün, nicht rot. Das hat seine Ursache in der Wellenlängenabhängigkeit der Lichtbrechung. Betrachtet man einen hellen Stern wie etwa die Venus sehr dicht über dem Horizont in einem stark vergrößernden Fernrohr, dann sieht man ihr Bild zu einem kleinen senkrechten Spektrum auseinandergezogen, von dem allerdings der oberste blaue Teil durch Extinktion verloren geht und nur grün, gelb und rot übereinander zu sehen sind. Ebenso ist der alleroberste Saum der tiefstehenden Sonne grün, wird aber vom anderen Sonnenlicht bis zu dem Augenblick überstrahlt, in dem die übrige Sonne vom Horizont abgedeckt ist. Diese Erscheinung ist als „der grüne Strahl" bekannt.

Treten in der Atmosphäre sehr ungewöhnliche Schichtungen der Luftdichte auf, dann kann es auch zu ungewöhnlichen Lichtbrechungen kommen. Hier sind die *Luftspiegelungen* zu nennen, deren häufigste die Luftspiegelung nach oben ist. Ist die Temperatur des Erdbodens und einer sehr dünnen, ihm aufliegenden Luftschicht sehr hoch gegenüber der der Luft in etwa 10 cm Höhe darüber, wie es über Sandboden oder Straßen bei starker Sonneneinstrahlung der Fall sein kann, dann kann es in diesen alleruntersten Schichten zu einer Dichteabnahme nach unten hin kommen. Bei sehr flachem Blickwinkel nach unten kann daher der Sehstrahl vom Lot gebrochen, also in die Horizontale abgelenkt und wieder nach oben zurückgebogen werden.

Blickt man sehr flach, etwa über eine nichtwellige, in der Sonne erhitzte Autobahn, so sieht man auf der Straße den Himmel sich scheinbar spiegeln, was den Eindruck einer Wasserpfütze hervorruft. Ebenso sieht man entfernte Gegenstände wie Autos oder wenigstens deren Räder sich ebenfalls in dieser vermeintlichen Pfütze spiegeln. Beim Näherkommen wird der Blickwinkel steiler und die Dichteänderung reicht nicht mehr aus, um die „Spiegelung", in Wirklichkeit kontinuierliche Brechung, hervorzurufen, die „Pfütze" verschwindet.

Tritt diese Erscheinung in der heißen flimmernden Luft einer Wüste über welligem Boden auf, dann können unregelmäßige, auch seitliche Verzerrungen des Horizontes auftreten, in denen der Reisende, dessen Sinne noch durch Hitze und Durst geschwächt sein mögen, Oasen und Palmenhaine zu erblicken glauben. Dies ist die *Fata morgana*.

19.5. Die Sichtweite

Die Frage der Sichtweite in klarem, dunstigem oder gar nebligem Wetter hat zum Unterschied von den im vorstehenden geschilderten optischen Erscheinungen eine sehr erhebliche praktische Bedeutung für den Verkehr zu Lande, zu Wasser und in der Luft.

Das von einem leuchtenden Ziel ausgehende Licht wird durch Streuung in der Luft geschwächt oder extingiert. Dafür überlagert sich für den Beschauer das Licht, das als gestreutes Sonnenlicht an den zwischen Ziel und ihm selbst liegenden Luftmolekülen und Dunstteilchen gerade in die Richtung zu seinem Auge gelenkt wird, das sogenannte *Luftlicht*. Ist das anvisierte Ziel nicht leuchtend, sondern schwarz, dann sendet es selbst kein Licht aus, und es kommt aus seiner Richtung nur dieses Luftlicht, das schwarze Ziel wird aufgehellt. Dieses Luftlicht ist umso stärker, je größer der Abstand des Zieles ist oder je länger die Sehstrahlpyramide ist, aus der Streulicht kommt. Hierauf beruht das Unsichtbarwerden von fernen Körpern in der reinen oder trüben Atmosphäre oder die Verminderung der Fernsicht. Theoretisch kann man die Größe der Sichtweite folgendermaßen ableiten. Bezeichnet man mit l die Entfernung eines Elementar-Luftvolumens, dann ist die von diesem im Auge hervorgerufene Leuchtdichte

$$\mathrm{d}B_L = J\,a\,\mathrm{e}^{-al}\,\mathrm{d}l,$$

wobei J ein allgemeiner Ausdruck für die Beleuchtung des Luftvolumens ist, in dem auch die Streufunktion zwischen dem einfallenden und dem zum Beobachter gestreuten Lichtstrahl enthalten ist; a ist der Extinktionskoeffizient durch Streuung. Absorption kann für das sichtbare Licht außer acht gelassen werden. Der gesamte Sehstrahlkegel der Länge l' liefert dann die Leuchtdichte des Luftlichtes

$$B_L = J \int_0^{l'} a \exp(-al)\,dl$$

oder

$$B_L = J(1 - \exp(-al')).$$

Für $l' = \infty$ wird die Leuchtdichte $B_L(l' = \infty) = J$; dies ist aber die Horizontleuchtdichte $B_H = J$. Damit wird der Kontrast zwischen dem Ziel in der Entfernung l' und dem Horizont

$$(B_H - B_L)/B_H = \exp(-al'). \tag{19.4}$$

Nach dem WEBER-FECHNERschen Gesetz empfindet das Auge nur Kontraste, nicht Leuchtdichteunterschiede. Der geringste Leuchtdichtekontrast, den es noch wahrnehmen kann, der Schwellenwert, wird im allgemeinen mit $\epsilon = 0.02$ angenommen. Wenn der Kontrast zwischen Sehziel und Horizont diesen Schwellenwert erreicht, dann ist die Grenze der Erkennbarkeit gegeben, die Entfernung wird zur *Sichtweite* eines schwarzen Zieles S_N. Es wird

$$\exp(-a S_N) = \epsilon = 0.02$$

oder

$$S_N = -(\ln 0.02)/a. \tag{19.5}$$

Da weder natürliche Ziele, die sich gegen den Horizont abheben, vollkommen schwarz sind, noch die Kontrastschwelle unter allen Bedingungen den genauen Wert $\epsilon = 0.02$ besitzt, bezeichnet man die durch (19.5) gegebene Größe S_N als *Normsichtweite*, worauf sich der Index N bezieht. Bedenkt man, daß a ein Trübungsmaß ist, dann ist auch die Normsichtweite durch die Trübung gegeben und ist umso kleiner, je größer a oder je größer die Trübung der Luft ist. Der geringste Wert, den a bei normaler Dichte annehmen kann, ist der RAYLEIGH-Extinktionskoeffizient für Licht $a_R = 1.11 \times 10^{-2}\,\text{km}^{-1}$. Damit ergibt sich die größtmögliche Sichtweite bei reinster Atmosphäre zu 346 km.

Dies ist die Normsichtweite bei der sogenannten *Konturensicht*, also der Sicht eines dunklen Gegenstandes gegen den Horizont. Schneebedeckte Berge sind nicht so weit zu sehen. Für die Erkennbarkeit von Einzelheiten im Gelände, die *Detailsicht*, ergeben sich ähnliche Beziehungen, die auf dem gleichen Prinzip beruhen. Auch die für Flugzeuge wichtige Schrägsicht kann in ähnlicher Weise ermittelt werden.

Bei der Sichtweite von Lichtern bei Nacht, auch *Tragweite* genannt, nehmen die Beziehungen deshalb andere Gestalt an, weil für sehr kleine Ziele eine Abhängigkeit der Konstrastschwelle ϵ vom Winkeldurchmesser des Zieles und von der Umfeldleuchtdichte eintritt.

Literatur:

J. M. PERNTER und F. M. EXNER, Meteorologische Optik. Wien und Leipzig: Wilh. Braumüller 1922. XVI, 907 S.

G. DIETZE, Einführung in die Optik der Atmosphäre. Leipzig: Akad. Verlagsges. Geest & Portig 1957. XI, 263 S.

W. E. KNOWLES MIDDLETON, Vision through the Atmosphere. Toronto: Univ. of Toronto Press 1952. XIV, 250 p.

20. Luftelektrizität

20.1. Die Schönwetterelektrizität

Es ist allgemein bekannt, daß es in der Atmosphäre elektrische Entladungen, Blitze, gibt, die nur auftreten können, wenn zuvor elektrische Felder vorhanden sind, die durch die Blitze ausgeglichen werden. Weniger bekannt ist, daß es auch bei *wolkenlosem* Wetter ständig elektrische Felder gibt, die im Mittel ein *vertikales Spannungsgefälle* mit dem hohen Betrag von 130 V/m in Bodennähe besitzen. Dieses nach unten gerichtete Feld E nimmt stark mit der Höhe ab. Im Mittel gilt etwa

$h =$	0	0.5	1	1.5	2	3	4	6	8	10 km
$E =$	130	50	36	31	26	20	15	9	5	4 V/m.

Insgesamt beträgt also die Potentialdifferenz zwischen Erdboden und Ionosphäre als den beiden leitenden Begrenzungsflächen etwa 200 bis 250 kV. Das vertikale Feld ist jedoch zeitlich und örtlich sehr veränderlich und vor allem durch die Entstehung und Bewegung von Wolken ûnd Niederschlägen beeinflußt.

Außerdem besitzt die Luft eine *Leitfähigkeit*, die auf der Existenz und Beweglichkeit von *Luftionen* beruht. Diese dürfen nicht mit den Ionen dèr Physik verwechselt werden. Selbst die sogenannten Kleinionen bestehen aus Zusammenlagerungen von 10 bis 100 Molekülen mit einer Elementarladung ϵ, während die großen oder schweren Ionen größere Materieklümpchen mit einer oder mehreren Elementarladungen sind. Die Ladungen selbst entstehen durch radioaktive Strahlungen, die von den Bodenmineralien oder deren gasförmigen Zerfallsprodukten in der Luft (Radiumemanation Rn) ausgehen oder durch die kosmische Höhenstrahlung. Die Zusammenlagerung mit neutralen Materieteilchen erfolgt augenblicklich. Wenn q die Anzahl der im cm^3 je sec gebildeten Ladungsträger ist, gilt

$$\mathrm{d}\, n^{\pm} / \mathrm{d}\, t \;=\; q - \alpha\, n^{+}\, n^{-}, \tag{20.1}$$

wo α der Wiedervereinigungskoeffizient und n^{+}, n^{-} die Zahl der positiven oder negativen Ladungsträger im cm^3 sind. Im Gleichgewichtsfall verschwindender zeitlicher Änderungen gilt bei $n^{+} = n^{-}$

$$n \;=\; \sqrt{q/\alpha}\;.$$

Die Leitfähigkeit Λ der Luft ist durch Anzahl n und Beweglichkeit k (die Geschwindigkeit in einem Feld von 1 Vcm^{-1}) gegeben als

$$\Lambda \;=\; \epsilon\, n^{+} k^{+} \;+\; \epsilon\, n^{-} k^{-} \cdot = \lambda^{+} + \lambda^{-}. \tag{20.2}$$

Gleichzeitige Existenz einer Leitfähigkeit und eines Feldes bedeuten, daß ein Ladungstransport bzw. ein elektrischer Strom fließt, der das Feld abbaut. Wenn das Feld trotzdem bestehen bleibt, muß ein Prozeß vorhanden sein, der es immer wieder *neu erzeugt*.

Ein Hinweis darauf, wo dieser Prozeß zu finden ist, kann aus dem Studium des *Tagesganges der Feldstärke* an wolkenlosen „ungestörten" Tagen gefunden werden. Man unterscheidet drei verschiedene

Typen des Tagesganges. Bei Typ 1 beobachtet man einen einfachen
Gang, der nach Ortszeit abläuft. Das Minimum liegt etwa 4 Uhr morgens, das Maximum am Spätnachmittag. Die Schwankung zwischen
Maximalwert und Minimalwert beträgt etwa 60 % des Mittels. Auch
der Typ 2 läuft nach Ortszeit ab, besitzt jedoch 2 Minima und 2 Maxima. Die niedrigsten Werte werden etwa um 4 und um 14 Uhr beobachtet, während die Maxima am Vormittag und am späten Abend liegen. Beide Typen des Tagesganges sind also wie die meisten anderen
meteorologischen Elemente an den Sonnenstand gebunden. Auch treten sie nur über dem Festland auf. Der dritte Typ wird über den Weltmeeren und über den Polargebieten beobachtet, wo die meisten anderen Elemente — den Luftdruck ausgenommen, vgl. Abschn. 21 — fast
keinen Tagesgang zeigen. Auffallenderweise verläuft dieser dritte Typ
nach Weltzeit, das Minimum der Feldstärke findet sich um 4 Uhr und
das Maximum etwa 16 - 18 Uhr Greenwicher Zeit, gleichzeitig auf
allen Ozeanen. Die Gesamtschwankung ist etwas geringer als bei Typ
1 und 2, sie beträgt nur 40 % des Mittelwertes.

Durch diese auffallenden Unterschiede wird man zu der Ansicht geführt, daß über den Festländern *lokale*, vom Sonnenstand beeinflußte
Vorgänge den Tagesgang hervorrufen, während über Ozeanen und Polargebieten ein *Grundvorgang*, der nicht lokal gestört wird, zum Vor-
schein kommt. Der einfache und doppelte Tagesgang nach Typ 1 und
2 sind auch jahreszeitlich gebunden, und zwar beobachtet man den
einfachen Gang in der kalten, den doppelten in der warmen Jahreszeit. Darin zeigt sich eine auffallende Ähnlichkeit mit dem Tagesgang
des Dampfdruckes oder Wasserdampfgehaltes der Luft. Dieser folgt
im Winter etwa dem Tagesgang der Temperatur; bei niedrigen Temperaturen wird durch die Verdunstung vom Boden immer genügend
Wasserdampf geliefert, so daß seine Konzentration sich ohne Schwierigkeiten der maximalen Dampfspannung, also etwa der Temperatur,
annähern kann. Im Sommer tritt tagsüber die verstärkte Durchmischung mit höheren, spezifisch trockneren Luftschichten wegen des
verstärkten Austausches hinzu, es wird nicht mehr genügend Wasserdampf durch Verdunstung nachgeliefert, um diesen Abtransport nach
der Höhe aufzufangen, und es kommt zu dem sekundären Minimum
in den Nachmittagsstunden. Messungen des Staubgehaltes haben ge-

zeigt, daß dieser dem gleichen doppelten Tagesgang folgt. Mit der Ablagerung von Wasserdampf an die Luftionen oder mit deren Anlagerung an den Staub nimmt aber deren Beweglichkeit k ab, sie bilden sich zu großen Ionen um, und nach (20.2) sinkt die Leitfähigkeit ab. Damit ist bei konstantem Strom eine Vergrößerung der Feldstärke gekoppelt, wie sie in den lokalen Tagesgängen nach Typ 1 und 2 beobachtet wird.

Über den Weltmeeren kann eine solche Erklärung nicht herangezogen werden. Hier brachte eine Untersuchung der *Gewittertätigkeit* auf der ganzen Erdoberfläche, nach Weltzeit geordnet, die Aufklärung. Die Anzahl der Gewitter, die in jedem Augenblick auf der ganzen Erde vorhanden sind, wird auf 2000 geschätzt. Sie sind aber vor allem auf die tropischen Kontinente beschränkt, wo sie zur Zeit der größten thermischen Konvektion, also am lokalen Nachmittag, auftreten. Ausgedehnte tropische Landmassen mit vielen Gewittern liegen in Afrika und Süd-Amerika, während die Tropengebiete des asiatisch-australischen Sektors überwiegend vom Meer bedeckt sind. Vereinfacht kann man sagen, daß 16 Uhr Ortszeit im äquatorialen Afrika gleich 14 Uhr Weltzeit, im äquatorialen Süd-Amerika 20 Uhr Weltzeit ist. Daraus ergibt sich für die gesamte Erde ein Maximum der Gewittertätigkeit zwischen 16 und 18 Uhr Weltzeit, wo auch der Tagesgang der Feldstärke nach Typ 3 sein Maximum hat. Man muß also die Weltgewittertätigkeit als Ursache für den Tagesgang der Feldstärke ansehen, der über den Meeren und Polargebieten keinen lokalen Schwankungen unterworfen ist.

20.2. Das Gewitter

Die Rolle des Gewitters im gesamten luftelektrischen Stromkreis ist nach dem Vorstehenden die eines *Generators* für die Spannungsdifferenz Atmosphäre − Erde. Dieser Generator muß in der Höhe positive Ladung erzeugen, die über den Widerstand der Atmosphäre oberhalb der Gewitter mit einem Gesamtstrom von etwa 1 A je Gewitter die obere „Platte" des globalen Kondensators auflädt, im unteren Teil der Wolke negative Ladungen, die nach unten abfließen. Man hat durch Ballon- und Flugzeugaufstiege sowohl diese Ladungsverteilung in Gewitterwolken, oberhalb der Höhe von -10 bis -20°C positiv, un-

terhalb negativ, wie den oberen Vertikalstrom von 0,8 A messen können. Daneben existiert meist noch ein räumlich enger begrenztes Gebiet positiver Ladung in der Nähe der Wolkenbasis im aufsteigenden
Konvektionsschlot.

Die Entstehung dieser Raumladungen in der Gewitterwolke muß
durch den Vorgang einer *Ladungstrennung* erfolgen. Für den Mechanismus dieser Trennung sind vielerlei Möglichkeiten aufgezeigt und
in verschiedenen Gewittertheorien im Laufe der Jahre vorgetragen
worden, ohne daß eine eindeutige Entscheidung möglich geworden
ist. Zunächst läßt sich eines sagen: Da die Grenze zwischen positiver
und negativer Raumladung bei den Temperaturen liegt, bei denen die
Umwandlung von Tröpfchen in Kristalle vor sich geht, oder wo beide
Arten von Niederschlagsteilchen nebeneinander vorhanden sind, müssen Vorgänge, die an diese Vorbedingung geknüpft sind, den Vorrang
haben. Möglichkeiten der Ladungstrennung sind nach ISRAEL:

1. Relativbewegung der (schwereren und leichteren) Teilchen gegeneinander;

2. Begegnung von verschiedenen Niederschlagsteilchen; dabei sind
   Influenzeffekte und Ladungsaustausch zwischen den Teilchen
   möglich;

3. Berührung von gleichartigen Niederschlagsteilchen verschiedener
   Größe;

4. Zerfall von Teilchen;

5. Absplittern oder Zerstäuben von Kristallen;

6. Voltaeffekte zwischen Teilchen gleicher oder verschiedener Phase.

Alle diese Vorgänge sind vorgetragen worden. Eine Entscheidung zu-
gunsten einer einzigen Theorie ist noch nicht möglich gewesen. Es
ist durchaus denkbar, daß in verschiedenen Fällen die eine oder die
andere Ursache überwiegt oder verantwortlich ist, daß es demgemäß
Gewitter verschiedener Ursachen gibt. Es ist hier der in der Naturwis-
senschaft seltene Fall gegeben, daß man für die Erklärung einer Erscheinung nicht zu wenige, sondern zu viele Möglichkeiten besitzt.

Die *Energiequelle* ist letzten Endes in der Schwerkraft und in der thermodynamischen Energie zu suchen: Auftrieb warmer, feuchter Luft und Freisetzen von Kondensationswärme und Gefrierwärme. Berechnet man daneben die elektrischen Energieumsetzungen, so findet man, daß diese mit einer Größenordnung von 10^6 kWh nur einen verschwindenden Bruchteil von etwa 1 % des thermodynamischen Gesamtenergieumsatzes bilden.

Der *Blitz* ist ein riesenhaft vergrößerter Funkenüberschlag zwischen verschiedenpoligen Raumladungen der Wolken (Wolkenblitz), zwischen Wolke und Erdboden (Erdblitz) oder zwischen Wolken und höherer Atmosphäre. Blitze der letzten Art sind selten, aber einwandfrei beobachtet worden. Ein Blitz setzt an einer Stelle ein, wo ein Spannungsgefälle von etwa 2000 bis 3000 V cm^{-1} vorhanden ist. Es bildet sich zunächst ein nur kurzer Entladungskanal, der im Potentialfeld wie ein Leiter wirkt. Deshalb drängen sich an seinen Enden die Feldlinien zusammen und schaffen dort wiederum die hohen Spannungsgefälle, die zum Weiterfortschreiten der Entladung nötig sind. So arbeitet sich der Blitz ruckweise und stoßweise vor. Es folgen eine große Anzahl von Entladungen in der gleichen Richtung hintereinander, die sich beim Erdblitz immer weiter nach unten hin ausdehnen und in zeitlichen Abständen von weniger als 10^{-3} s einander im gleichen Entladungskanal folgen, bis dieser die volle Länge bis zum Erdboden erreicht und der eigentliche Blitzschlag mit einer Zeitdauer von $4 \cdot 10^{-5}$ s erfolgt. Diesem folgen häufig im Abstand von etwa $3 \cdot 10^{-2}$ s weitere Entladungen, alle in der gleichen Richtung von der Wolke zum Boden. Dies ist das dem bloßen Auge auffallende Flackern der Blitze. Bei einer mittleren Stromstärke von $2 \cdot 10^4$ A und einer Gesamtspannung von $4 \cdot 10^7$ V ergibt sich bei 4 Entladungen der genannten Dauer nur eine Gesamtenergie von 40 kWh.

Die Entladungsvorgänge innerhalb der Wolken sind nur im Widerschein zu beobachten und deshalb weniger gut erforscht. Es gibt jedoch in hohen Aufgleitwolken häufig Fälle, wo man über die Wolken hinhuschende, lautlose Entladungen sehen kann, die in dunklen Nächten fern von störenden Lichtquellen gut zu beobachten sind.

Der *Donner* entsteht durch das Zusammenbrechen des glühenden Blitzkanals. In sehr großer Nähe hört man manchmal nur eine Art

Zischen, schon in Entfernungen von 100 m einen scharfen Schlag und in größeren Entfernungen den dumpfen Widerhall an den Wolkenwänden mit vielfachen Echos, das bekannte Rumpeln des Donners.

Das Zusammenbrechen des elektrischen Feldes im Blitzfunken verursacht elektromagnetische Wellen aller Frequenzen, die im Radio als störende Kratzgeräusche empfunden werden, deren Analyse mit Kathodenstrahloszillographen jedoch interessante Aufschlüsse über die Form der Entladung und über die Entfernung der Entladung gibt. Man nennt diese „Störungen" *atmospherics* oder auch einfach *sferics*. Ihre elektrische Anpeilung kann Aufschlüsse über die Richtung geben, in der sich das Gewitter oder die Entladung befindet.

Literatur:

H. ISRAEL, Atmosphärische Elektrizität I und II. Leipzig: Akademische Verlagsgesellschaft Geest & Portig, 1957 und 1961, IX, 370 S. und X, 503 S.

21. Gezeiten der Atmosphäre

Wie das Meer und die feste Erde unterliegt auch die Atmosphäre den *Gravitationswirkungen* von Sonne und Mond, die durch die Umdrehung der Erde eine mit dem ganzen oder halben Sonnen- oder Mondtag gleiche Periode besitzen. Diese äußern sich beim Meer in Ansammlungen des Wassers, bei der Erde durch Deformationen, bei der Atmosphäre durch Ansammlungen von Luft, also durch Luftdruckschwankungen. Die Perioden sind 24.0 und 12.0 Stunden oder für den Mond 24.84 und 12.42 Stunden. Eine ganztägige Druckschwankung von 24 Stunden ist zwar fast überall auf dem Lande deutlich aus den Registrierungen abzulesen, aber sie ist sehr stark von Ort zu Ort in ihrer Amplitude wechselnd und fehlt auf dem Meer vollständig. Daraus folgt, daß sie rein thermisch bedingt ist; die kleinräumigen Windzirkulationen der Land- und Seewinde oder Berg- und Talwind stehen mit ihr in Zusammenhang. Aber sie kann keine Schwingung der Atmosphäre im Ganzen oder Gezeit im eigentlichen Sinne sein.

Die *halbtägige* Schwingung ist dagegen unabhängig von Land- oder Meerbedeckung überall mit Maxima um 10 und 22 Uhr mittlerer Ortszeit und Minima 4 und 16 Uhr feststellbar, und ihre Amplitude ist fast nur von der geographischen Breite abhängig. Sie muß deshalb als eine echte Ebbe- und Fluterscheinung oder Gezeit angesehen werden. Diese doppelte Welle wandert mit der Sonne um die Erde, also von Ost nach West. Sie hat ihre maximale Amplitude (halbe Schwingungsweite) am Äquator mit etwa 1.25 mb und nimmt regelmäßig etwa mit $\cos^3 \varphi$ polwärts ab.

Wenn diese Schwingung durch die Gravitationswirkung der Sonne angeregt ist, sollte man erwarten, daß etwas Ähnliches auch für die *Mondgezeiten* gilt. Das Potential der Gezeiten des Mondes ist etwa 2.2 mal so groß wie das der Sonne. Etwa das gleiche Amplitudenverhältnis gilt auch für die Gezeiten des Meeres, wo der Gezeitenhub des Mondes etwa doppelt so groß ist wie der der Sonne. Dagegen hat die in einem halben Mondtag, also in $12^h 25^{min}$ ablaufende Druckwelle in der Atmosphäre nur die 0.053fache Amplitude der entsprechenden Sonnengezeit; gemessen an den Gezeitenkräften ist sie also entweder 40mal zu klein oder die Sonnengezeit 40mal zu groß.

Diese erstaunliche Tatsache veranlaßte 1882 LORD KELVIN, die Hypothese zu entwickeln, daß die Erdatmosphäre eine Eigenschwingung der entsprechenden Schwingungsform besitze, deren Periode sehr eng, etwa auf 3 Minuten genau, mit der Anregung durch die Sonne übereinstimme. Die Sonnengezeit wird dann durch *Resonanz* erheblich verstärkt, während die Resonanz bei der Mondgezeit, wo die Perioden der Anregung und der Eigenschwingung stark verschieden sind, ausbleibt. So einleuchtend diese Hypothese ist, so viele Schwierigkeiten haben sich bei genauerem Studium ergeben, und sie ist heute praktisch aufgegeben.

Zunächst muß festgehalten werden, daß grundsätzlich für die halbtägige Sonnengezeit neben der Anregung durch die Gravitation eine *thermische Anregung* durch die Temperaturwelle möglich ist. Der Tagesgang der Temperatur ist zwar vorwiegend ganztägig. Da er jedoch stark unsymmetrisch ist und von einer Sinuswelle abweicht — er hat vormittags einen raschen Temperaturanstieg, nachmittags

und nachts einen langsamen, sich über etwa 16 Stunden hinziehen-
den Abfall –, ergibt sich in einer harmonischen Analyse eine gar nicht
kleine halbtägige Variation. Daneben existieren auch drittel- und vier-
teltägige Temperaturwellen. Der Mond verursacht keine Temperaturwelle, ebensowenig wie eine solche mit der Periode des halben Mond-
tages. Das legt nahe, daß das Fehlen der entsprechenden Druckwelle
darauf zurückzuführen ist, daß die Anregung der halbtägigen Sonnengezeit weit überwiegend *nicht* durch die Gravitation, sondern thermisch erfolgt und beim Mond diese Art Anregung fehlt. Für diese Erklärung spricht vor allem die Phase der Druckwelle in der halbtägigen
Sonnengezeit. Die Maxima müßten bei einer reinen Gravitationsanre-
gung am lokalen Mittag und zu Mitternacht auftreten, bei Berücksichtigung der Reibung in der Theorie vielleicht etwas später. Sie treten aber 2 bis 2 1/2 Stunden früher auf, was für die thermische Anregung spricht. Es kommt hinzu, daß die beobachteten *drittel-* und
vierteltägigen Druckwellen durch Gravitationswirkung nicht angeregt
werden können. Weiterhin wird eine nicht wandernde, also stehende,
rein *zonale Halbtagsgezeit* beobachtet, die nach Weltzeit abläuft. Sie
besitzt gleichzeitig Maxima an beiden Polen und ein Minimum in
niedrigen Breiten und 6 Sonnenstunden später umgekehrt Minima an
den Polen und ein Maximum in den Tropen. Eine solche Schwingung
kann ebenfalls durch die Gravitation nicht erklärt werden, sondern
nur durch die Erwärmung und Abkühlung der ungleichmäßig verteilten Kontinente auf der Nordhalbkugel, die gewissermaßen einen Wär-
meimpuls liefern, wenn der asiatische Kontinent Mittag hat, und etwa
12 Stunden später einen zweiten, wenn über dem amerikanischen
Kontinent Mittag ist. Alle diese Effekte sprechen viel mehr für eine
thermische Anregung als für eine solche durch Gravitation. Das Problem bleibt dann nur: Warum gibt es keine 24stündige solare Gezeit,
sondern nur eine 12stündige?

Die Antwort ist auch in diesem Falle, daß *Eigenschwingungen* der Atmosphäre für alle beobachteten Schwingungsformen existieren müssen, aber es stellt sich nicht mehr die Frage nach der unerhört scharfen Abstimmung zwischen der Schwingungsperiode und der Umlauf-
zeit der Erde, die nach KELVIN zu der enormen Resonanzverstärkung
der solaren gegenüber der lunaren Doppelwelle benötigt wurde.

Man kann die Frage auch so formulieren: Welche *äquivalente Tiefe h* muß der Luftozean haben, um eine Eigenschwingung der geforderten Art, also mit etwa 12stündiger Periode und von Ost nach West wandernd, zu besitzen. Diese Tiefe *h* hängt vom Dichteaufbau bzw. von der Temperaturschichtung der Atmosphäre ab. Berechnungen mit dem heute bekannten Aufbau der Atmosphäre ergaben $h = 10$ km; diesem Wert entspricht eine freie Schwingungsperiode von 10.5 Stunden anstatt 12 Stunden (12^h würden sich bei $h = 8$ km ergeben). Damit muß die Resonanztheorie in ihrer ursprünglichen Fassung aufgegeben werden. Man findet aber mit Berechnungen der äquivalenten Tiefe eine Antwort auf die Frage, warum die 24stündige Gezeit unterdrückt wird. Die äquivalente Tiefe müßte in diesem Falle 0.63 km betragen, was weit entfernt vom gegebenen Aufbau der Atmosphäre ist.

Für die Amplitude der halbtägigen Druckwelle ergaben frühere theoretische Rechnungen keine guten Ergebnisse, weil nur die tägliche Erwärmung der Atmosphäre vom Erdboden her berücksichtigt wurde. Allerdings ist diese die wichtigste Wärmequelle. Die Kenntnis der vertikalen Temperaturschichtung hat jedoch nicht nur gezeigt, daß die warme Stratopause durch die Absorption der kurzwelligen Sonnenstrahlung im Ozon hervorgerufen wird, sondern hat damit auch zu der Erkenntnis geführt, daß in diesen Höhen eine zweite, mit dem Sonnenstand variierende Wärmequelle vorhanden ist. Dieser Tagesgang und die halbtägige „Oberschwingung" der Temperatur in etwa 50 km Höhe sind von großer Bedeutung; etwa 2/3 der halbtägigen Druckamplitude in Bodennähe sind auf seine Wirkung zurückzuführen.

Damit ergibt sich für die Theorie insgesamt folgendes Bild: Eine ganztägige Sonnengezeit im Luftdruck als ein weltweites Phänomen wird trotz der großen Temperaturwelle über Land unterdrückt, weil die Atmosphäre keine geeignete Eigenschwingung besitzt. Die halbtägige Gezeit wird nicht durch Gravitation, sondern durch den Tagesgang der Temperatur angeregt, wobei die Absorption in der freien Atmosphäre auch für den Druckgang am Boden einen großen Beitrag liefert. Die drittel- und vierteltägigen Wellen ebenso wie die zonale stehende Schwingung können nur thermisch angeregt sein. Die theoretische Erklärung dieser Wellen ist jedoch noch nicht befriedigend. Die halbtägige Mondgezeit ist beim Fehlen einer thermischen Anregung nur durch die Gravitation angeregt. Ein Gravitationsanteil in der Sonnengezeit ist wahrscheinlich vorhanden, kann aber von dem thermischen nicht getrennt werden und dürfte noch kleiner sein als die Mondgezeit, also kleiner als 0.07 mb Amplitude am Äquator. Die mit der solaren halbtägigen Druckschwankung verbundenen Windschwankungen besitzen in der Troposphäre Amplituden von 20 - 45 cm s^{-1}, wachsen aber nach oben hin an. Auffallend ist, daß in der Mesosphäre auch die ganztägige Schwingung mit gleicher Größe wie die halbtägige auftritt und die Amplituden 100mal so groß, in der Größenordnung von 10 - 20 m s^{-1}, liegen.

Die Gezeitenschwingungen sind für das Wettergeschehen ohne Bedeutung. Dagegen sind sie schon frühzeitig als Ursachen für Schwankungen des erdmagnetischen Feldes erkannt worden, die ihren Sitz in den Ladungsbewegungen in der hohen Atmosphäre unter dem Einfluß der dort vorhandenen Gezeitenströmungen haben.

Literatur:

M. SIEBERT, Atmospheric Tides. Advances in Geoph. 7, 105-187, 1961.

S. CHAPMAN and R. S. LINDZEN, Atmospheric Tides. Dordrecht Holland, D. Reidel Publ. Comp., 1970, IX, 200 p.

NAMENVERZEICHNIS

A

Aitken, J. (schott. 1839–1919)
Ångström, A. (schwed. geb.1888)
Ångström, K. (schwed. 1857 – 1910)
Aristoteles (gr. 384–322 v.Chr.)
Aßmann, R. (dtsch. 1845–1918)
Avogadro, A. (ital. 1776–1850)

B

Bartels, J. (dtsch. 1899–1964)
Battan, L. J. (USA geb. 1923)
Baur, F. (dtsch. geb. 1887)
Beaufort, F. (brit. 1774–1857)
Bellani, A. (ital. 1776–1852)
Bénard, H. (frz. 1874–1939)
Bergeron, T. (schwed. geb. 1891)
Berson, A. (dtsch. 1859–1942)
Berz, G. (dtsch. geb. 1941)
Bezold, W. von (dtsch. 1837 – 1907)
Bjerknes, J. (norw. geb. 1897)
Bjerknes, V. (norw. 1862–1951)
Bolle, H.-J. (dtsch. geb. 1929)
Boltzmann, L. (österr. 1844 – 1906)
Borne, H. von dem (dtsch. geb. 1903)
Bouguer, P. (frz. 1698–1758)
Boyle, R. (brit. 1627–1691)
Brockamp, B. (dtsch. 1902 – 1968)
Brunt, Sir David (brit. 1886 – 1965)
Budyko, M. I. (SU geb. 1920)

Bullrich, K. (dtsch. geb. 1920)
Bundgaard, R. C. (USA geb. 1918)
Businger, J. A. (holl., USA geb. 1924)
Buys-Ballot, Ch. H. D. (holl. 1817–1890)
Byers, H. R. (USA geb. 1906)

C

Campbell of Islay, J. F. (brit. 1821–1885)
Celsius, A. (schwed. 1701–1744)
Chappuis, J. (frz. 1854–1934)
Charney, J. G. (USA geb. 1917)
Clapeyron, B. P. E. (frz. 1799 – 1864)
Clausius, R. J. E. (dtsch. 1822 – 1888)
Corby, G. A. (brit.)
Coriolis, G. G. (frz. 1792–1843)
Courvoisier, P. (schweiz. geb. 1915)
Cox, E. F. (USA geb. 1908)

Dalton, J. (brit. 1766–1844)
Dansgaard, W. (dän. geb. 1922)
Defant, A. (österr. geb. 1884)
Defant, F. (dtsch. geb. 1914)
Descartes, R. (frz. 1596–1650)
Dieminger, W. (dtsch. geb. 1907)
Dietrich, G. (dtsch. 1911–1972)
Dirmhirn, I. (österr. geb. 1925)

Dobson, G. M. B. (brit. geb. 1889)

Dütsch, H. U. (schweiz. geb. 1917)

E

Ekholm, N. (schwed. 1848–1923)

Ekman, V. W. (schwed. 1874 – 1935)

Elsasser, W. M. (USA geb. 1904)

Ertel, H. (dtsch. 1904–1971)

F

Fahrenheit, G. D. (holl. 1686 – 1736)

Faust, H. (dtsch. geb. 1912)

Fechner, G. Th. (dtsch. 1801 – 1887)

Ferrel, W. (USA 1817–1891)

Fett, W. (dtsch. geb. 1927)

Feußner, K. (dtsch. geb. 1902)

Findeisen, W. (dtsch. 1909–1945)

Fischer, G. (dtsch. geb. 1924)

Fleagle, R. G. (USA geb. 1918)

Fletcher, N. H. (brit.)

Flohn, H. (dtsch. geb. 1912)

Foitzik, L. (dtsch. geb. 1907)

Foucault, L. (frz. 1819–1868)

Frankenberger, E. (dtsch. geb. 1899)

Franssila, M. (finn. geb. 1905)

Fraunhofer, J. von (dtsch. 1787–1826

Friedrich, W. (dtsch. geb. 1900)

Fultz, D. (USA geb. 1921)

G

Gay-Lussac, L. F. (frz. 1778 – 1850)

Geiger, R. (dtsch. geb. 1894)

Godske, C. L. (norw. 1906 – 1970)

Godson, W. L. (kanad. geb. 1920)

Götz, F. W. P. (dtsch. 1891 – 1954)

Goody, R. M. (brit. geb. 1921)

Groves, G. V. (brit.)

Grundmann, W. (dtsch. 1897–1962)

Grunow, J. (dtsch. 1902–1971)

Guldberg, C. M. (norw. 1836 – 1902)

H

Haber, H. (dtsch. geb. 1913)

Hadley, G. (brit. 1685–1744)

Halley, E. (brit. 1656–1742)

Haltiner, G. J. (USA geb. 1918)

Hanel, R. (österr., USA geb. 1922)

Hann, J. von (österr. 1839 – 1921)

Hartley, W. N. (brit. 1846–1913)

Hasler, A. F. (USA)

Haurwitz, B. (dtsch., USA geb. 1905)

Heaviside, O. (brit. 1850–1925)

Helmholtz, H. von (dtsch. 1821–1894)

Herzberg, G. (kanad. geb. 1904)

Hinzpeter, H. (dtsch. geb. 1921)

Hoffmeister, C. (dtsch. 1892–1968

Hofmann, G. (dtsch. geb. 1921)

Holmboe, J. (norw., USA geb. 1900)

Howard, L. (brit. 1772–1864)

Huber, B. (dtsch. 1899–1970)

Huggins, H. (brit. 1824–1910)

Humphreys, W. J. (USA 1862 – 1949)

Huygens, Chr. (holl. 1629–1695)

O

Obuchow, A. M. (SU geb. 1918)

P

Paetzold, H. K. (dtsch. geb. 1916)
Palmén, E. (finn. geb. 1898)
Peppler, W. (dtsch. 1884–1961)
Petterssen, S. (norw., USA geb. 1898)
Phillips, N. (USA geb. 1923)
Piche, A. (frz. 1840–1907)
Planck, M. (dtsch. 1858–1947)
Pohl, W. (dtsch. geb. 1922)
Poisson, S. D. (frz. 1781–1840)
Popoff, V. P. (russ. geb. 1894)
Prandtl, L. (dtsch. 1875–1953)
Priestley, C. H. B. (brit., austr. geb. 1915)

Q

Quenzel, H. (dtsch. geb. 1932)

R

Radok, U. (dtsch., austr. geb. 1915)
Ramachandran, S. (ind. 1930 – 1969)
Raoult, F. M. (frz. 1830–1901)
Raschke, E. (dtsch. geb. 1936)
Rayleigh, Lord (R. J. W. Strutt) (brit. 1842–1919)
Reed, R. (USA geb. 1922)
Refsdal, A. (norw. 1897–1956)
Reiter, E. R. (österr., USA geb. 1928)
Reiter, R. (dtsch. geb. 1920)
Reuter, H. (österr. geb. 1914)
Reynolds, O. (irl. 1842–1912)
Richardson, L. F. (brit. 1881 – 1953) ·

Robinson, G. D. (brit., USA geb. 1910)
Robinson, J. R. T. (brit. 1792 – 1882)
Robinson, N. (isr. 1904–1964)
Rossby, C. G. (schwed., USA 1898–1957)
Runcorn, S. K. (brit. geb. 1922)
Runge, C. (dtsch. 1856–1927)

S

Sadler, J. C. (USA geb. 1920)
Scherhag, R. (dtsch. 1907–1970)
Schmidt, W. (österr. 1883–1936)
Schneider-Carius, K. (dtsch. 1896–1959)
Schöllmann, E. (dtsch. geb. 1941)
Schüepp, W. (schweiz. geb. 1917)
Schulze, R. (dtsch. geb. 1906)
Schumann, V. (dtsch. 1841– 1913)
Scorer, R. S. (brit. geb. 1919)
Scultetus, H. R. (dtsch. geb. 1904)
Shaw, Sir (W.) Napier (brit. 1854–1945)
Six, J. (brit. ? – 1793)
Smagorinsky, J. (USA geb. 1924)
Snellius, W. (holl. 1580 – 1626)
Solberg, H. (norw. geb. 1895)
Sonntag, D. (dtsch. geb. 1927)
Sprung, A. (dtsch. 1848–1909)
Stefan, J. (österr. 1835–1893)
Stokes, Sir. G. G. (brit. 1819 – 1903)
Strickler, F. R. (USA geb. 1918)
Strutt, siehe Rayleigh
Stüve, G. (dtsch. 1888–1935)
Stuhrmann, R. (dtsch. geb. 1936)
Süring, R. (dtsch. 1866–1950)

Register

Konvergenz 176, 218 (I)
Konvergenzlinie 100 (I)
Korpuskularstrahlen 55 (I)
Krakatoa 176 (II)
Kränze 185f. (II)
Kreislauf des Wassers 151, 154 (I)
Krypton 34 (I)
Kugelpyranometer 47 (II)
künstliche Wetterbeeinflussung
    154 (I)
künstlicher Niederschlag 217 (I)
Kurzstrahlung 31 (II)
kurzwellig 13 (II)
kurzwellige Strahlung 66 (I)
Küstenwolken 196 (I)

L

labil 126, 172, 174 (I)
labiles Gleichgewicht 90 (I)
Labilisierung 66 (II)
Labilität 170 (I); 121 (II)
Labilitätsbedingungen 172 (I)
lacunaris 196 (I)
Ladungen 186 (I)
Ladungstrennung 195 (II)
Landesverdunstung 150f. (I)
Landregen 204 (I); 120 (II)
Landregengebiet 122 (II)
Landwind 108ff. (I)
lange Wellen 132, 134, 146 (II)
Langley 11 (II)
langwellig 13 (II)
langwellige Strahlung 66 (I);
    76, 87 (II)
– Strahlungsbilanz 52f., 65 (II)
latente Labilität 179 (I)
latentlabil 193 (I)
Leben 174 (II)
Lee 179, 208f. (I)
Leewellen 182f. (I)
Leewirbel 196 (I)
Leitfähigkeit 192, 194 (II)

lenticularis 182, 193, 196 (I)
leuchtende Nachtwolken
    141 (I); 176 (II)
Leuchtstreifen 180 (II)
Licht 10 (II)
Lichtsäule 184 (II)
Lichtstreuung 159 (I)
Limnologie 17 (I)
Linien 12 (II)
Linienform 58 (II)
Lithium-Chloridhygrometer
    134 (I)
lokale Beschleunigung 99 (II)
Lösungströpfchen 187 (I)
Luftbahnen 103f. (I); 130 (II)
Luftdichte 23, 31 (I)
Luftdruck 23ff., 57ff. (I);
    160 (II)
Luftdruckänderungen 96 (II)
luftelektrisch 183 (I)
Luftelektrizität 191 (II)
Lufthebung 163 (I)
Luftionen 192 (II)
Luftlicht 189f. (II)
Luftmassen 17, 118, 124 (II)
Luftmassengrenzen 48, 88 (I)
Luftmassenumwandlungen
    142 (II)
Luftplankton 44f. (I)
Luftspiegelungen 188 (II)
Lufttemperatur 23, 25, 143 (I)
Luftverunreinigungen 115 (II)
Lupolen 57 (II)
Luv 179, 208f. (I)
Lysimeter 146f., 151 (I)

M

Mäanderbewegungen 132 (II)
Magnetfeld 40 (I)
Magnetopause 56 (I)
Magnetosphäre 49, 56 (I)
Malojawind 113 (I)

Die wissenschaftlichen Veröffentlichungen aus dem Bibliographischen Institut

B. I.-Hochschultaschenbücher, Einzelwerke und Reihen

Mathematik, Physik, Astronomie, Philosophie, Chemie, Medizin, Ingenieurwissenschaften, Sprache, Literatur, Geowissenschaften, Völkerkunde

Wissenschaftsverlag
Bibliographisches Institut

Inhaltsverzeichnis

Mathematik

Sachgebiete

Aitken, A. C.: Determinanten und Matrizen. 142 S. mit Abb. 1969. (Bd. 293)

Aumann, G.: Höhere Mathematik.
Band I: Reelle Zahlen, Analytische Geometrie, Differential- und Integralrechnung. 243 S. mit Abb. 1970. (Bd. 717)
Band II: Lineare Algebra, Funktionen mehrerer Veränderlicher. 170 S. mit Abb. 1970. (Bd. 718)
Band III: Differentialgleichungen. 174 S. 1971. (Bd. 761)

Bachmann, F./E. Schmidt: n**-Ecke.** 199 S. 1970. (Bd. 471)

Barner, M./W. Schwarz (Hrsg.): Zahlentheorie. 235 S. 1971. (M.F.O. 5)

Behrens, E.-A.: Ringtheorie. 405 S. 1975. (Wv)

Böhmer, K./G. Meinardus/ W. Schempp (Hrsg.): Spline-Funktionen. Vorträge und Aufsätze. 415 S. 1974. (Wv)

Brandt, S.: Datenanalyse. Mit statistischen Methoden und Computerprogrammen. 342 S. mit Abb. 1975. (Wv)

Brauner, H.: Geometrie projektiver Räume.
Band I: Projektive Ebenen, projektive Räume. 235 S. 1976. (Wv)

Band II: Beziehungen zwischen projektiver Geometrie und linearer Algebra. 258 S. 1976. (Wv)

Brosowski, B.: Nicht-lineare Tschebyscheff-Approximation. 153 S. 1968. (Bd. 808)

Zeichenerklärung
Bd. = B. I.-Hochschultaschenbücher.
Wv = B. I.-Wissenschaftsverlag (Einzelwerke und Reihen),
M. F. O. = Mathematische Forschungsberichte Oberwolfach.
Stand: September 1976

Brosowski, B./R. Kreß: Einführung in die Numerische Mathematik.
Teil I: Auflösung von Gleichungssystemen, die Approximationstheorie. 223 S. 1975. (Bd. 202)
Teil II: Interpolation, numerische Integration, Optimierungsaufgaben. 124 S. 1976. (Bd. 211)

Brunner, G.: Homologische Algebra. 213 S. 1973. (Wv)

Bundke, W.: 12stellige Tafel der Legendre-Polynome. 352 S. 1967. (Bd. 320)

Cartan, H.: Differentialformen. 250 S. 1974. (Wv)

Cartan, H.: Differentialrechnung. 236 S. 1974. (Wv)

Cartan, H.: Elementare Theorie der analytischen Funktionen einer oder mehrerer komplexen Veränderlichen. 236 S. mit Abb. 1966. (Bd. 112)

Degen, W./K. Böhmer: Gelöste Aufgaben zur Differential- und Integralrechnung.
Band I: Eine reelle Veränderliche. 254 S. 1971. (Bd. 762)
Band II: Mehrere reelle Veränderliche. 111 S. 1971. (Bd. 763)

Dinghas, A.: Einführung in die Cauchy-Weierstraß'sche Funktionentheorie. 114 S. 1968. (Bd. 48)

Dombrowski, P.: Differentialrechnung I und Abriß der linearen Algebra. 271 S. mit Abb. 1970. (Bd. 743)

Elsgolc, L. E.: Variationsrechnung. 157 S. mit Abb. 1970. (Bd. 431)

Eltermann, H.: Grundlagen der praktischen Matrizenrechnung. 128 S. mit Abb. 1969. (Bd. 434)

Erwe, F.: Differential- und Integralrechnung.
Band I: Differentialrechnung. 364 S. mit Abb. 1962. (Bd. 30)
Band II: Integralrechnung. 197 S. mit Abb. 1973. (Bd. 31)

Erwe, F.: Gewöhnliche Differentialgleichungen. 152 S. mit 11 Abb. 1964. (Bd. 19)

Erwe F./E. Peschl: Partielle Differentialgleichungen erster Ordnung. 133 S. 1973. (Bd. 87)

Gericke, H.: Geschichte des Zahlbegriffs. 163 S. mit Abb. 1970. (Bd. 172)

Gericke, H.: Theorie der Verbände. 174 S. mit Abb. 1963. (Bd. 38)

Goffman, C.: Reelle Funktionen. Etwa 320 S. Aus dem Englischen. 1976. (Wv)

Gottschalk, G./R. Kaiser: Einführung in die Varianzanalyse und Ringversuche. 165 S. 1976. (Bd. 775)

Gröbner, W.: Algebraische Geometrie.
Band I: Allgemeine Theorie der kommutativen Ringe und Körper. 193 S. 1968 (Bd. 273)

Gröbner, W.: Matrizenrechnung. 276 S. mit Abb. 1966. (Bd. 103)

Gröbner, W./H. Knapp: Contributions to the Method of Lie Series. In englischer Sprache. 265 S. 1967. (Bd. 802)

Gröbner, W./P. Lesky: Mathematische Methoden der Physik.
Band I: 164 S. 1964. (Bd. 89)

Grotemeyer, K. P./E. Letzner/ R. Reinhardt: Topologie. 187 S. mit Abb. 1969. (Bd. 836)

Grotemeyer, K. P./L. Tschampel: Lineare Algebra. 237 S. 1970. (Bd. 732)

Gundlach, K.-B.: Einführung in die Zahlentheorie. 311 S. 1972 (Bd. 772)

Gunning, R. C.: Vorlesungen über Riemannsche Flächen. 276 S. 1972. (Bd. 837)

Hämmerlin, G.: Numerische Mathematik.
Band I: 194 S. 1970. (Bd. 498)

Hardtwig, E.: Fehler- und Ausgleichsrechnung. 262 S. mit Abb. 1968. (Bd. 262)

Hasse, H./P. Roquette (Hrsg.): Algebraische Zahlentheorie. 272 S. 1966. (M.F.O. 2)

Heesch, H.: Untersuchungen zum Vierfarbenproblem. 290 S. mit Abb. 1969. (Bd. 810)

Heil, E.: Differentialformen. 207 S.
1974. (Wv)

Hellwig, G.: Höhere Mathematik.
Band I/1.Teil: Zahlen, Funktionen,
Differential- und Integralrechnung
einer unabhängigen Variablen.
284, IX S. 1971. (Bd. 553)
Band I/2. Teil: Theorie der
Konvergenz, Ergänzungen zur
Integralrechnung, das Stieltjes-
Integral. 137 S. 1972. (Bd. 560)

Hengst, M.: Einführung in die
mathematische Statistik und ihre
Anwendung. 259 S. mit Abb. 1967.
(Bd. 42)

Henze, E.: Einführung in die
Maßtheorie. 235 S. 1971. (Bd. 505)

Hirzebruch, F./W. Scharlau:
Einführung in die Funktionalanalysis.
178 S. 1971. (Bd. 296)

Holmann, H.: Lineare
und multilineare Algebra.
Band I: 212 S. 1970. (Bd. 173)

Holmann, H./H. Rummler:
Alternierende Differentialformen.
257 S. 1972. (Wv)

Hoschek, J.: Liniengeometrie.
VI, 263 S. mit Abb. 1971. (Bd. 733)

Hoschek, J.: Mathematische
Grundlagen der Kartographie. 167 S.
mit Abb. 1969. (Bd. 443)

Hoschek, J./G. Spreitzer: Aufgaben
zur Darstellenden Geometrie. 229 S.
mit Abb. 1974. (Wv)

Ince, E. L.: Die Integration
gewöhnlicher
Differentialgleichungen. 180 S. 1965.
(Bd. 67)

Jordan-Engeln, G./F. Reutter:
Formelsammlung zur numerischen
Mathematik mit Fortran IV-
Programmen. XIII, 363 S. mit Abb.
1976. (Bd. 106)

Jordan-Engeln, G./F. Reutter:
Numerische Mathematik für
Ingenieure. XIII, 352 S. mit Abb. 1973.
(Bd. 104)

Kaiser, R./G. Gottschalk: Elementare
Tests zur Beurteilung von Meßdaten.
68 S. 1972. (Bd. 774)

Kastner, G.: Einführung in die
Mathematik für Naturwissenschaftler.
212 S. 1971. (Bd. 752)

Kießwetter, K.: Reelle Analysis einer
Veränderlichen. Ein Lern- und
Übungsbuch. 316 S. 1975. (Bd. 269)

Kießwetter, K./R. Rosenkranz:
Lösungshilfen für Aufgaben zur
reellen Analysis einer
Veränderlichen. 231 S. 1976.
(Bd. 270)

Klingbeil, E.: Tensorrechnung für
Ingenieure. 197 S. mit Abb. 1966.
(Bd. 197)

Klingenberg, W. (Hrsg.):
Differentialgeometrie im Großen.
351 S. 1971. (M.F.O. 4)

Klingenberg, W./P. Klein: Lineare
Algebra und analytische Geometrie.
Band I: Grundbegriffe, Vektorräume.
XII, 288 S. 1971. (Bd. 748)
Band II: Determinanten, Matrizen,
Euklidische und unitäre Vektorräume.
XVIII. 404 S. 1972. (Bd. 749)

Klingenberg, W./P. Klein: Lineare
Algebra und analytische Geometrie.
Übungen zu Band I u. II. VIII, 172 S.
1973. (Bd. 750)

Laugwitz, D.: Ingenieurmathematik.
Band I: Zahlen, analytische Geometrie,
Funktionen. 158 S. mit Abb. 1964.
(Bd. 59)
Band II: Differential- und
Integralrechnung. 152 S. mit Abb.
1964. (Bd. 60)
Band III: Gewöhnliche
Differentialgleichungen. 141 S. 1964.
(Bd. 61)
Band IV: Fourier-Reihen,
verallgemeinerte Funktionen,
mehrfache Integrale, Vektoranalysis.
Differentialgeometrie, Matrizen.
Elemente der Funktionalanalysis.
196 S. mit Abb. 1967. (Bd. 62)
Band V: Komplexe Veränderliche.
158 S. mit Abb. 1965. (Bd. 93)

Laugwitz, D./C. Schmieden:
Aufgaben zur Ingenieurmathematik.
182 S. 1966. (Bd. 95)

Laugwitz, D./H.-J. Vollrath:
Schulmathematik vom höheren
Standpunkt.
Band I: 195 S. mit Abb. 1969. (Bd. 118)

Lebedew, N. N.: Spezielle Funktionen
und ihre Anwendung. 372 S. mit Abb.
1973. (Wv)

Lighthill, M. J.: Einführung in die
Theorie der Fourieranalysis und der
verallgemeinerten Funktionen. 96 S.
mit Abb. 1966. (Bd. 139)

Lingenberg, R.: Grundlagen der
Geometrie. 224 S. mit Abb. 2. Auflage
1976. (Wv)

Lingenberg, R.: Lineare Algebra.
161 S. mit Abb. 1969. (Bd. 828)

Lorenzen, P.: Metamathematik. 173 S.
1962. (Bd. 25)

Lutz, D.: Topologische Gruppen.
175 S. 1976. (Wv)

Marsal, D.: Die numerische Lösung
partieller Differentialgleichungen in
Wissenschaft und Technik. 602 S. mit
Abb. 1976. (Wv)

Martensen, E.: Analysis.
Band I: Infinitesimalrechnung für
Funktionen einer reellen
Veränderlichen. 210 S. 2. Aufl.
1976. (Bd. 832)
Band II: Infinitesimalrechnung für
Funktionen mehrerer reeller und einer
komplexen Veränderlichen. 201 S.
1969. (Bd. 833)
Band III: Gewöhnliche
Differentialgleichungen. V, 209 S.
1971. (Bd. 834)
Band V: Funktionalanalysis und
Integralgleichungen. VI, 275 S. 1972.
(Bd. 768)

Meschkowski, H.: Einführung in die
moderne Mathematik. 214 S. mit Abb.
1971. (Bd. 75)

Meschkowski, H.: Grundlagen der
Euklidischen Geometrie. 231 S. mit
Abb. 1974. (Wv)

Meschkowski, H.: Mathematiker-
Lexikon. 328 S. mit Abb. 1973. (Wv)

Meschkowski, H.: Mathematisches
Begriffswörterbuch. 315 S. mit Abb.
4. Aufl. 1976. (Bd. 99)

Meschkowski, H.:
Mehrsprachenwörterbuch
mathematischer Begriffe. 135 S. 1972.
(Wv)

Meschkowski, H.:
Reihenentwicklungen in der
mathematischen Physik. 151 S. mit
Abb. 1963. (Bd. 51)

Meschkowski, H.: Richtigkeit und
Wahrheit in der Mathematik.
219 S. 1976. (Wv)

Meschkowski, H.: Ungelöste und
unlösbare Probleme der Geometrie.
204 S. 1975. (Wv)

Meschkowski, H.:
Wahrscheinlichkeitsrechnung.
233 S. mit Abb. 1968. (Bd. 285)

Meschkowski, H./I. Ahrens: Theorie
der Punktmengen. 183 S. mit Abb.
1974. (Wv)

Meschkowski, H./G. Lessner:
Aufgabensammlung zur Einführung in
die moderne Mathematik. 136 S. mit
Abb. 1969. (Bd. 263)

Neukirch, J.: Klassenkörpertheorie.
308 S. 1970. (Bd. 713)

Niven, I./H. S. Zuckerman:
Einführung in die Zahlentheorie.
Band I: Teilbarkeit. Kongruenzen,
quadratische Reziprozität u. a.
213 S. 1976. (Bd. 46)
Band II: Kettenbrüche, algebraische
Zahlen, die Partitionsfunktion u. a.
186 S. 1976. (Bd. 47)

Noble, B.: Numerisches Rechnen.
Band I: Iteration. Programmierung und
algebraische Gleichungen. 154 S. mit
Abb. 1966. (Bd. 88)
Band II: Differenzen, Integration und
Differentialgleichungen. 246 S. 1973.
(Bd. 147)

Oberschelp, A.: Elementare Logik und
Mengenlehre.
Band I: 254 S. 1974. (Bd. 407)

Patterson, E. M./D. E. Rutherford:
Einführung in die abstrakte Algebra.
175 S. 1966. (Bd. 146)

Peschl, E.: Analytische Geometrie
und lineare Algebra. 200 S. mit Abb.
1968. (Bd. 15)

5

Peschl, E.: Differentialgeometrie.
92 S. 1973. (Bd. 80)

Peschl, E.: Funktionentheorie.
Band I: 274 S. mit Abb. 1967. (Bd. 131)

Pflaumann, E./H. Unger:
Funktionalanalysis.
Band I: Einführung in die
Grundbegriffe in Räumen einfacher
Struktur. 240 S. 1974. (Wv)
Band II: Abbildungen (Operatoren).
338 S. 1974. (Wv)

Poguntke, W./R. Wille: Testfragen zur
Analysis I. Etwa 96 S. 1976. (Bd. 781)

Preuß, G.: Grundbegriffe der
Kategorientheorie. 105 S. 1975.
(Bd. 739)

Reiffen, H.-J./G. Scheja/U. Vetter:
Algebra. 272 S. mit Abb. 1969.
(Bd. 110)

Reiffen, H.-J./H. W. Trapp: Einführung
in die Analysis.
Band I: Mengentheoretische
Topologie. IX, 320 S. 1972. (Bd. 776)
Band II: Theorie der analytischen und
differenzierbaren Funktionen. 260 S.
1973. (Bd. 786)
Band III: Maß- und
Integrationstheorie. 369 S. 1973.
(Bd. 787)

Rottmann, K.: Mathematische
Formelsammlung. 176 S. mit Abb.
1962. (Bd. 13)

Rottmann, K.: Mathematische
Funktionstafeln. 208 S. 1959. (Bd. 14)

Rottmann, K.: Siebenstellige
dekadische Logarithmen. 194 S. 1960.
(Bd. 17)

Rottmann, K.: Siebenstellige
Logarithmen der trigonometrischen
Funktionen. 440 S. 1961. (Bd. 26)

Schick, K.: Lineare Optimierung.
331 S. mit Abb. 1976. (Bd. 64)

Schmidt, J.: Mengenlehre. Einführung
in die axiomatische Mengenlehre.
Band I: 245 S. mit Abb. 1973. (Bd. 56)

Schwabhäuser, W.: Modelltheorie.
Band I: 173 S. 1971. (Bd. 813)
Band II: 123 S. 1972. (Bd. 815)

Schwartz, L.: Mathematische
Methoden der Physik.
Band I: Summierbare Reihen,
Lebesgue-Integral, Distributionen,
Faltung. 184 S. 1974. (Wv)

Schwarz, W.: Einführung in die
Siebmethoden der analytischen
Zahlentheorie. 215 S. 1974. (Wv)

Schwarz, W.: Einführung in Methoden
und Ergebnisse der Primzahltheorie.
227 S. 1969. (Bd. 278)

Siegel, C. L.: Transzendente Zahlen.
87 S. 1967. (Bd. 137)

Sneddon, I. N.: Spezielle Funktionen
der mathematischen Physik und
Chemie. 166 S. mit 14 Abb. 1963.
(Bd. 54)

Tamaschke, O.:
Permutationsstrukturen. 276 S. 1969.
(Bd. 710)

Tamaschke, O.: Projektive Geometrie.
Band II: XI, 397 S. mit Abb. 1972.
(Bd. 838)

Tamaschke, O.: Schur-Ringe. 240 S.
mit Abb. 1970. (Bd. 735)

Teichmann, H.: Physikalische
Anwendungen der Vektor- und
Tensorrechnung. 231 S. mit 64 Abb.
1968. (Bd. 39)

Tropper, A. M.: Matrizenrechnung in
der Elektrotechnik. 99 S. mit Abb.
1964. (Bd. 91)

Uhde, K.: Spezielle Funktionen der
mathematischen Physik.
Band I: Zylinderfunktionen. 267 S.
1964. (Bd. 55)
Band II: Elliptische Integrale,
Thetafunktionen, Legendre-Polynome,
Laguerresche Funktionen u. a. 211 S.
1964. (Bd. 76)

Voigt, A./J. Wloka: Hilberträume und
elliptische Differentialoperatoren.
260 S. 1975. (Wv)

Waerden, B. L. van der: Mathematik
für Naturwissenschaftler. 280 S. mit
167 Abb. 1975. (Bd. 281)

Wagner, K.: Graphentheorie. 220 S.
mit Abb. 1970. (Bd. 248)

Walter, W.: Einführung in die Potentialtheorie. 174 S. 1971. (Bd. 765)

Walter, W.: Einführung in die Theorie der Distributionen. 211 S. mit Abb. 1974. (Wv)

Weizel, R./J. Weyland: Gewöhnliche Differentialgleichungen. Formelsammlung mit Lösungsmethoden und Lösungen. 194 S. mit Abb. 1974. (Wv)

Wollny, W.: Reguläre Parkettierung der euklidischen Ebene durch unbeschränkte Bereiche. 316 S. mit Abb. 1970. (Bd. 711)

Wunderlich, W.: Darstellende Geometrie.
Band I: 187 S. mit Abb. 1966. (Bd. 96)
Band II: 234 S. mit Abb. 1967. (Bd. 133)

Reihe: Jahrbuch Überblicke Mathematik

Herausgegeben von Prof. Dr. Benno Fuchssteiner, Gesamthochschule Paderborn, Prof. Dr. Ulrich Kulisch, Universität Karlsruhe, Prof. Dr. Detlef Laugwitz, Techn. Hochschule Darmstadt, Prof. Dr. Roman Liedl, Universität Innsbruck.

Das Jahrbuch Überblicke Mathematik bringt Informationen über die aktuellen wissenschaftlichen, wissenschaftsgeschichtlichen und didaktischen Fragen der Mathematik. Es wendet sich an Mathematiker, die nach abgeschlossenem Studium in der Forschung, in der Lehre des Sekundar- und Tertiärbereiches und in der Industrie tätig sind und die den Kontakt zur neueren Entwicklung halten wollen.

Jahrbuch Überblicke Mathematik 1975. 181 S. mit Abb. 1975. (Wv)

Jahrbuch Überblicke Mathematik 1976. 204 S. mit Abb. 1976. (Wv)

Reihe: Überblicke Mathematik

Herausgegeben von Prof. Dr. Detlef Laugwitz, Techn. Hochschule Darmstadt.

Diese Reihe bringt kurze und klare Übersichten über neuere Entwicklungen der Mathematik und ihrer Randgebiete für Nicht-Spezialisten; seit 1975 erscheint an Stelle dieser Reihe das neu konzipierte „Jahrbuch Überblicke Mathematik"

Band 1: 213 S. mit Abb. 1968. (Bd. 161)
Band 2: 210 S. mit Abb. 1969. (Bd. 232)
Band 3: 157 S. mit Abb. 1970. (Bd. 247)
Band 4: 123 S. 1972 (Wv)
Band 5: 186 S. 1972 (Wv)
Band 6: 242 S. mit Abb. 1973. (Wv)
Band 7: 265, II S. mit Abb. 1974. (Wv)

Reihe: Mathematik für Physiker

Herausgegeben von Prof. Dr. Detlef Laugwitz, Techn. Hochschule Darmstadt, Prof. Dr. Peter Mittelstaedt, Universität Köln, Prof. Dr. Horst Rollnik, Universität Bonn, Prof. Dr. Georg Süßmann, Universität München.

Diese Reihe ist in erster Linie für Leser bestimmt, denen die Beschäftigung mit der Mathematik nicht Selbstzweck ist. Besonderer Wert wird darauf gelegt, mit Beispielen und Motivationen den speziellen Anforderungen der Physiker zu genügen.

Band 1: Meschkowski, H., Zahlen.
174 S. mit Abb. 1970. (Wv)

Band 2: Meschkowski, H., Funktionen.
179 S. mit Abb. 1970. (Wv)

Band 3: Meschkowski, H., Elementare Wahrscheinlichkeitsrechnung und Statistik. 188 S. 1972. (Wv)

Band 4: Lingenberg, R., Einführung in die lineare Algebra. 237 S. 1976. (Wv)

Band 9: Fuchssteiner, B./ D. Laugwitz, Funktionalanalysis. 219 S. 1974. (Wv)

Reihe: Mathematik für Wirtschaftswissenschaftler

Herausgegeben von Prof. Dr. Martin Rutsch, Universität Karlsruhe.

Diese im Aufbau befindliche Reihe bringt Einführungen, die nach Konzeption, Themenauswahl, Darstellungsweise und Wahl der Beispiele auf die Bedürfnisse von Studenten der Wirtschaftswissenschaften zugeschnitten sind.

Band 1: Rutsch, M., Wahrscheinlichkeit. Teil I: 350 S. mit Abb. 1974. (Wv)

Band 2: Rutsch, M./K.-H. Schriever, Wahrscheinlichkeit. Teil II. 404 S. mit Abb. 1976. (Wv)

Band 3: Rutsch, M./K.-H. Schriever, Aufgaben zur Wahrscheinlichkeit. 267 S. mit Abb. 1974. (Wv)

Reihe: Methoden und Verfahren der mathematischen Physik

Herausgegeben von Prof. Dr. Bruno Brosowski, Universität Göttingen, und Prof. Dr. Erich Martensen, Universität Karlsruhe.

Diese Reihe bringt Originalarbeiten aus dem Gebiet der angewandten Mathematik und der mathematischen Physik für Mathematiker, Physiker und Ingenieure.

Band 1: 183 S. mit Abb. 1969. (Bd. 720)
Band 2: 179 S. mit Abb. 1970. (Bd. 721)
Band 3: 176 S. mit Abb. 1970. (Bd. 722)
Band 5: 177 S. 1971. (Bd. 723)
Band 5: 199 S. 1971. (Bd. 724)
Band 6: 163 S. 1972. (Bd. 725)
Band 7: 176 S. 1972. (Bd. 726)
Band 8: 222 S. mit Abb. 1973. (Wv)
Band 9: 201 S. mit Abb. 1973. (Wv)
Band 10: 184 S. 1973. (Wv)
Band 11: 190 S. mit Abb. 1974. (Wv)
Band 12: 214 S. mit Abb. 1975. Mathematical Geodesy, Part 1. (Wv)
Band 13: 206 S. mit Abb. 1975. Mathematical Geodesy, Part 2. (Wv)
Band 14: 176 S. mit Abb. 1975. Mathematical Geodesy, Part 3. (Wv)
Band 15: 166 S. 1976. (Wv)
Band 16: 180 S. 1976. (Wv)

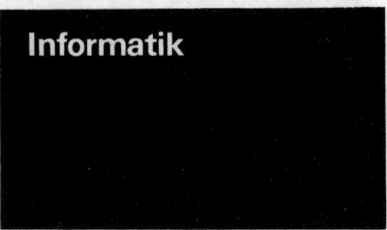

Informatik

Alefeld, G./J. Herzberger/ O. Mayer: **Einführung in das Programmieren mit ALGOL 60.** 164 S. 1972. (Bd. 777)

Bosse, W.: **Einführung in das Programmieren mit ALGOL W.** 249 S. 1976. (Bd. 784)

Breuer, H.: **Algol-Fibel.** 120 S. mit Abb. 1973. (Bd. 506)

Breuer, H.: **Fortran-Fibel.** 85 S. mit Abb. 1969. (Bd. 204)

Breuer, H.: **PL/I-Fibel.** 106 S. 1973. (Bd. 552)

Breuer, H.: **Taschenwörterbuch der Programmiersprachen ALGOL, FORTRAN, PL/I.** 157 S. 1976. (Bd. 181)

Hotz, G./H. Walter: **Automatentheorie und formale Sprachen I.** 184 S. 1968. (Bd. 821)

Hotz, G./V. Claus: **Automatentheorie und formale Sprachen III.** 241 S. 1972. (Bd. 823)

Mell, W.-D./P. Preus/P. Sandner: **Einführung in die Programmiersprache PL/I.** 304 S. 1974. (Bd. 785)

Mickel, K.-P.: **Einführung in die Programmiersprache COBOL.** 206 S. 1975. (Bd. 745)

Müller, D.: **Programmierung elektronischer Rechenanlagen.** 215 S. mit 26 Abb. 3., wesentlich erw. Aufl. 1969. (Bd. 49)

Müller, K. H./I. Streker: **Fortran. Programmierungsanleitung.** 140 S. 2. Aufl. 1970. (Bd. 804)

Rohlfing, H.: **SIMULA.** 243 S. mit Abb. 1973. (Bd. 747)

Schließmann, H.: **Programmierung mit PL/I.** 150 S. 1975. (Bd. 740)

Zimmermann, G./P. Marwedel: **Elektrotechnische Grundlagen der Informatik I.** Elektrostatik, Oszillograph, Logikschaltungen, Digitalspeicher. 200 S. 1974. (Bd. 789)

Zimmermann, G./J. Höffner: **Elektrotechnische Grundlagen der Informatik II.** Wechselstromlehre, Leitungen, analoge u. digitale Verarbeitung kontinuierlicher Signale. 194 S. 1974. (Bd. 790)

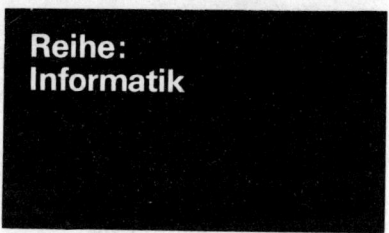

Physik

Baltes, H. P./E. R. Hilf: Spectra of Finite Systems. Etwa 104 S. In engl. Sprache. 1976. (Wv)

Barut, A. O.: Die Theorie der Streumatrix für die Wechselwirkungen fundamentaler Teilchen.
Band I: 225 S. mit Abb. 1971. (Bd. 438)
Band II: 212 S. mit Abb. 1971. (Bd. 555)

Bensch, F./C. M. Fleck: Neutronenphysikalisches Praktikum.
Band I: Physik und Technik der Aktivierungssonden. 234 S. mit Abb. 1968. (Bd. 170)
Band II: Ausgewählte Versuche und ihre Grundlagen. 182 S. mit Abb. 1968. (Bd. 171)

Bjorken, J. D./S. D. Drell: Relativistische Quantenmechanik. 312 S. mit Abb. 1966. (Bd. 98)

Bleuler, K./H. R. Petry/D. Schütte (Hrsg.): Mesonic Effects in Nuclear Structure. 181 S. mit Abb. 1975. (Wv)

Bodenstedt, E.: Experimente der Kernphysik und ihre Deutung.
Band I: 290 S. mit Abb. 1972. (Wv)
Band II: XIV, 293 S. mit Abb. 1973. (Wv)
Band III: 288 S. mit Abb. 1973. (Wv)

Borucki, H.: Einführung in die Akustik. 236 S. mit Abb. 1973. (Wv)

Chintschin, A. J.: Mathematische Grundlagen der statistischen Mechanik. 175 S. 1964. (Bd. 58)

Donner, W.: Einführung in die Theorie der Kernspektren.
Band I: Grundeigenschaften der Atomkerne, Schalenmodell, Oberflächenschwingungen und Rotationen. 197 S. mit Abb. 1971. (Bd. 473)

Band II: Erweiterung des Schalenmodells, Riesenresonanzen. 107 S. mit Abb. 1971. (Bd. 556)

Dreisvogt, H.: Spaltprodukt-Tabellen. 188 S. mit Abb. 1974. (Wv)

Eder, G.: Elektrodynamik. 273 S. mit Abb. 1967. (Bd. 233)

Eder, G.: Quantenmechanik. Band I: 324 S. 1968. (Bd. 264)

Eisenbud, L./E. P. Wigner: Einführung in die Kernphysik. 145 S. mit 15 Abb. 1961. (Bd. 16)

Emendörfer, D./K. H. Höcker: Theorie der Kernreaktoren.
Band I: Kernbau und Kernspaltung, Wirkungsquerschnitte, Neutronenbremsung und -thermalisierung. 232 S. mit Abb. 1969. (Bd. 411)
Band II: Neutronendiffusion (Elementare Behandlung und Transporttheorie). 147 S. mit Abb. 1970. (Bd. 412)

Feynman, R. P.: Quantenelektrodynamik. 249 S. mit Abb. 1969. (Bd. 401)

Fick, D.: Einführung in die Kernphysik mit polarisierten Teilchen. VI, 255 S. mit Abb. 1971. (Bd. 755)

Gasiorowicz, S.: Elementarteilchenphysik. 742 S. mit 119 Abb. 1975. (Wv)

Groot, S. R. de: Thermodynamik irreversibler Prozesse. 216 S. mit 4 Abb. 1960. (Bd. 18)

Groot, S. R. de/P. Mazur: Anwendung der Thermodynamik irreversibler Prozesse. 349 S. mit Abb. 1974. (Wv)

Heisenberg, W.: Physikalische Prinzipien der Quantentheorie. 117 S. mit Abb. 1958. (Bd. 1)

Henley, E. M./W. Thirring: Elementare Quantenfeldtheorie. 336 S. 1975. (Wv)

Hesse, K.: Halbleiter. Eine elementare Einführung.
Band I: 249 S. mit 116 Abb. 1974. (Bd. 788)

Huang, K.: Statistische Mechanik. Band III: 162 S. 1965. (Bd. 70)

Hund, F.: Geschichte der physikalischen Begriffe. 410 S. 1972. (Bd. 543)

Hund, F.: Geschichte der Quantentheorie. 262 S. mit Abb. 1975. (Wv)

Hund, F.: Grundbegriffe der Physik. 234 S. mit Abb. 1969. (Bd. 449)

Källén, G./J. Steinberger: Elementarteilchenphysik. 687 S. mit Abb. 1974. (Wv)

Kertz, W.: Einführung in die Geophysik.
Band I: Erdkörper. 232 S. mit Abb. 1969. (Bd. 275)
Band II: Obere Atmosphäre und Magnetosphäre. 210 S. mit Abb. 1971. (Bd. 535)

Kippenhahn, R./C. Möllenhoff: Elementare Plasmaphysik. 297 S. mit Abb. 1975. (Wv)

Libby, W. F./F. Johnson: Altersbestimmung mit der C^{14}-Methode. 205 S. mit Abb. 1969. (Bd. 403)

Lipkin, H. J.: Anwendung von Lieschen Gruppen in der Physik. 177 S. mit Abb. 1967. (Bd. 163)

Luchner, K.: Aufgaben und Lösungen zur Experimentalphysik.
Band I: Mechanik, geometrische Optik, Wärme. 158 S. mit Abb. 1967. (Bd. 155)
Band II: Elektromagnetische Vorgänge. 150 S. mit Abb. 1966. (Bd. 156)
Band III: Grundlagen zur Atomphysik. 125 S. mit Abb. 1973. (Bd. 157)

Lüscher, E.: Experimentalphysik.
Band I: Mechanik, geometrische Optik, Wärme.
1. Teil: 260 S. mit Abb. 1967. (Bd. 111)
Band I/2. Teil: 215 S. mit Abb. 1967. (Bd. 114)
Band II: Elektromagnetische Vorgänge. 336 S. mit Abb. 1966. (Bd. 115)
Band III: Grundlagen zur Atomphysik.
1. Teil: 177 S. mit Abb. 1970. (Bd. 116)
Band III/2. Teil: 160 S. mit Abb. 1970. (Bd. 117)

Mittelstaedt, P.: Der Zeitbegriff in der Physik. Etwa 249 S. 1976. (Wv)

Mitter, H.: Quantentheorie. 316 S. mit Abb. 1969. (Bd. 701)

Möller, F.: Einführung in die Meteorologie.
Band I: 222 S. mit Abb. 1973. (Bd. 276)
Band II: 223 S. mit Abb. 1973. (Bd. 288)

Neff, H.: Physikalische Meßtechnik. 160 S. mit Abb. 1976. (Bd. 66)

Neuert, H.: Experimentalphysik für Mediziner, Zahnmediziner, Pharmazeuten und Biologen. 292 S. mit Abb. 1969. (Bd. 712)

Rollnik, H.: Grundlagen der Elektrodynamik. Etwa 204 S. mit Abb. 1976. (Bd. 297)

Rollnik, H.: Teilchenphysik.
Band I: Grundlegende Eigenschaften von Elementarteilchen. 188 S. mit Abb. 1971. (Bd. 706)
Band II: Innere Symmetrien der Elementarteilchen. 158 S. mit Abb. z. T. farbig. 1971. (Bd. 759)

Rose, M. E.: Relativistische Elektronentheorie.
Band I: 193 S. mit Abb. 1971. (Bd. 422)
Band II: 171 S. mit Abb. 1971. (Bd. 554)

Scherrer, P./P. Stoll: Physikalische Übungsaufgaben.
Band I: Mechanik und Akustik. 96 S. mit 44 Abb. 1962. (Bd. 32)
Band II: Optik, Thermodynamik, Elektrostatik. 103 S. mit Abb. 1963. (Bd. 33)
Band III: Elektrizitätslehre, Atomphysik. 103 S. mit Abb. 1964. (Bd. 34)

Schulten, R./W. Güth: Reaktorphysik.
Band II: 164 S. mit Abb. 1962. (Bd. 11)

Schultz-Grunow, F. (Hrsg.): Elektro- und Magnetohydrodynamik. 308 S. mit Abb. 1968. (Bd. 811)

Seiler, H.: Abbildungen von Oberflächen mit Elektronen, Ionen und Röntgenstrahlen. 131 S. mit Abb. 1968. (Bd. 428)

Sexl, R. U./H. K. Urbantke:
Gravitation und Kosmologie. Eine
Einführung in die Allgemeine
Relativitätstheorie. 335 S. mit Abb.
1975. (Wv)

Süßmann, G.: Einführung in die
Quantenmechanik.
Band I: 205 S. mit Abb. 1963. (Bd. 9)

Teichmann, H.: Einführung in die
Atomphysik. 135 S. mit 47 Abb. 1966.
(Bd. 12)

Teichmann, H.: Halbleiter. 156 S. mit
Abb. 1969. (Bd. 21)

Wagner, C.: Methoden der
naturwissenschaftlichen und
technischen Forschung. 219 S. mit
Abb. 1974. (Wv)

Wegener, H.: Der Mössbauer-Effekt
und seine Anwendung in Physik und
Chemie. 226 S. mit Abb. 1965. (Bd. 2)

Wehefritz, V.: Physikalische
Fachliteratur. 171 S. 1969. (Bd. 440)

Weizel, W.: Einführung in die Physik.
Band I: Mechanik und Wärme. 174 S.
mit Abb. 1963. (Bd. 3)
Band II: Elektrizität und Magnetismus.
180 S. mit Abb. 1963. (Bd. 4)
Band III: Optik und Atomphysik. 194 S.
mit Abb. 1963. (Bd. 5)

Weizel, W.: Physikalische
Formelsammlung.
Band II: Optik, Thermodynamik,
Relativitätstheorie. 148 S. 1964.
(Bd. 36)
Band III: Quantentheorie. 196 S. 1966.
(Bd. 37)

Zimmermann, P.: Eine Einführung in
die Theorie der Atomspektren. 91 S.
mit Abb. 1976. (Wv)

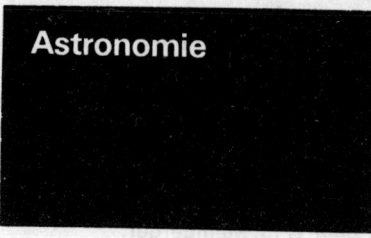

Astronomie

Becker, F.: Geschichte der
Astronomie. 201 S. mit Abb. 1968.
(Bd. 298)

Bohrmann, A.: Bahnen künstlicher
Satelliten. 163 S. mit Abb. 1966.
(Bd. 40)

Giese, R.-H.: Erde, Mond und
benachbarte Planeten. 250 S. mit Abb.
1969. (Bd. 705)

Schaifers, K.: Atlas zur
Himmelskunde. 1969. (Bd. 308)

Scheffler, H./H. Elsässer: Physik der
Sterne und der Sonne. 535 S. mit Abb.
1974. (Wv)

Schurig, R./P. Götz/K. Schaifers:
Himmelsatlas (Tabulae caelestes).
8. Aufl. 1960. (Wv)

Voigt, H. H.: Abriß der Astronomie.
556 S. mit Abb. 1975. (Wv)

Philosophie

Chemie

Glaser, I.: Sprachkritische Untersuchungen zum Strafrecht am Beispiel der Zurechnungsfähigkeit. 131 S. 1970. (Bd. 516)

Kamlah, W.: Philosophische Anthropologie. Sprachkritische Grundlegung und Ethik. 192 S. 1973. (Bd. 238)

Kamlah, W.: Utopie, Eschatologie, Geschichtsteleologie. 106 S. 1969. (Bd. 461)

Kamlah, W.: Von der Sprache zur Vernunft. Philosophie und Wissenschaft in der neuzeitlichen Profanität. 230 S. 1975. (Wv)

Kamlah, W./P. Lorenzen: Logische Propädeutik. Vorschule des vernünftigen Redens. 239 S. 1973. (Bd. 227)

Kanitscheider, B.: Vom absoluten Raum zur dynamischen Geometrie. 139 S. 1976. (Wv)

Leinfellner, W.: Einführung in die Erkenntnis- und Wissenschaftstheorie. 226 S. 1967. (Bd. 41)

Lorenzen, P.: Normative Logic and Ethics. 89 S. 1969. (Bd. 236)

Lorenzen, P./O. Schwemmer: Konstruktive Logik, Ethik und Wissenschaftstheorie. 331 S. mit Abb. 1975. (Bd. 700)

Mittelstaedt, P.: Philosophische Probleme der modernen Physik. 240 S. mit Abb. 1976. (Bd. 50)

Mittelstaedt, P.: Die Sprache der Physik. 139 S. 1972. (Wv)

Cordes, J. F. (Hrsg.): Chemie und ihre Grenzgebiete. 199 S. mit Abb. 1970. (Bd. 715)

Freise, V.: Chemische Thermodynamik. 288 S. mit Abb. 1972. (Bd. 213)

Grimmer, G.: Biochemie. 376 S. mit Abb. 1969. (Bd. 187)

Kaiser, R.: Chromatographie in der Gasphase.
Band I: Gas-Chromatographie. 220 S. mit Abb. 1973. (Bd. 22)
Band II: Kapillar-Chromatographie. 346 S. mit Abb. 1975. (Bd. 23)
Band III: Tabellen.
1. Teil: 181 S. mit Abb. 1969. (Bd. 24)
Band IV: Quantitative Auswertung.
1. Teil: 185 S. mit Abb. 1969. (Bd. 92)
Band IV/2. Teil: 118 S. mit Abb. 1969 (Bd. 472)

Laidler, K. J.: Reaktionskinetik.
Band I: Homogene Gasreaktionen. 216 S. mit Abb. 1970. (Bd. 290)

Murrell, J. N.: Elektronenspektren organischer Moleküle. 359 S. mit Abb. 1967. (Bd. 250)

Preuß, H.: Quantentheoretische Chemie.
Band I: Die halbempirischen Regeln. 94 S. mit Abb. 1963. (Bd. 43)
Band II: Der Übergang zur Wellenmechanik, die allgemeinen Rechenverfahren. 238 S. mit Abb. 1965. (Bd. 44)
Band III: Wellenmechanische und methodische Ausgangspunkte. 222 S. mit Abb. 1967. (Bd. 45)

Riedel, L.: Physikalische Chemie. Eine Einführung für Ingenieure. 406 S. mit Abb. 1974. (Wv)

Schmidt, M.: Anorganische Chemie.
Band I: Hauptgruppenelemente. 301 S.
mit Abb. 1967. (Bd. 86)
Band II: Übergangsmetalle. 221 S. mit
Abb. 1969. (Bd. 150)

Schneider, G.: Pharmazeutische
Biologie. Pharmakognosie. 333 S.
1975. (Wv)

Staude, H.: Photochemie. 159 S. mit
40 Abb. 1966. (Bd. 27)

Steward, F. C./A. D. Krikorian/
K.-H. Neumann: Pflanzenleben.
268 S. mit Abb. 1969. (Bd. 145)

Wagner, C.: Methoden der
naturwissenschaftlichen und
technischen Forschung. 219 S. mit
Abb. 1974. (Wv)

Wilk, M.: Organische Chemie. 372 S.
mit Abb. 1970. (Bd. 71)

Medizin

Forth, W./D. Henschler/W. Rummel
(Hrsg.): Allgemeine und spezielle
Pharmakologie und Toxikologie.
Für Studenten der Medizin, Pharmazie,
Chemie, Biologie sowie für Ärzte und
Apotheker. 606 S. Über 400 meist
zweifarbige Abb., sowie ca. 280
Tabellen. Format 19 x 27 cm. 1975. (Wv)
Das Standardwerk für den Bereich der
Pharmakologie und Toxikologie.
Lehrbuchmäßige Darstellung des
gesamten Stoffes für Studenten der
Medizin, Pharmazie, Chemie, Biologie.
Geeignet zum Selbststudium, zur
Vorbereitung auf Seminare, als
Repetitorium – vor allem aber auch als
umfassendes Handbuch und
Nachschlagewerk für den praktisch
tätigen Arzt, den Apotheker und für
Wissenschaftler verwandter Gebiete.

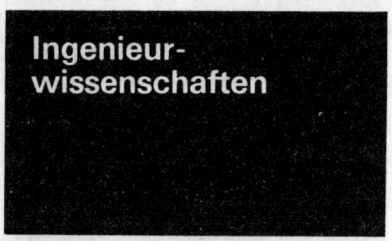

Ingenieur-
wissenschaften

Beneking, H.: Praxis des Elektronischen Rauschens. 255 S. mit Abb. 1971. (Bd. 734)

Billet, R.: Grundlagen der thermischen Flüssigkeitszerlegung. 150 S. mit Abb. 1962. (Bd. 29)

Billet, R.: Optimierung in der Rektifiziertechnik unter besonderer Berücksichtigung der Vakuumrektifikation. 129 S. mit Abb. 1967. (Bd. 261)

Billet, R.: Trennkolonnen für die Verfahrenstechnik. 151 S. mit Abb. 1971. (Bd. 548)

Böhm, H.: Einführung in die Metallkunde. 236 S. mit Abb. 1968. (Bd. 196)

Bosse, G.: Grundlagen der Elektrotechnik.
Band I: Das elektrostatische Feld und der Gleichstrom. Unter Mitarbeit von W. Mecklenbräuker. 141 S. mit Abb. 1966. (Bd. 182)
Band II: Das magnetische Feld und die elektromagnetische Induktion. Unter Mitarbeit von G. Wiesemann. 153 S. mit Abb. 1967. (Bd. 183)
Band III: Wechselstromlehre, Vierpol- und Leitungstheorie. Unter Mitarbeit von A. Glaab. 136 S. 1969. (Bd. 184)
Band IV: Drehstrom, Ausgleichsvorgänge in linearen Netzen. Unter Mitarbeit von J. Hagenauer. 164 S. mit Abb. 1973. (Bd. 185)

Feldtkeller, E.: Dielektrische und magnetische Materialeigenschaften.
Band I: 242 S. mit Abb. 1973. (Bd. 485)
Band II: 188 S. mit Abb. 1974. (Bd. 488)

Glaab, A./J. Hagenauer: Übungen in Grundlagen der Elektrotechnik III, IV. 228 S. mit Abb. 1973. (Bd. 780)

Heilmann, A.: Antennen.
Band III: Spezielle (u. a. Linsen-, Spiegel-, Schlitz-)Antennen. 184 S. mit Abb. 1970. (Bd. 540)

Klein, W.: Vierpoltheorie. 159 S. mit Abb. 1972. (Wv)

MacFarlane, A. G. J.: Analyse technischer Systeme. 312 S. mit Abb. 1967. (Bd. 81)

Mahrenholtz, O.: Analogrechnen in Maschinenbau und Mechanik. 208 S. mit Abb. 1968. (Bd. 154)

Marguerre, K./H.-T. Woernle: Elastische Platten. 242 S. mit 125 Abb. 1975. (Wv)

Mesch, F. (Hrsg.): Meßtechnisches Praktikum. 224 S. mit Abb. 1970. (Bd. 736)

Pestel, E.: Technische Mechanik.
Band I: Statik. 284 S. mit Abb. 1969. (Bd. 205)
Band II: Kinematik und Kinetik.
1. Teil: 196 S. mit Abb. 1969. (Bd. 206)
Band II/2. Teil: 204 S. mit Abb. 1971. (Bd. 207)

Piefke, G.: Feldtheorie.
Band I: 265 S. mit Abb. 1971. (Bd. 771)
Band II: 231 S. mit Abb. 1973. (Bd. 773)

Prassler, H.: Energiewandler der Starkstromtechnik.
Band I: 178 S. mit Abb. 1969. (Bd. 199)

Rößger, E./K.-B. Hünermann: Einführung in die Luftverkehrspolitik. 165, LIV S. mit Abb. 1969. (Bd. 824)

Sagirow, P.: Satellitendynamik. 191 S. 1970. (Bd. 719)

Schrader, K.-H.: Die Deformationsmethode als Grundlage einer problemorientierten Sprache. 137 S. mit Abb. 1969. (Bd. 830)

Stüwe, H. P.: Einführung in die Werkstoffkunde. 192 S. mit Abb. 1969. (Bd. 467)

Stüwe, H. P./G. Vibrans: Feinstrukturuntersuchungen in der Werkstoffkunde. 138 S. mit Abb. 1974. (Wv)

Waller, H./W. Krings:
Matrizenmethoden in der Maschinen-
und Bauwerksdynamik. 377 S. mit 159
Abb. 1975. (Wv)

Wasserrab, Th.: Gaselektronik.
Band I: Atomtheorie. 223 S. mit Abb.
1971. (Bd. 742)
Band II: Niederdruckentladungen,
Technik der Gasentladungsventile.
230 S. mit Abb. 1972. (Bd. 769)

Wiesemann, G.: Übungen in
Grundlagen der Elektrotechnik II.
202 S. mit Abb. 1976. (Bd. 779)

Wiesemann, G./ W. Mecklenbräuker:
Übungen in Grundlagen der
Elektrotechnik I. 179 S. mit Abb. 1973.
(Bd. 778)

Wolff, I.: Grundlagen und
Anwendungen der Maxwellschen
Theorie.
Band I: Mathematische Grundlagen,
die Maxwellschen Gleichungen,
Elektrostatik. 326 S. mit Abb. 1968.
(Bd. 818)
Band II: Strömungsfelder,
Magnetfelder, quasistationäre Felder,
Wellen. 263 S. mit Abb. 1970. (Bd. 731)

Reihe: Theoretische und experimentelle Methoden der Regelungstechnik

Herausgegeben von Gerhard Preßler,
Hartmann & Braun, Frankfurt.

Die Reihe wendet sich an Studenten
und praktizierende Ingenieure, die mit
der Entwicklung in diesem Gebiet der
technischen Wissenschaften Schritt
halten wollen.

Isermann, R.: Experimentelle Analyse
der Dynamik von Regelsystemen
(Identifikation I). 276 S. mit Abb. 1971.
(Bd. 515)

Isermann, R.: Theoretische Analyse
der Dynamik industrieller Prozesse
(Identifikation II).
Teil I: 122 S. mit Abb. 1971. (Bd. 764)

Klefenz, G.: Die Regelung von
Dampfkraftwerken. 229 S. mit Abb.
1975. (Wv)

Preßler, G.: Regelungstechnik.
348 S. mit Abb. 1967. (Bd. 63)

Schlitt, H./F. Dittrich: Statistische
Methoden der Regelungstechnik.
169 S. 1972. (Bd. 526)

Schwarz, H.: Frequenzgang- und
Wurzelortskurvenverfahren. 164 S. mit
Abb. Verb. Nachdruck 1976. (Wv)

Schwarz, H.: Optimale Regelung
linearer Systeme. 242 S. mit Abb.
1976. (Wv)

Starkermann, R.: Die harmonische
Linearisierung.
Band I: 201 S. mit Abb. 1970. (Bd. 469)
Band II: 83 S. mit Abb. 1970. (Bd. 470)

Starkermann, R.: Mehrgrößen-
Regelsysteme.
Band I: 173 S. mit Abb. 1974. (Wv)